21世纪 中等职业教育课程改革新教材

全国职业教育教材编委会审定

计算机应用基础

WindowsXP + Office2007

吕柳生 主编

中国出版集团 现代教育出版社

图书在版编目(CIP)数据

计算机应用基础 windowsXP＋office2007/吕柳生主编. —北京:现代教育出版社,2010.6

ISBN 978－7－5106－0313－6

Ⅰ.①计…　Ⅱ.①吕…　Ⅲ.①电子计算机—中等学校—教材 ②办公室—自动化—应用软件,office 2007—中等学校—教材　Ⅳ.①TP3

中国版本图书馆 CIP 数据核字(2010)第 098232 号

书　　名	计算机应用基础 windowsXP＋office2007
主　　编	吕柳生
责任编辑	张轶唯
版式设计	刘拴成
出　　版	现代教育出版社
社　　址	北京市朝阳区安华里 504 号 E 座
邮　　编	100011
电　　话	010－64257032
传　　真	010－64251256
印　　刷	大厂县兴源印刷厂
开　　本	787×1092　1/16
字　　数	300 千字
印　　张	17.25
版　　次	2010 年 7 月第 1 版
印　　次	2013 年 12 月第 2 次印刷
书　　号	ISBN 978－7－5106－0313－6
定　　价	28.80 元

前　言

随着计算机技术和网络技术的飞速发展，计算机应用基础的内容也发生了很大的变化。为适应社会的发展需要，培养合格的职业技能人才，根据《中等职业学校计算机应用基础教学大纲》编写本教材。

本书按照学生的认知规律，由浅入深地安排教学内容，使用通俗易懂的语言介绍计算机的基础知识和基本概念。通过本课程的学习，使学生掌握必备的计算机应用基础知识和基本技能，培养学生应用计算机解决工作与生活中实际问题的能力，提高学生应用计算机的学习能力和获取计算机新知识、新技术的能力。

本书共分为七章，各章内容如下：

第一章介绍计算机基础知识，包括计算机系统的组成、计算机常用设备及计算机信息安全等内容，是学习计算机知识和操作技能的基础。

第二章介绍操作系统知识，主要介绍 Windows XP 操作系统有关文件、文件夹的管理，软硬件环境的应用及设置管理等基础知识，为进一步学习 Windows 环境应用软件打下基础。

第三章介绍计算机网络和 Internet 基础知识，主要介绍 Internet 的接入、网络信息的获取、电子邮件管理及网络服务的应用等知识，为学生了解和掌握信息社会打下基础。

第四章介绍文字处理软件 Word 2007 有关文档的编辑排版基础操作，包括文档的格式设置、表格、图形图片、艺术字等内容的排版知识，为提高学生办公软件应用能力打下基础。

第五章介绍电子表格处理软件 Excel 2007 有关工作表的操作，主要介绍电子表格的基本概念、格式设置、数据处理及分析等内容，提高学生数据处理、数据分析的能力。

第六章介绍多媒体技术的基础知识，主要介绍多媒体基本概念、图形图像的基本处理方法，音频、视频处理方法及各种多媒体素材的获取及加工处理等知识，为学生掌握多媒体应用能力打下基础。

第七章介绍 PowerPoint 2007 有关演示文稿设计的内容，主要介绍演示文稿的修饰、对象的编辑、动画及放映方式的设置等内容，培养学生多媒体软件应用能力。

本书建议教学学时为 96 ~ 108 学时。在教学内容方面，各校可根据各自的教学学时和学生程度做选择。在教学计划方面，也可以不按照章节进行，而按先操作性后原理性进行。

本书由吕柳生主编，秦妮妮、刘铸娇、林海峰、麦伟全等参加编写。由于时间紧迫及作者的水平有限，书中难免有不足之处，恳请读者批评指正。

内 容 简 介

　　本书是根据《中等职业学校计算机应用基础教学大纲》编写的。全书共分为七章，主要内容包括计算机基础知识、Windows XP 操作系统、Internet 应用、文字处理软件Word 2007、电子表格处理软件 Excel 2007、多媒体软件应用、演示文稿软件 PowerPoint 2007 应用等内容。按照学生认知规律，由浅入深安排教学内容，软件的操作都有具体的操作步骤。

　　本书即可作为中等职业学校计算机应用基础课程的教材，也可以作为其他学习计算机应用基础知识人员的参考书。

目　　录

第一章　计算机的基本知识 ……………………………………………… (1)

§1-1　计算机的发展及应用领域 ………………………………………… (1)

一、计算机的发展 ………………………………………………………… (1)

二、计算机的分类 ………………………………………………………… (3)

三、计算机的应用领域 …………………………………………………… (4)

§1-2　计算机的基本组成 ………………………………………………… (6)

一、硬件系统 ……………………………………………………………… (7)

二、软件系统 ……………………………………………………………… (8)

三、计算机主要性能指标 ………………………………………………… (9)

§1-3　计算机中信息的表示 ……………………………………………… (10)

一、数制 …………………………………………………………………… (10)

二、数制转换 ……………………………………………………………… (12)

三、字符编码 ……………………………………………………………… (14)

§1-4　计算机常用设备及其使用 ………………………………………… (17)

一、输入设备 ……………………………………………………………… (17)

二、输出设备 ……………………………………………………………… (23)

三、存储设备 ……………………………………………………………… (24)

§1-5　计算机信息安全 …………………………………………………… (25)

一、计算机信息安全 ……………………………………………………… (26)

二、计算机病毒及防治 …………………………………………………… (28)

三、国家有关计算机安全的法律法规和软件知识产权 ………………… (30)

第二章　操作系统的使用 ………………………………………………… (34)

§2-1　操作系统简介 ……………………………………………………… (34)

一、操作系统的概念 ……………………………………………………… (34)

二、操作系统的类型 ……………………………………………………… (35)

三、计算机常用操作系统 ………………………………………………… (36)

四、Windows XP 操作系统 ……………………………………………… (37)

§2-2　Windows XP 基本操作 …………………………………………… (37)

一、计算机的启动及关闭 ………………………………………………… (38)

二、Windows XP 的桌面 ………………………………………………… (39)

三、Windows XP 基本操作 ……………………………………………… (41)

§2-3　文件管理 …………………………………………………………… (47)

一、文件和文件夹管理 …………………………………………………… (47)

二、常用文件类型 ………………………………………………………… (51)

三、资源管理器 ·· (52)

§2-4 系统管理及应用 ·· (53)

一、控制面板 ·· (53)

二、显示属性设置 ·· (54)

三、鼠标设置 ·· (57)

四、输入法设置 ·· (58)

五、日期和时间设置 ·· (59)

六、安装和卸载程序 ·· (59)

§2-5 系 统 维 护 ·· (62)

一、安装和使用防病毒软件 ·· (62)

二、安装和使用压缩软件 ·· (64)

三、磁盘清理 ·· (66)

四、碎片整理 ·· (67)

第三章 Internet 网络应用 ·· (69)

§3-1 Internet 简介 ··· (69)

一、Internet 的发展及特点 ·· (69)

二、Internet 提供的服务 ·· (71)

§3-2 Internet 的接入 ··· (72)

一、Internet 接入方式 ·· (72)

二、上网前的准备工作 ·· (73)

三、连接上网 ·· (75)

§3-3 信息的获取 ·· (79)

一、浏览网页 ·· (79)

二、搜索信息 ·· (82)

三、下载文件 ·· (84)

§3-4 电子邮件 ·· (88)

一、申请邮箱 ·· (88)

二、收发邮件 ·· (90)

三、邮件管理 ·· (92)

§3-5 常用网络工具软件的使用 ·································· (93)

一、即时通信软件 QQ 的使用 ······································ (93)

二、下载软件迅雷的使用 ·· (98)

§3-6 常见网络服务与应用 ·· (101)

一、网络硬盘 ·· (101)

二、博客 ··· (102)

三、网络相册 ·· (106)

第四章 文字处理软件 Word 2007 的应用 ···················· (110)

§4-1 Word 2007 简介 ·· (110)

一、Word 2007 的新特性及新功能 ······························ (110)

二、Word 2007 的操作界面 ·· (110)

§4-2 文档的基本操作 …………………………………………… (113)
一、文档的新建、保存和打开 …………………………………… (113)
二、文档的打印输出 ……………………………………………… (116)
三、文档的输入与编辑 …………………………………………… (117)
§4-3 页面布局 …………………………………………………… (123)
一、页面设置 ……………………………………………………… (123)
二、页眉和页脚 …………………………………………………… (126)
三、页面背景及稿纸设置 ………………………………………… (128)
四、分栏 …………………………………………………………… (130)
§4-4 文档的格式设置 …………………………………………… (132)
一、字体格式设置 ………………………………………………… (132)
二、段落格式设置 ………………………………………………… (136)
§4-5 表格操作 …………………………………………………… (143)
一、表格的创建及编辑 …………………………………………… (144)
二、设置表格格式 ………………………………………………… (147)
§4-6 图文混排 …………………………………………………… (150)
一、插入图片、艺术字 …………………………………………… (150)
二、插入 SmartArt 图形 ………………………………………… (159)
三、绘制自选图形 ………………………………………………… (161)
第五章 电子表格软件 Excel 2007 的应用 …………………… (164)
§5-1 电子表格的基本操作 ……………………………………… (164)
一、Excel 2007 的操作界面 ……………………………………… (164)
二、Excel 2007 的基本概念 ……………………………………… (166)
三、Excel 2007 工作簿的基本操作 ……………………………… (167)
四、表格数据的输入和编辑 ……………………………………… (169)
§5-2 表格格式设置与美化 ……………………………………… (173)
一、设置单元格格式 ……………………………………………… (174)
二、条件格式 ……………………………………………………… (178)
三、插入与删除单元格 …………………………………………… (180)
§5-3 数据处理 …………………………………………………… (183)
一、使用公式 ……………………………………………………… (183)
二、单元格引用 …………………………………………………… (185)
三、使用函数 ……………………………………………………… (187)
§5-4 数据分析 …………………………………………………… (194)
一、数据排序 ……………………………………………………… (194)
二、数据筛选 ……………………………………………………… (197)
三、分类汇总 ……………………………………………………… (200)
四、插入图表 ……………………………………………………… (202)
§5-5 打印工作表 ………………………………………………… (209)
一、页面版式设置 ………………………………………………… (209)

二、设置页眉和页脚 ……………………………………………… (210)

三、打印输出 ……………………………………………………… (212)

第六章 多媒体软件应用 …………………………………………… (216)

§6-1 多媒体技术基础知识 ………………………………………… (216)

一、多媒体技术的概述 …………………………………………… (216)

二、常用多媒体文件的格式 ……………………………………… (219)

三、多媒体素材的获取 …………………………………………… (221)

§6-2 图像处理 ……………………………………………………… (223)

一、光影魔术手 …………………………………………………… (223)

二、图像文件格式转换 …………………………………………… (226)

§6-3 音频、视频处理 ……………………………………………… (227)

一、音频、视频播放软件的安装和使用 ………………………… (227)

二、音频文件格式转换 …………………………………………… (229)

三、视频文件格式转换 …………………………………………… (232)

四、音频、视频文件的编辑加工 ………………………………… (233)

第七章 演示文稿软件 PowerPoint 2007 的应用 ……………… (240)

§7-1 PowerPoint 2007 基本操作 ………………………………… (240)

一、PowerPoint2007 的操作界面 ……………………………… (240)

二、演示文稿的建立及保存 ……………………………………… (243)

三、演示文稿的编辑 ……………………………………………… (243)

§7-2 演示文稿的修饰 ……………………………………………… (245)

一、使用幻灯片版式 ……………………………………………… (245)

二、使用主题 ……………………………………………………… (246)

三、设置幻灯片背景 ……………………………………………… (247)

四、使用母版 ……………………………………………………… (248)

§7-3 文稿对象的编辑 ……………………………………………… (249)

一、幻灯片中文本内容的输入和编辑 …………………………… (249)

二、幻灯片中的表格 ……………………………………………… (251)

三、插入图片、艺术字 …………………………………………… (253)

四、插入声音、视频 ……………………………………………… (255)

§7-4 演示文稿的放映 ……………………………………………… (256)

一、对象动画的设置 ……………………………………………… (257)

二、幻灯片切换方式 ……………………………………………… (259)

三、幻灯片放映设置 ……………………………………………… (260)

四、放映幻灯片操作 ……………………………………………… (263)

五、文稿的打包 …………………………………………………… (264)

参考资料 ……………………………………………………………… (268)

第一章 计算机的基本知识

计算机又称为电脑，是电子计算机的简称，它是一种不需要人的直接干预而能够对各种数字化信息进行算术和逻辑运算的快速工具。电子计算机诞生于20世纪四十年代，是人类历史上最伟大的发明创造之一，是科学技术发展史上的里程碑。它的出现和广泛应用把人类从繁重的脑力劳动中解放出来，提高了社会各个领域中对信息的收集、处理和传播的速度与准确性，直接加快了人类向信息化社会迈进的步伐。

经过短短几十年的发展，计算机技术的应用已经十分普及，从国民经济的各个领域到个人生活、学习和工作等各个方面都可谓无所不至。因此，计算机基础知识是每一个现代人都必须掌握的知识，而熟练使用计算机也是人们必备的操作技能之一。

§1-1 计算机的发展及应用领域

本节学习内容：
1. 计算机的发展简史。
2. 计算机的分类。
3. 计算机的应用领域。

本节学习目标：
1. 了解计算机的发展历程和应用领域知识。
2. 掌握计算机的分类方法。

一、计算机的发展

1946年2月15日世界上第一台数字式电子计算机 ENIAC（Electronic Numerical Integrator And Computer，电子数字积分计算机，如图1-1）在美国宾夕法尼亚大学诞生。这台计算机主要用于解决第二次世界大战时军事上弹道的高速计算问题，使用了17468个电子管，占地170平方米，重达30吨，耗电174千瓦，它可以进行每秒5000次加法运算，虽然它还比不上今天最普通的一台微型计算机，但在当时它已是运算速度的绝对冠军，并且其运算的精确

图1-1 ENIAC

度和准确度也是史无前例的。它的问世，开辟了提高运算速度的新途径，也标志着计算机时代的到来。

ENIAC 诞生后短短的几十年间，计算机的发展突飞猛进。电子计算机的发展是伴随着电子技术的发展而发展的。60 多年来，随着电子器件从电子管到晶体管再到集成电路的发展，计算机经历了四次更新换代，每一次更新换代都使计算机的体积和耗电量大大减小，功能大大增强，应用领域进一步拓宽。特别是体积小、价格低、功能强的微型计算机的出现，使得计算机迅速普及，进入了办公室和家庭，在办公室自动化和多媒体应用方面发挥了很大的作用。

第一代（1946 年—1957 年）：电子管计算机时代。这一代计算机的逻辑元件采用电子管，体积大，耗电量大，寿命短，可靠性差，成本高，使用磁带存储信息，容量很小。输入输出装置落后，主要使用穿孔卡片，速度慢，容易出错，使用不方便。在这个时期，没有系统软件，用机器语言和汇编语言编程。计算机只能在少数尖端领域中得到应用，一般用于科学、军事和财务等方面的计算。尽管存在这些局限性，但它却奠定了计算机发展的基础。

第二代（1958—1964 年）：晶体管计算机时代。这一代计算机逻辑元件采用晶体管。相对于电子管计算机，晶体管计算机的体积减小，重量减轻，成本下降，能耗降低，可靠性和运算速度得到了提高。平均寿命提高 100～1000 倍，每秒可以执行几万次到几十万次的加法运算，机械强度较高。由于具备这些优点，所以很快就取代了电子管计算机。在这个时期，系统软件出现了监控程序，提出了操作系统概念，出现了高级语言，如 COBOL、FORTRAN、ALGOL 60 等。

第三代（1965—1970 年）：中小规模集成电路计算机时代。集成电路芯片可以把几十个或几百个分立的电子元件集中做在一块几平方毫米的硅片上。这一代计算机逻辑元件采用中小规模的集成电路，从而使计算机体积更小，重量更轻，耗电更省，寿命更长，成本更低，每秒钟可以执行几十万次到一百万次的加法运算，运算速度和稳定性有了更大的提高。采用半导体存储器作为主存储器，储存容量和存储速度有了大幅度提高，增加了系统的处理能力。软件方面，系统软件有了很大的发展，出现了真正的操作系统，还出现了分时操作系统，多个用户可以共享计算机资源。高级语言更加流行，如 BASIC、Pascal、APL 等。在程序设计方法上，采用了结构化程序设计，为研制更加复杂的软件提供了技术上的保证。

第四代（1971 年至今）：超大规模集成电路计算机时代。从 70 年代末期开始出现超大规模集成电路（VLSI），在一个小小的硅片上容纳了相当于几万个到几十万个晶体管的电子元件，而现在生产的超大规模集成电路集成度可以达到几千万个电子元件。这一代计算机采用大规模、超大规模集成电路作为基本逻辑部件，使计算机的体积、重量和成本都大幅度降低，运算速度和可靠性大幅度提高，计算机日益小型化和微型化，应用、发展及更新速度更加迅猛，产品覆盖巨型机、大/中型机、小型机、工作站和微型计算机等各种类型。这一代计算机运行速度快，存储容量大，外部设备种类多，用户使用方便，操作系统和数据库技术得到进一步的发展。随着计算机技术与通信技术相结合，使计算机技术进入了网络时代，多媒体技术的深入应用扩大了计算机的应用范围。目前使用的计算机都属于第四代计算机。从上世纪 80 年代开始，发达国家开始研制第五代计算机，研究的目标是能够打破以往计算机固有的体系结构，使计算机能够具有像人一样的思维、推理和判断能力，向智能化方向发展，实现接近人的思考方式。

二、计算机的分类

计算机发展到今天，已是琳琅满目、种类繁多，并表现出各自不同的特点。对计算机的分类可以从不同的角度进行，比如按计算机信息的表示形式和对信息的处理方式不同分为数字计算机（digital computer）、模拟计算机（analogue computer）和混合计算机，按计算机的用途不同分为通用计算机（general purpose computer）和专用计算机（special purpose computer）。目前国内外对计算机的分类是根据美国电气和电子工程师协会（IEEE）1989 年提出的标准来划分的，根据计算机的性能及发展趋势，把计算机分成下列几种类型：

1. 高性能计算机

高性能计算机是指目前速度最快、处理能力最强的计算机，在过去称为巨型机或大型机。高性能计算机的运算速度在每秒万亿次以上，它是目前功能最强、速度最快、软硬件配套齐备、价格最贵的计算机，主要用于解决诸如气象、太空、能源、医药等尖端科学研究和发展战略武器研制中的复杂计算。目前世界上只有少数几个国家能生产这种机器，高性能计算机的研制水平、生产能力及其应用程度，已成为衡量一个国家经济实力和科技水平的重要标志。

近年来，我国在国产 CPU 芯片研制及其在巨型机上的应用取得了重大成果，已具备采用国产 CPU 芯片研制百万亿次量级巨型机的能力。"银河"、"曙光"、"深腾"等高性能计算机也都取得令人瞩目的成果。2008 年 6 月，由中国科学院计算所、曙光公司和上海超级计算中心三方共同研发制造的曙光 5000A 如图 1 - 2 面世，其浮点运算处理能力可以达到每秒 230 万亿次，这个速度让中国高性能计算机再次跻身世界前 10 名，中国成为继美国之后第二个能自主研发制造和应用超百万亿次高性能计算机的国家。

图 1 - 2 曙光 5000A 超级计算机

2. 微型计算机

微型计算机又称个人计算机（Personal Computer，PC），是当今使用最普及、产量最大的一类计算机，体积小、功耗低、成本少、灵活性大，性能价格比明显地优于其他类型计算机，因而得到了广泛应用。微型计算机是以运算器和控制器为核心，加上由大规模集成电路制作的存储器、输入/输出接口和系统总线构成的体积小、结构紧凑、价格低但又具有一定功能的计算机。如果把这种计算机制作在一块印刷线路板上，就称为单板机。如果在一块芯片中包含运算器、控制器、存储器和输入/输出接口，就称为单片机。以微机为核心，再配以相应的外部设备（例如键盘、显示器、鼠标器、打印机等）、电源、辅助电路和控制微机工作的软件就构成了一个完整的微型计算机系统。

微型计算机的种类很多，台式机（Desktop Computer）、笔记本（Netbook）和各种手持设备（Handheld，如个人数据助理 PDA、SmartPhone、智能手机、3G 手机、EeePC）等都属于微型计算机，它们的特点是体积小。随着 3G 时代的到来，手持设备将会获得更大的发展，其功能也会越来越强。

3. 工作站

工作站的英文名为 Workstation，是一种以个人计算机和分布式网络计算机为基础，主要面向专业应用领域，具备强大的数据运算与图形、图像处理能力，为满足工程设计、动画制作、科学研究、软件开发、金融管理、信息服务、模拟仿真等专业领域而设计开发的高性能计算机。工作站是介于微型计算机和小型机之间的高档微型计算机，通常配备有大屏幕显示器和大容量存储器，具有较高的运算速度和较强的网络通信能力。工作站的独到之处是具有很强的图形交互能力，因此在工程设计领域得到广泛使用。

4. 服务器

随着计算机网络的普及和发展，一种可供网络用户共享的高性能计算机应运而生，这就是服务器。服务器的英文名为 Server，专指某些高性能计算机，能通过网络，对外提供服务。服务器一般具有大容量的存储设备和丰富的外部接口，运行网络操作系统，要求较高的运行速度，为此很多服务器都配置双 CPU。服务器是网络的节点，存储和处理网络上 80% 的数据及信息，在网络中起到举足轻重的作用，因此相对于普通计算机来说，稳定性、安全性、性能等方面都要求更高，它们是为客户端计算机提供各种服务的高性能的计算机，其高性能主要表现在高速度的运算能力、长时间的可靠运行、强大的外部数据吞吐能力等方面。服务器常用于存放各类资源，在网络环境下为网络用户提供丰富的资源共享服务。服务器一般分为文件服务器、打印服务器、计算服务器和通信服务器等。

三、计算机的应用领域

随着计算机技术的发展，计算机应用渗透到各行各业，上至高、新的尖端科技技术，下至普通家庭生活和电器，计算机几乎无处不在，无时不有。

1. 科学计算

科学计算也称为数值计算，指用于完成科学研究和工程技术中提出的数学问题的计算。科学计算是计算机最早的应用领域，同人工计算相比，计算机不仅速度快，而且精度高。科学计算在天文、地质、生物和数学等科学研究以及空间技术、新材料研究、原子能研究等高新技术领域中，占有重要的地位。

2. 数据处理

数据处理也称为非数值运算，指对大量的数据进行加工处理，例如对数据资料的收集、存储、加工、分类、排序、检索和发布等一系列工作。数据处理是现代化管理的基础，它不仅应用于处理日常的事务，还能支持科学的管理与决策，使管理更加科学。

3. 电子商务

电子商务是指通过计算机和网络进行的商务活动，是在 Internet 的广泛联系与传统信息技术的丰富资源相结合的背景下应运而生的一种网上相互关联的动态商务活动。电子商务是在 1996 年开始的，起步虽然不长，但因其高效率、低支付、高收益和全球性等特点，很快受到各国政府和企业的广泛重视，有着广阔的发展前景。目前，世界各地的许多公司已经开始通过 Internet 进行商业交易，他们通过网络方式与顾客、批发商和供货商等联系，在网上进行业务往来。

4. 过程控制

过程控制也称为实时控制，指用计算机实时采集数据，将数据处理后，按最佳值迅速对控制对象进行调节或控制。过程控制不但能够通过连续监控提高生产的安全性和自动化水平，而且也提高了产品的质量，降低了成本，减轻了劳动强度。由于过程控制一般都是实时控制，有时对计算机速度的要求不高，但要求可靠性高、响应及时。

5. 计算机辅助系统

计算机辅助系统是指以计算机为辅助工具的各种应用系统。包括计算机辅助教学（CAI）、计算机辅助设计（CAD）、计算机辅助制造（CAM）、计算机辅助测试（CAT）、计算机集成制造（CIMS）等系统。

计算机辅助设计 CAD（Computer Aided Design），就是用计算机及图形设备帮助各类设计人员进行设计工作。CAD 已广泛应用于机械、电子、航空、船舶、汽车、纺织、服装、化工、建筑等行业，成为现代计算机应用中最活跃的领域之一。

计算机辅助制造 CAM（Computer Aided Manufacturing），是指用计算机进行生产设备的管理、控制和操作的过程。数控机床是 CAM 的一个典型例子。实际上数控机床就是一种由专用计算机来控制的机床，其特点是用事先编好的"数据加工程序"代替人工来控制机床操作。使用 CAM 可以提高产品质量、降低成本、缩短生产周期、减轻劳动强度。

计算机集成制造系统 CIMS（Computer Integrated Manufacturing System），是集设计、制造、管理等三大功能于一体的现代化工厂生产系统。它是从二十世纪八十年代发展起来的一种新型的生产模式，具有生产率高、生产周期短等特点，成为本世纪制造工业的主要生产模式。CIMS 是一个综合性的信息处理系统，它包括工程设计系统、柔性制造系统和事务数据处理系统。

计算机辅助教学 CAI（Computer Aided Instruction），是在计算机辅助下进行的各种教学活动，以对话方式与学生讨论教学内容、安排教学进程、进行教学训练的方法与技术。CAI 为学生提供一个良好的个人化学习环境。它的使用能有效地缩短学习时间、提高教学质量和教学效率，实现最优化的教学目标。

6. 多媒体技术

多媒体技术是以计算机为核心，将现代声像技术和通信技术融为一体，把数字、文字、声音、图形、图像和动画等多种媒体有机组合起来，使它们建立起逻辑联系，并能进行加工处理（包括对这些媒体的录入、压缩和解压缩、存储、显示和传输等）的综合性技术。目前多媒体计算机技术的应用领域正在不断拓宽，除了知识学习、电子图书、商业及家庭应用外，在远程医疗、视频会议中都得到了极大的推广。

7. 虚拟现实

虚拟现实（Virtual Reality，简称 VR，又称灵境、幻真）是近年来出现的高新技术，也称灵境技术或人工环境。虚拟现实是利用计算机模拟产生一个三维空间的虚拟世界，提供使用者关于视觉、听觉、触觉等感官的模拟，让使用者如同身历其境一般，可以及时、没有限制地观察三度空间内的事物。它用计算机生成逼真的三维视、听、嗅觉等感觉，使人作为参与者通过适当装置，自然地对虚拟世界进行体验和交互作用。

8. 学习与娱乐

计算机是一种很好的学习工具。随着多媒体技术的广泛应用，有的教育软件采用真人发音方式，让学生更加投入地练习语言发音；有的软件采用"仿真技术"，在屏幕上再现现实世界的某些事物，例如让医学院的学生在计算机上进行人体解剖实验。尤其是网络技术和通信技术的发展，远程教育得到了强大的技术支持，许多大学建立了网络学院，开展远程教育，为学生随时随地学习、提问、讨论、答疑创造了有利条件，学生之间、师生之间的相互交流已经完全打破了时空限制。

计算机走进家庭后，人们可以在工作之余使用计算机欣赏 VCD 影碟和音乐，进行游戏娱乐等。接入 Internet 后，人们可以在计算机上阅读报纸、杂志和书籍，还可以在网上与亲朋好友聊天。

§1-2 计算机的基本组成

本节学习内容：
1. 计算机硬件系统的组成。
2. 计算机软件系统的组成。
3. 计算机的主要性能指标。

本节学习目标：
1. 了解计算机的主要性能指标。
2. 掌握计算机硬件和软件组成的基本知识。

一个完整的计算机系统包括硬件系统和软件系统两大部分，如图 1-3 所示。计算机硬件是指计算机系统中的各种物理装置，是计算机系统的物质基础，如 CPU、存储器、输入/输出设备等。计算机软件是相对于硬件系统而言的。软件系统着重解决如何管理和使用机器的问题。硬件和软件是相辅相成的。没有任何软件支持的计算机称为裸机。裸机本身几乎不具备任何功能，只有配备一定的软件，才能发挥其功能。

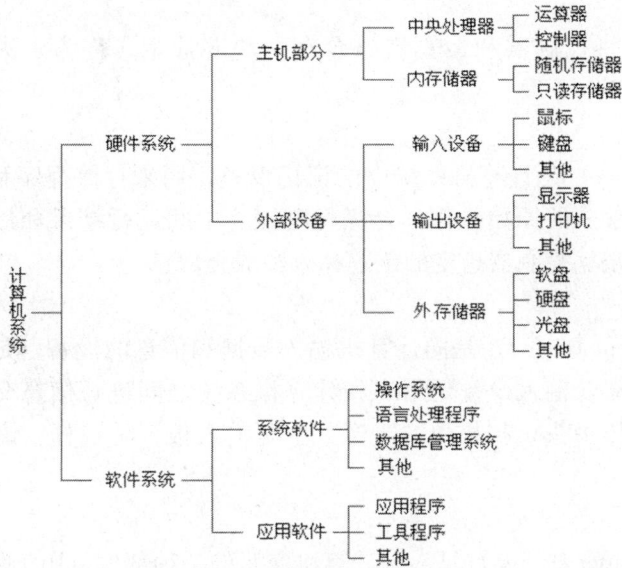

图1-3　完整的计算机系统

一、硬件系统

硬件是指计算机的物理设备，包括主机及其外部设备。具体地说，硬件系统由运算器、控制器、存储器、输入设备和输出设备五大部件组成，如图1-4所示。运算器、内存贮器、控制器称为主机部分，输入、输出装置、外存贮器称为外部设备。

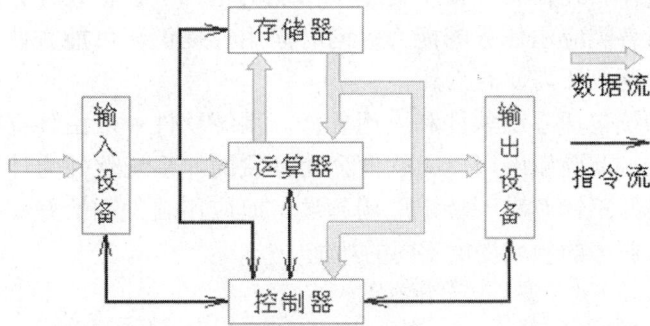

图1-4　计算机硬件组成

1. 控制器

控制器是计算机的指挥中心，它统一控制和指挥计算机的各个部件协调地工作。在控制器的控制下，计算机能够自动按照程序设定的步骤进行一系列指定的操作，以完成特定的任务。

2. 运算器

运算器又称为算术逻辑单元（Arithmetic - Logic Unit，ALU），是计算机中执行各种算术和逻辑运算操作的部件。计算机中最主要的工作是运算，大量的数据运算任务是在运算器中进行的。

在计算机中，将控制器和运算器整合在一块芯片上，称为中央处理器（Central Processing Unit，CPU）。

3. 存储器

存储器（Memory）是计算机系统中的记忆设备，用来存放程序和数据。计算机中的全部信息，包括输入的原始数据、计算机程序、中间运行结果和最终运行结果都保存在存储器中。它根据控制器指定的位置存入和取出信息。

4. 输入设备

输入设备（Input Device）是向计算机输入数据和信息的设备。是计算机与用户或其他设备通信的桥梁。输入设备是用户和计算机系统之间进行信息交换的主要装置之一。键盘，鼠标，摄像头，扫描仪，光笔，手写输入板，游戏杆，语音输入装置等都属于输入设备。

5. 输出设备

输出设备（Output Device）是人与计算机交互的一种部件，用于数据的输出。它把各种计算结果数据或信息以数字、字符、图像、声音等形式表示出来。常见的输出设备有显示器、打印机、绘图仪、影像输出系统、语音输出系统、磁记录设备等。

二、软件系统

计算机软件是指在计算机硬件上运行的各种程序及有关文档资料的总称。它的作用在于对计算机硬件资源的有效控制与管理，提高计算机资源的使用效率，协调计算机各组成部分的工作，并在硬件提供的基本功能的基础上，扩大计算机的功能，提高计算机实现和运行各类应用任务的能力；同时向用户提供尽可能方便、灵活的计算机操作使用界面和诊断等所需要的工具。

计算机软件系统包括系统软件和应用软件。系统软件一般由计算机厂商提供，应用软件是为解决某一问题而由用户或软件公司开发的。系统软件为计算机使用提供最基本的功能，但是并不针对某一特定应用领域。而应用软件则恰好相反，不同的应用软件根据用户和所服务的领域提供不同的功能。

1. 系统软件

系统软件是指管理、监控和维护计算机资源（包括硬件及软件）的软件，它主要包括操作系统、各种语言处理程序以及各种工具软件等。

系统软件为计算机使用提供最基本的功能，可分为操作系统和支撑软件。系统软件是负责管理计算机系统中各种独立的硬件，使得它们可以协调工作。系统软件使得计算机使用者和其他软件将计算机当作一个整体而不需要顾及到底层每个硬件是如何工作的。操作系统（Operating System）是最基本最重要的系统软件，它负责管理计算机系统的各种硬件资源（例如 CPU、内存空间、磁盘空间、外部设备等），并且负责解释用户对机器的管理命令，使它转换为机器实际的操作。Windows 就是最常用的操作系统。

支撑软件是支撑各种软件的开发与维护的软件，又称为软件开发环境（IDE）。它主要包括环境数据库、各种接口软件和工具组。支撑软件包括一系列基本的工具，比如编译器、数据库管理系统、存储器格式化、文件系统管理系统、驱动管理、网络连接等方面的工具。

2. 应用软件

应用软件是指专门为解决某个应用领域内的具体问题而编制的软件，由于计算机的应用几乎已渗透到了各个领域，所以应用程序也是多种多样的。它可以是一个特定的程序，比如一个图像浏览器。也可以是一组功能联系紧密，可以互相协作的程序的集合，比如微软的 Office 软件。也可以是一个由众多独立程序组成的庞大的软件系统，比如数据库管理系统等。

三、计算机主要性能指标

一台计算机的性能是由它的整体结构决定的，衡量计算机的主要性能指标有主频、字长、内存容量、存取周期、运算速度及其他指标。

1. 主频

主频是计算机的主要性能指标之一。主频是指计算机 CPU 在单位时间内输出的脉冲数，即 CPU 内核工作的时钟频率（CPU Clock Speed）。它在很大程度上决定了计算机的运行速度。单位 MHz 或 GHz。通常所说的某某 CPU 是多少兆赫的，而这个多少兆赫就是"CPU 的主频"。要注意 CPU 的主频不是其运行速度，CPU 的主频表示在 CPU 内数字脉冲信号震荡的速度，与 CPU 实际的运算能力并没有直接关系。由于主频并不直接代表运算速度，所以在一定情况下，很可能会出现主频较高的 CPU 实际运算速度较低的现象。比如 AMD 公司的 AthlonXP 系列 CPU 大多都能以较低的主频，达到英特尔公司的 Pentium 4 系列 CPU 较高主频的 CPU 性能，所以 AthlonXP 系列 CPU 才以 PR 值的方式来命名。因此主频仅是 CPU 性能表现的一个方面，而不代表 CPU 的整体性能。

2. 字长

字长是指计算机的运算部件能同时处理的二进制数据的位数。它表示计算机 CPU 一次可以处理的最大位数。字长决定了计算机的运算精度，对速度也有一定影响，字长越长，运算精度越高，速度相对也越快，但硬件价格也越高。不同的计算机，因为 CPU 不同，它的字长也是不一样的。目前最常见的处理器是 32 位及 64 位字长。

3. 内存容量

内存容量是指内存贮器中能存贮的信息总字节数。计算机在运行程序时，需要将程序从外存装入到内存中，才可以运行。如果内存容量足够大，程序可以一次装入到内存中执行，否则，要分多次装入运行。内存容量的大小直接影响到计算机系统的运行速度。

4. 存取周期

存贮器连续二次独立的"读"或"写"操作所需的最短时间，单位是纳秒（ns，$1ns = 10^{-9}s$）。存储器完成一次"读"或"写"操作所需的时间称为存储器的访问时间

（或读写时间）。

5. 运算速度

运算速度是个综合性的指标，是指每秒钟执行指令的条数，单位为 MIPS（百万条指令/秒）。影响运算速度的因素，主要是主频和存取周期，字长和存储容量也有影响。

6. 其他指标

除了以上几个主要的性能指标以外，影响计算机性能的指标还有很多，如计算机的兼容性（包括数据和文件的兼容、程序兼容、系统兼容和设备兼容）、系统的可靠性（平均无故障工作时间 MTBF）、系统的可维护性（平均修复时间 MTTR）、机器允许配置的外部设备的最大数目、计算机系统的汉字处理能力、数据库管理系统及网络功能等。

§1-3 计算机中信息的表示

本节学习内容：

1. 数制及其概念。

2. 二进制、八进制、十六进制的基本知识。

3. 十进制、二进制、八进制、十六进制数之间的相互转换。

4. 字符编码基本知识。

本节学习目标：

1. 了解数制的概念及字符编码基本知识。

2. 掌握十进制、二进制、八进制、十六进制数之间的相互转换方法。

计算机的功能十分强大，可以处理各种各样的工作。但无论是什么样的计算机，从本质上讲它的工作过程都是信息的传递过程。在计算机内传递的信息分为两大类，一类是控制信息，一类是数据信息。控制信息用于控制计算机内各部件的协调工作，数据信息是计算机加工处理的对象。

一、数制

数制也称计数制，是用一组固定的符号和统一的规则来表示数目的方法。人们在很早的年代就使用了逢十进一的十进制计数方法，随着人们对计数方法的不断认识，又出现了其他的一些进制计数方法。比如星期使用的是七进制，时、分、秒使用的是六十进制，年和月之间使用的是十二进制等等。要学习数制，必须首先掌握数码、基数和位权这三个概念。

数码：数制中表示基本数值大小的不同数字符号。例如，十进制有 10 个数码：0、1、2、3、4、5、6、7、8、9。

基数：某种数制中每个数位上允许使用的数码的个数。例如，十进制的基数为 10，每个数位上允许使用的数码为 0、1、2、3……、9 中的任意一个；六十进制的基数为 60，每个数位上允许使用的数码为 0、1、2、3……、59 中的任意一个。所以，当基数为 R 时，该数制中每个数位上允许使用的数码的个数为 R 个，其取值范围为 0 ~（R − 1）。在进行加减运算时按逢 R 进一，借 1 当 R 的规则进行。

位权：数制中某一数位上的"1"所表示数值的大小，它是一个指数，底是基数 R，幂是数码的位置号，数码的位置号从 0 开始（小数点左边第一位）。例如，十进制的 123.45，1 表示的数值是 1×10^2，2 表示的数值是 2×10^1，3 表示的数值是 3×10^0，4 表示的数值是 4×10^{-1}，5 表示的数值是 5×10^{-2}。这样从左到右数位 1、2、3、4、5 对应的位权分别为 10^2、10^1、10^0、10^{-1}、10^{-2}，即

$$123.45 = 1 \times 10^2 + 2 \times 10^1 + 3 \times 10^0 + 4 \times 10^{-1} + 5 \times 10^{-2}$$

可以看出每个数码表示的数值大小与这个数码所处的位置有关。将一个数中某一位的数码与该位的位权相乘，即为该位数码的数值。

对于 R 进制数，整数部分第 i 位的位权为 R^{i-1}，而小数部分第 j 位的位权为 R^{-j}。设一个任意进制数 S 的整数部分有 n 位，小数部分有 m 位，基数为 R，则 S 的展开式为：

$$S = k_{n-1} R^{n-1} + \cdots + k_1 R^1 + k_0 R^0 + k_{-1} R^{-1} + \cdots + k_{-m} R^{-m} = \sum_{i=-m}^{n-1} k_i \times R^i$$

1. 十进制

十进制是人们在日常生活中最习惯使用的计数方式。它有 0、1、2、3、4、5、6、7、8、9 共十个数码，计数规则是逢十进一，借一当十。

2. 二进制

二进制是计算技术中广泛采用的一种数制。二进制数据是用 0 和 1 两个数码来表示的数。它的基数为 2，进位规则是逢二进一，借一当二。当前的计算机系统使用的基本上是二进制系统，这是由于二进制有以下特点：

①二进制只需用两种状态表示数字，容易实现。二进制在电气、电子元器件中最易实现。它只有两个数字，用两种稳定的物理状态即可表达，而且稳定可靠。比如晶体管的截止与导通（表现为电平的高与低）等。而若采用十进制，则需用十种稳定的物理状态分别表示十个数字，不易找到具有这种性能的元器件，即使有，其运算与控制的实现也极复杂。

②二进制采用逢二进一的计数规则，运算简单。

3. 八进制

八进制数较二进制数书写方便，常应用在计算机的计算中，它只是相当于对二进制的一个缩写，同样一个数用八进制写出的结果要比用二进制写出的结果简单得多。

八进制采用 0，1，2，3，4，5，6，7 共八个数码，计数规则是逢八进一，借一当八。

4. 十六进制

由于使用二进制表示数据在编程时既繁琐又容易出错，所以人们在编程时经常使用十六进制，使用十六进制数简化二进制数的表示。十六进制是计算机中数据的一种表示方法。它由 0、1、2、3、4、5、6、7、8、9，A、B、C、D、E、F 共十六个数码

组成，计数规则是逢十六进一，借一当十六。与十进制的对应关系是：0~9 对应 0~9，A~F 对应 10~15。

二、数制转换

在各种进制计数中，十进制是人们在日常生活中最习惯使用的计数方式，十六进制是程序编制常用的计数方式，而计算机中只能使用二进制，这就要求在各种进制之间进行转换。

1. 十进制数转换成非十进制数

将十进制数转换为其他进制数时，可将此数分成整数与小数两部分分别转换，然后再拼接起来即可。

（1）整数部分转换

将十进制整数除以非十进制数的基数 R，得到商和余数，余数对应为 R 进制数低位的值；继续对商除以 R，如此继续直到商等于 0 为止，所得各次余数就是所求 R 进制数的各位值（最后余数为最高位的值）。此法称为"除基取余法"。

例　将 $(123)_{10}$ 转换成二进制数。

```
2 | 123      余数
2 | 61        1    ↑
2 | 30        1    |
2 | 15        0    |
2 | 7         1    |
2 | 3         1    |
2 | 1         1    |
    0         1
```

$\therefore (123)_{10} = (1111011)_2$

例　将 $(123)_{10}$ 转换成十六进制数。

```
16 | 123      余数
16 | 7        11   ↑
     0        7
```

余数 11 对应的十六进制数是 B $\therefore (123)_{10} = (7B)_{16}$

（2）小数部分转换：将十进制小数乘以非十进制数的基数 R，去掉乘积的整数部分，再用 R 去乘以余下的纯小数部分，如此继续，直到乘积全部为整数或已满足要求的精度为止。所得的各次整数就是所求的 R 进制小数的各位值（最先得到的是最高位）。此法称为"乘基取整法"。

例　将 $(0.125)_{10}$ 转换成二进制数。

```
    0.125     整数
  ×  2
    0.250      0    ↓
  ×  2
    0.50       0    |
  ×  2
    1.00       1
```

$\therefore (0.125)_{10} = (0.001)_2$

要注意的是，十进制小数常常不能准确地换算为等值的二进制小数（或其他 R 进制数），有换算误差存在。

例如，将 $(0.45)_{10}$ 转换成二进制数。

```
        0.45        整数
      ×    2
        0.90         0
      ×    2
        1.80         1
      ×    2
        1.60         1
      ×    2
        1.20         1
      ×    2
        0.40         0
      ×    2
        0.80         0
      ×    2
        1.60         1
      ……
```

此过程会不断进行下去（小数位达不到 0），因此只能取到一定精度：

$$(0.45)_{10} = (0.0111001)_2$$

若将十进制数 $(123.45)_{10}$ 转换成二进制数，可分别进行整数部分和小数部分的转换，然后再拼在一起：

$$(123.45)_{10} = (1111011.0111001)_2$$

2. 非十进制数转换成十进制数

将要转换的非十进制数的各位数字与它的位权相乘，其积相加，和数就是所求的十进制数。

例：$(1111011.001)_2 = 1 \times 2^6 + 1 \times 2^5 + 1 \times 2^4 + 1 \times 2^3 + 0 \times 2^2 + 1 \times 2^1 + 1 \times 2^0 + 0 \times 2^{-1} + 0 \times 2^{-2} + 0 \times 2^{-3} = 64 + 32 + 16 + 8 + 0 + 2 + 1 + 0 + 0 + 0.001 = (123.001)_{10}$

$(5F.A)_{16} = 5 \times 16^1 + 15 \times 16^0 + 10 \times 16^{-1} = 80 + 15 + 0.0625 = (95.0625)_{10}$

3. 二进制、八进制、十六进制数之间的转换

二进制、八进制、十六进制的相互转换在应用中占有重要的地位。由于这三种数制的权之间有内在的联系，即 $2^3 = 8$，$2^4 = 16$，因而它们之间的转换比较容易，即每位八进制数相当于三位二进制数，每位十六进制数相当于四位二进制数。二进制、八进制、十六进制与十进制之间的关系如表 1 - 1：

表 1 - 1

十进制数	二进制数	八进制	十六进制数
0	0000	0	0
1	0001	1	1
2	0010	2	2
3	0011	3	3
4	0100	4	4
5	0101	5	5

6	0110	6	6
7	0111	7	7
8	1000	10	8
9	1001	11	9
10	1010	12	A
11	1011	13	B
12	1100	14	C
13	1101	15	D
14	1110	16	E
15	1111	17	F

在将二进制数转换成八进制或十六进制数时，从小数点开始，整数从右到左，小数从左到右划分，转换成八进制划分为三位一组，转换成十六进制划分为四位一组，中间的0不能省略，两头不够三（或四）位时补0，再将每组转换成相应的八进制或十六进制即可。

例　将 $(101101.10)_2$ 转换成八进制和十六进制数。

转换成八进制：$\dfrac{101}{5}\ \dfrac{101}{5}\cdot\dfrac{100}{4}$　　$\therefore (101101.10)_2 = (55.4)_8$

转换成十六进制：$\dfrac{0010}{2}\ \dfrac{1101}{D}\cdot\dfrac{1000}{8}$ $\therefore (101101.10)_2 = (2D.8)_8$

将八进制或十六进制数转换成二进制数时，可以把每位数直接写成三位（八进制转换成二进制）或四位（十六进制转换成二进制）二进制便可以完成转换。

三、字符编码

计算机中的信息包括数据信息和控制信息，数据信息又可分为数值和非数值信息。非数值信息和控制信息包括了字母、文字、各种控制符号、图形符号等，这些非数值信息也是采用0和1两个符号来进行编码表示的。这种对字母和符号进行编码的二进制代码称为字符代码（Character Code）。

1. 西文字符

对西文字符编码最常用的是 ASCII 字符编码（American Standard Code for Information Interchange，美国信息交换标准代码）。是基于罗马字母表的一套电脑编码系统，它主要用于显示现代英语和其他西欧语言。ASCII 字符集共有 128 个字符，其中有 96 个可打印字符，包括常用的字母、数字、标点符号等，另外还有 32 个控制字符。标准 ASCII 码使用 7 个二进位对字符进行编码，对应的 ISO 标准为 ISO646 标准。下表展示了基本 ASCII 字符集及其编码：

表 1 – 2 7 位 ASCII 代码表

$d_4d_3d_2d_1$ \ $d_7d_6d_5$	000	001	010	011	100	101	110	111
0000	NUL	DEL	SP	0	@	P	`	p
0001	SOH	DC1	!	1	A	Q	a	q
0010	STX	DC2	"	2	B	R	b	r
0011	ETX	DC3	#	3	C	S	c	s
0100	EOT	DC4	$	4	D	T	d	t
0101	ENQ	NAK	%	5	E	U	e	u
0110	ACK	SYN	&	6	F	V	f	v
0111	BEL	ETB	´	7	G	W	g	w
1000	BS	CAN	(	8	H	X	h	x
1001	HT	EM	)	9	I	Y	i	y
1010	LF	SUB	*	:	J	Z	j	z
1011	VT	ESC	+	;	K	[	k	{
1100	FF	FS	,	<	L	\	l	|
1101	CR	GS	–	=	M	]	m	}
1110	SO	RS	.	>	N	↑	n	~
1111	SI	US	/	?	O	↓	o	DEL

从表 1 – 2 中可以看出字符 ASCII 码大小规律一般是：由于基本 ASCII 字符表按代码值的大小排列，数字的代码小于字母；在数字的代码中，0 的代码最小，9 的代码最大；大写字母的代码比小写字母小；在字母中，代码的大小按字母顺序递增；A 的代码最小，z 的代码最大。其中，0 的代码为 $(0110000)_2$，对应的十进制代码为 48；A 的代码为 $(1000001)_2$，对应的十进制代码为 65，a 的代码为 $(1100001)_2$，对应的十进制代码为 97，其他数字和字母的代码可以依次推算出来。

西文字符除了常用的 ASCII 字符编码外，还有另一种 EBCDIC 码（Extended Binary Coded Decimal Interchange Code，扩展的二 – 十进制交换码），这种编码主要用在大型机器中。EBCDIC 码采用 8 位基 2 码表示，有 256 个编码状态。

2. 中文字符

对于英文，大小写字母总计只有 52 个，加上数字、标点符号和其他常用符号，128 个编码基本够用，所以 ASCII 码基本上满足了英语信息处理的需要。我国使用汉字不是拼音文字，而是象形文字，与拼音文字有很大的区别，由于常用的汉字也有 6000 多个，因此使用 7 位二进制编码（ASCII 码）是不够的，必须使用更多的二进制位，一个字节不够，可以用两个、三个字节，甚至四个字节，实际的国标码（GB2312 – 80 标准）就是用两个字节编码的。在汉字输入、输出、存储和处理的不同过程中，所使用的汉字编码不相同，归纳起来主要有汉字输入码、汉字交换码、汉字机内码和汉字字形码等编码形式。

（1）汉字输入码

在计算机系统中使用汉字，首先遇到的问题就是如何把汉字输入到计算机内。为了能直接使用西文标准键盘进行输入，必须为汉字设计相应的编码方法。汉字输入码是用计算机标准键盘上按键的不同排列组合来对汉字的输入进行编码，又称为外码。汉字的输入编码很多，归纳起来主要有数字编码（如区位码）、字音编码（如全拼、智能ABC）、字形编码（如五笔字型）和音形结合编码（如自然码）等几大类，每种方案对汉字的输入编码并不相同，但经转换后存入计算机内的机内码均相同。例如，我们以全拼输入编码键入"wang"，或以五笔字型输入法键入"gggg"都能得到"王"这个汉字对应的机内码。这个工作由汉字代码转换程序依照事先编制好的输入码对照表完成转换。

（2）汉字交换码

汉字交换码是指在对汉字进行传递和交换时使用的编码，也称国标码。1981 年，国家标准局颁布了《信息交换用汉字编码字符集（基本集）》，简称 GB2312—80，代号国标码，是在汉字信息处理过程中使用的代码的依据。GB2312—80 共收集汉字、字母、图形等字符 7445 个，其中汉字 6763 个（常用的一级汉字 3755 个，按汉语拼音字母顺序排列；二级汉字 3008 个，按部首顺序排列），此外，还包括一般符号、数字、拉丁字母、希腊字母、汉语拼音字母等。在该标准集中，每个汉字或图形符号均采用双字节表示，每个字节只用低 7 位；将汉字或图形符号分为 94 个区，每个区分为 94 个位，高字节表示区号，低字节表示位号。国标码一般用十六进制表示，在一个汉字的区号和位号上分别加十六进制 20H，即构成该汉字的国标码。例如，汉字"啊"位于 16 区 01 位，其区位码为十进制数 1601D（即十六进制数 1001H），对应的国标码为十六进制数 3021H。

（3）汉字机内码

汉字机内码是在计算机内部存储、处理、传输汉字用的代码，又称内码。汉字国标码作为一种国家标准，是所有汉字都必须遵循的统一标准，但由于国标码每个字节的最高位都是"0"，与国际通用的 ASCⅡ码无法区别，必须经过某种变换才能在计算机中使用，英文字符的机内代码是 7 位的 ASCⅡ码，最高位为"0"，而将汉字机内代码两个字节的最高位设置为"1"，这就形成汉字的机内码。

（4）汉字字形码

汉字字形码是表示汉字字形信息的编码，也称字模码，用于汉字的显示和打印。目前在汉字信息处理系统中大多以点阵方式形成汉字，所以汉字字形码就是确定一个汉字字形点阵的代码，全点阵字形中的每一点用一个二进制位来表示，它是汉字的输出形式。根据输出汉字的要求不同，点阵的多少也不同。简易型汉字为 16×16 点阵，提高型汉字为 24×24 点阵、32×32 点阵、48×48 点阵等等。字模点阵的信息量是很大的，所占存贮空间也很大，以 16×16 点阵为例，每个汉字就要占用 32 个字节，两级汉字大约占用 256KB。

综上所述，汉字处理过程就是这些代码的转换过程。可以把汉字信息处理系统抽象为一个简单模型，如图 1－5 所示。一个完整的汉字信息处理都离不开从输入码到机内码，由机内码到字形码的转换。虽然汉字输入码、机内码、字形码目前并不统一，但是只要在信息交换时，使用统一的国家标准，就可以达到信息交换的目的。

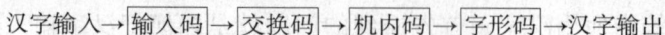

汉字输入→ 输入码 → 交换码 → 机内码 → 字形码 →汉字输出

图 1－5　汉字处理过程

§1-4　计算机常用设备及其使用

本节学习内容：

1. 键盘、鼠标、扫描仪、摄像头、读卡器、手写板等输入设备基本知识及使用方法。

2. 显示器、打印机、投影机等输出设备基本知识及使用方法。

3. U 盘、光盘等外存储设备基本知识及使用方法。

本节学习目标：

1. 了解计算机常用外部设备的基本知识及使用方法。

2. 掌握键盘、鼠标、显示器、打印机、U 盘、光盘等设备的使用方法。

　　输入设备、输出设备是人与计算机进行信息交换的窗口。人们利用输入设备向计算机输入命令或提供数据，键盘就是最常用的输入设备，人们对计算机的大部分操作都是通过键盘来完成的，常用的输入设备还有鼠标器、扫描仪等。计算机对数据的处理结果如何，通过输出设备就可反映出来，显示器是最常用的输出设备，计算机的大部分信息是由显示器输出的。常用的输出设备还有打印机，可以将人们需要的信息打印到纸张上，如各种文件、报表等。

一、输入设备

1. 键盘

　　键盘是最常用的输入设备，早期的键盘有八十多个键，现在增加到 104 个键。这些键上标了各种字母、数字、符号，只需按下这些键，就可以向计算机输入各种命令和数据。

　　按照各类按键的功能和排列位置，键盘上的按键排列可以分为四个区域：主键盘区、功能键区、编辑键区、辅助键区（数字小键盘），如图 1-6 所示。

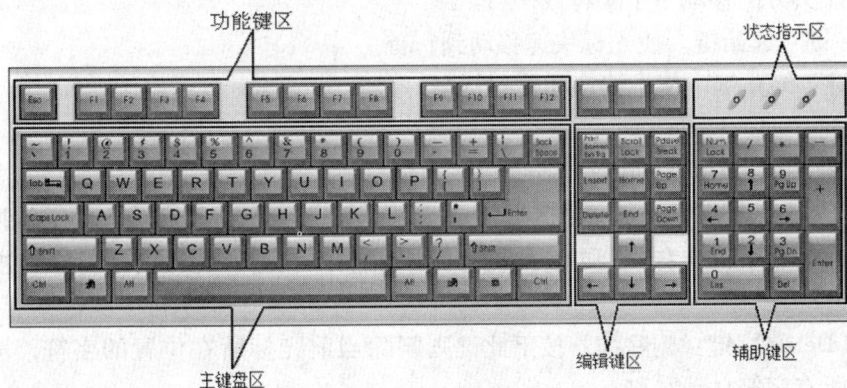

图 1-6　键盘

（1）主键盘区

在键盘的左边部分，是标准的打字机主键盘，包括字符键和一些专用键。

字符键包括英文字母键、数字键和特殊符号键。这些键又分为单字符键（每个键上只有一个字符）和双字符键（每个键上有两个字符）。当按下某一个单字符键时，即可在当前光标位置输入该键上的字符；当按下某个双字符键时，只可输入该键上的下档字符。当按住 Shift 键后，再按下该字符键，则显示上档字符。

Shift 键：上档控制键，同时按下 Shift 键和双字符键，显示该双字符键的上档字符。同时按下 Shift 键和字母键，显示大写字母。

Caps Lock 键：大写字母锁定键。按一次此键，键盘右上角的〈Caps Lock〉灯亮，键盘中的字母键均呈"大写锁定状态"，输入的英文字母为大写形式；而用 Shift 键与英文字符键双键输入时，反而呈小写形式。再按一次则指示灯灭，字符恢复小写状态。

Enter 键：回车键。它的功能是执行键入的命令或表示一个输入行的结束。

Ctrl 键：控制键。单独使用无意义，与其他键配合使用时可产生各种功能效果，这些功能由操作系统或其他应用程序自行定义。

Backspace 键：退格键。用此键可以删除光标左边的一个字符，然后光标及其右边的字符自动左移。

Alt 键：互换键。不单独使用，与其他键组合使用产生特殊功能。

Esc 键：取消键。不同的应用程序对它有不同的定义。在 Windows 环境下按下此键，则取消进行的操作。

Tab 键：跳格键。每按一次，光标向右跳过若干个字符的位置，这取决于应用软件的有关约定。

（2）功能键区

在键盘的最上面一排，主要包括 F1 ~ F12 共 12 个功能键，它们的具体功能可由操作系统或应用程序自行定义。如按下 F1 键可打开帮助窗口。

（3）编辑键区

光标移动键：包括→、↑、←、↓四个键。在具有全屏幕编辑系统中，每按一次，光标将按箭头方向移动一个字符或一行。

Home 键：起始键。使光标快速移动到行首。

End 键：终止键。使光快速标移到行尾。

Pgup 键：向前移动一页。

Pgdn 键：向后移动一页。

Ins（Insert）键：插入键。按一次此键，进入插入状态，其后输入的字符插入光标所在位置，其余字符向右移；再按此键，则取消插入状态，键入的字符会替换光标处的字符。

Del（Delete）键：删除键。按下此键则删除当前光标所在位置的字符，被删除字符右边的所有字符自动左移。

Print Screen（PrtSc）键：打印屏幕键。按下此键可把屏幕上显示的内容在打印机上输出。

Scroll Lock 键：屏幕锁定键。按下此键屏幕停止滚动，再按一次则恢复。

Pause（Break）键：暂停键。可暂停程序的运行。按下 Ctrl + Break 键，可终止程序运行。

（4）数字键盘区

又称小键盘区，它是为专门从事数字录入的工作人员提供的。数字小键盘在键盘的右边部分，是一个 16 键的小键盘，包括数字键、光标移动键、数字锁定键、插入/删除键等。当输入大量的数字时，用右手在数字小键盘上击键可大大提高录入速度。

小键盘上的双字符键具有数字键和编辑键的双重功能。开机后，系统约定下档的编辑状态。按一下数字锁定键 Num Lock 则可进入上档数字锁定状态，即可输入数字。再按一次，解除锁定，重回编辑状态。

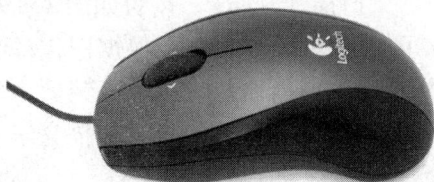

图 1-7　鼠标

2. 鼠标

鼠标是一种指点式输入设备如图 1-7，多用于 Windows 环境中，取代键盘的光标移动键和替代回车键操作，使移动光标更加方便、更加准确。在各种软件支持下，通过鼠标上的按钮可完成各种特定的功能，鼠标已经成为微机上普遍配置的输入设备。

鼠标上有两个按键或三个按键，常用左键和右键，左键用于选定目标对象，当鼠标指针移到所需的位置时，按下左键可将指定的目标选中。Windows 的绝大部分操作都是通过鼠标左键完成的，如选定程序目标，文件和菜单等。右键用于打开某个特定的对象，如快捷菜单等。

鼠标操作可分为五种：

（1）指向：移动鼠标，使鼠标指针指向某一具体对象。

（2）单击：鼠标指针指向某一对象，快速按下并松开左键（一般指单击左键）。若单击右键，可弹出相应的快捷菜单。

（3）双击：将鼠标指针指向某一对象，然后快速连续两次单击鼠标左键。

（4）三击：连续三次快速单击鼠标左键。

（5）拖曳：将鼠标指针指向某一对象，按下鼠标左键并移动鼠标，将对象拖动到目标位置后松开按键。

3. 扫描仪

扫描仪是文字和图片输入的主要设备之一如图 1-8。依靠光学扫描机构和有关的软件把大量的文字或图片信息扫描到计算机中，以便对这些信息进行识别、编辑、显示和打印处理。

图1-8 扫描仪

扫描仪安装完成后，支持扫描输入的软件就可以直接从扫描仪上获取图像，如ACDSee、Photoshop、Adobe Acrobat、文字识别软件等都可以直接从扫描仪中扫描获取图像信息。

扫描时将要扫描的画面朝下平铺在玻璃板上，打开扫描软件，一般在扫描界面下都会有"预览"（Preview）、"扫描（Scan）"按钮如图1-9，先单击"预览"按钮，可将要扫描的图像在扫描界面的右方显示出来，根据图像的要求对扫描类型、扫描色彩、扫描质量要求、扫描分辨率、扫描比例大小、滤镜要求等进行调整，以保证扫描结果的品质。单击"扫描"按钮，开始正式扫描。扫描完毕后，在保存的文件夹中即可看到扫描的照片。

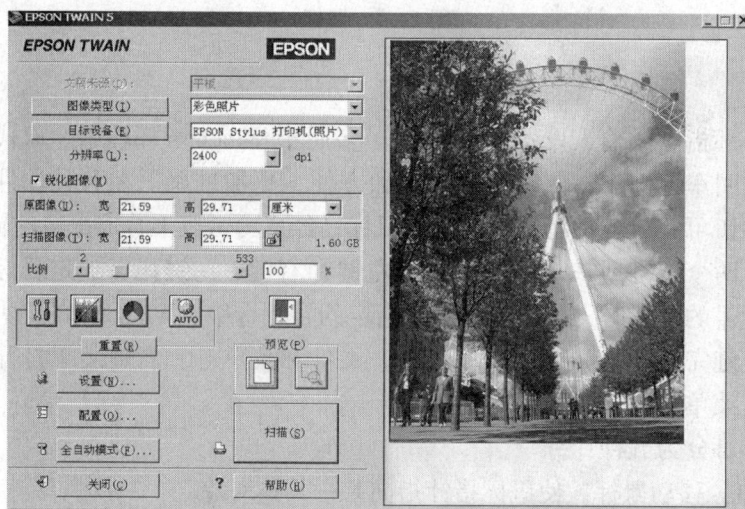

图1-9 扫描仪操作界面

4. 摄像头

摄像头（CAMERA）又称为电脑相机、电脑眼等如图1-10，是一种视频输入设备，在过去被广泛的运用于视频会议、远程医疗及实时监控等方面。近年以来，随着互联网技术的发展，网络速度的不断提高，再加上感光成像器件技术的成熟并大量用于摄像头的制造上，这使得它的价格降到普通人可以承受的水平。现在人们可以通过摄像头在网络进行有影像及声音的交谈和沟通，同时，还可以将其应用于当前各种流行的数码影像、影音处理等领域。

图 1 - 10　摄像头

　　将摄像头连接到电脑中，安装好驱动程序后，打开"我的电脑"，找到对应摄像头的图标如图 1 - 11，然后双击该图标，在"请稍候，设备正在初始化"提示条闪过之后，拍照窗口就打开如图 1 - 12。

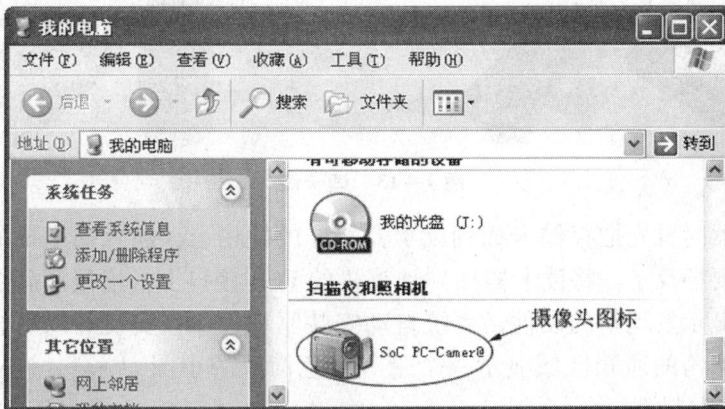

图 1 - 11

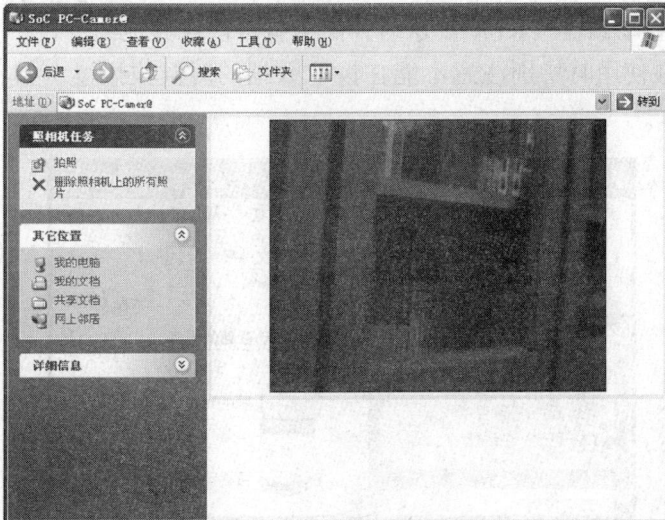

图 1 - 12　摄像头拍照窗口

　　将摄像头对准需要拍摄的目标，单击图 1 - 12 中窗口左侧"照相机任务"栏中的"拍照"按钮，系统自动完成对目标的拍摄，相片保存到窗口下方的相片列表中。直接从列表中将相片复制并粘贴到其它位置即可使用了。

5. 读卡器

提起读卡器，很多人都立即会想到这种产品是配合数码相机而产生的，不过目前已经不再局限于数码相机使用了，而是扩展到了更多的领域。顾名思义，读卡器就是读取存储卡的设备如图 1－13。存储卡的应用非常广泛，数码相机、MP3、MP4、PDA、手机等都使用到存储卡。目前在市面上比较常见的存储卡有 SD Memory（SD 卡）、CompactFlash（CF 卡）、MemoryStick（索尼记忆棒）、MultiMediaCard（MMC 卡）、XD－Picture（XD 卡）、SmartMedia（SM 卡，已停产）、IBM Microdrive（IBM 微型硬盘）、Micro SD Card（TF 卡）等。为了便于使用，读卡器一般都是多合一的产品，同一个读卡器可以读取不同格式的闪存卡。

图 1－13　读卡器

使用读卡器时首先把存储卡插到读卡器相应的插槽上，注意插卡槽的大小、接触点的位置，不要插反了。将读卡器插到计算机的 USB 接口上，连接后就会在任务栏右边的通知栏上显示发现新的硬件，系统自动安装驱动程序，安装好以后会有提示可以使用了，在右下角的通知区域显示一个带有绿色箭头的小图标如图 1－14，左起第一个。

打开"我的电脑"，就会有相应存储卡的图标显示，如图 1－15 所示："可移动磁盘（K:）"。这时存储卡就可以像其他

图 1－14　USB 设备图标

硬盘一样使用。在使用时特别注意不能在读取数据的时候拔插读卡器，否则会损坏读卡器或存储卡。

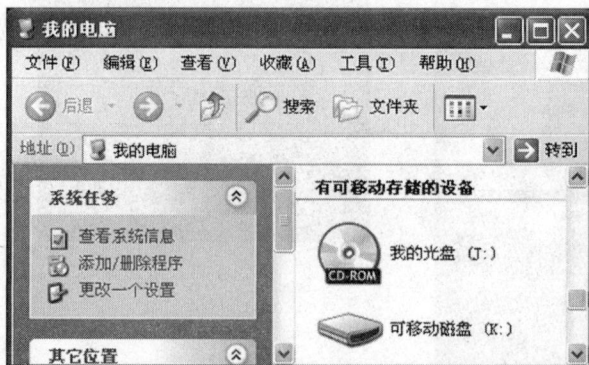

图 1－15　读卡器图标

要拔掉读卡器，可以单击通知栏读卡器的小图标 ，会出现如图 1－16 所示的提示框，单击这个提示框，稍微等一会，就会有"安全地移除硬件"提示，这时就可以安全的拔掉读卡器了。

安全删除 USB Mass Storage Device – 驱动器(O:, N:, K:, L:, M:)   安全删除硬件
K 20:57

图 1 – 16

二、输出设备

输出设备的主要作用是把计算机处理的数据、计算结果等内部信息转换成人们习惯接受的信息形式（如字符、图像、表格、声音等）输出。常见的输出设备有显示器、打印机、绘图仪等。

1. 显示器

显示器（Display）是微型计算机机不可缺少的输出设备，用户通过它可以很方便地查看送入计算机的程序、数据、图形等信息及经过计算机处理后的中间结果、最后结果，显示器是人机对话的主要工具如图 1 – 17。

图 1 – 17 显示器

显示器的种类很多，按所采用的显示器件分类，有阴极射线管（Cathode Ray Tube，CRT）显示器、液晶显示器（Liquid Crystal Display，LCD）、等离子显示器等。

2. 打印机

打印机也是计算机系统最常用的输出设备如图 1 – 18。在显示器上输出的内容只能当时查看，便于用户查看与修改，但不能保存。为了将计算机输出的内容留下书面记录以便保存，就需要用打印机打印输出。根据打印机的工作原理，可以将打印机分为 3 类：点阵打印机、喷墨打印机和激光打印机。

图 1 – 18 打印机

3. 投影仪

在现代办公应用中，投影仪作为新型办公设备可以随处见到它的身影。投影仪不但可以应用于临时会议、技术讲座、网络中心、指挥监控中心，还可以与计算机、工作站等进行连接，或接驳录像机、电视机、影碟机以及实物展台等，可以说它是一种应用十分广泛的大屏幕影像设备如图 1 – 19。

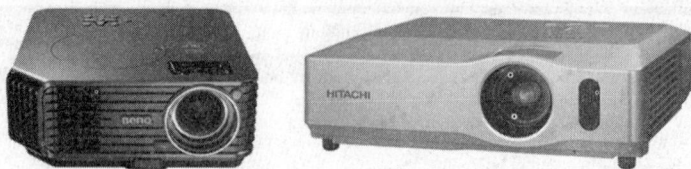

图 1 -19　投影仪

投影仪开机时，指示灯闪烁说明设备处于启动状态，当指示灯不再闪烁时，方可进行下一步操作。开机后投影仪灯泡内部压力大于 10kg/cm，灯丝温度有上千度，处于半熔状态。因此，在开机状态下严禁震动、搬移投影仪，严禁强行断电，防止配件烧毁、炸裂。在使用过程中，如出现意外断电却仍需启动投影仪的情况时，要等投影机冷却 5—10 分钟后，再次启动。开机后，要注意不断切换画面以保护投影机灯泡，不然会使 LCD 板或 DMD 板内部局部过热，造成永久性损坏。关机后不能马上断开电源，要等投影仪的风扇不再转动、闪烁的灯不再闪烁后，让机器散热完成后自动停机。

三、存储设备

1. U 盘

U 盘，全称"USB 闪存盘（USB flash disk）"，它是一个 USB 接口的微型高容量移动存储设备，可以通过 USB 接口与计算机连接，实现即插即用如图 1 -20。U 盘的称呼最早来源于中国朗科公司生产的一种新型存储设备，名叫"优盘"，使用 USB 接口进行连接。由于朗科公司已对"优盘"进行专利注册，其他公司生产的类似技术的设备，不能再称之为"优盘"，从而改称谐音的"U 盘"。后来 U 盘这个称呼因其简单易记而广为人知，直到现在这两者也已经通用，并对它们不再作区分。

图 1 -20　U 盘

U 盘是移动存储设备之一，其最大的优点就是小巧便于携带、存储容量大、价格便宜、性能可靠。U 盘体积很小，仅大拇指般大小，重量极轻，一般在 15 克左右，特别适合随身携带，可以把它挂在胸前、吊在钥匙串上、甚至放进钱包里。一般的 U 盘容量有 1G、2G、4G、8G、16G 等。U 盘中无任何机械式装置，抗震性能极强。另外，U 盘还具有防潮防磁、耐高低温等特性，安全可靠性很好。

U 盘采用 USB 接口，在操作系统 Windows 2000/XP/2003/Vista/Windows 7/LINUX 下，

将 U 盘直接插到机箱前面板或后面的 USB 接口上，系统就会自动识别，无需安装 U 盘驱动程序。U 盘的使用与读卡器相类似，相关使用与注意事项内容请参阅读卡器的使用。

有些 U 盘有写保护开关，开、关写保护时应该在 U 盘插入计算机 USB 接口之前切换，不要在 U 盘工作状态下进行切换。另外要注意 U 盘很容易感染 U 盘病毒，插入计算机时最好进行 U 盘杀毒。

2. 光盘驱动器

光盘驱动器就是我们平常所说的光驱（CD-ROM），是读取光盘信息的设备，是多媒体计算机不可缺少的硬件配置如图 1 – 21。光盘存储容量大，价格便宜，保存时间长，适宜保存大量的数据，如声音、图像、动画、视频信息、电影等多媒体信息。普通光盘有三种：CD-ROM、CD-R 和 CD-RW。CD-ROM 是只读光盘；CD-R 只能写入一次，以后不能再次改写；CD-RW 是可重复擦、写光盘。现在又出现了更大容量的 DVD-ROM、DVD-R、DVD + R、DVD-RW、DVD + RW 等盘片。

图 1 – 21　光盘驱动器

衡量光驱的最基本指标是数据传输率（Data Transfer Rate），即大家常说的倍速，单倍速（1X）光驱是指每秒钟光驱的读取速率为 150KB，同理，双倍速（2X）就是指每秒读取速率为 300KB，现在市面上的 CD-ROM 光驱一般都在 48X，50X 以上。高倍速换来了更大的数据传输速度，但却使得数据的准确性大为降低，而且造成光驱寿命缩短，增加了用户的投资。

§1 – 5　计算机信息安全

本节学习内容：

1. 计算机信息安全知识。

2. 计算机病毒及防治知识。

3. 国家有关计算机安全的法律法规和软件知识产权知识。

本节学习目标：

1. 了解计算机信息安全基本知识和国家有关计算机安全的法律法规和软件知识产权知识。

2. 掌握计算机病毒及防治方法。

随着计算机技术及网络技术的不断发展，全球信息化已成为人类发展的大趋势。由于计算机网络具有开放性、互连性等特征，致使计算机网络容易受到黑客、恶意软件或其他不轨的攻击，所以计算机信息的安全是一个至关重要的问题。

一、计算机信息安全

1. 计算机信息安全

计算机信息安全是指保护计算机信息系统中的资源（包括硬件、软件、存储介质、网络设备和数据等）不被故意或非经授权的泄露、更改以及破坏，以确保信息的机密性、完整性及可用性。信息安全涉及操作系统、数据库、网络等多个方面，保证信息安全的常用技术有数据加密和解密技术、数字签名技术以及身份认证技术等。

（1）数据加密技术

数据加密就是将被传输的数据转换成表面上杂乱无章的数据，合法的接收者通过逆变换可以恢复成原来的状态，而非法的窃取者得到的则是毫无意义的数据。在加密过程中，没有加密的原始数据称为明文；加密后的数据称为密文；把明文转换成密文的过程叫做加密，而把密文还原成明文的过程叫做解密。加密和解密都需要有密钥和相应的算法。密钥一般是一串数字，而加密和解密的算法是作用于明文或密文以及对应密钥的一个数学函数。

例如明文"Computer"对应的密文为"Dpnqvufs"，这里的密钥为1，加密算法就是将每个字符的 ASCII 码值加 1 并做模 26 的求余运算，即字符 b 替换 a，c 替换 b，……，依此类推，最后用 a 替换 z。对于不知道密钥的人来说，"Dpnqvufs"就是一串毫无意义的字符，而合法的接收者只需将收到的每个字符的 ASCII 码值减 1 并做模 26 的求余运算，就可以恢复为明文"Computer"。

（2）数字签名技术

数字签名技术即进行身份认证的技术，是通过密码技术对电子文档形成的签名。它类似现实生活中的手写签名，但数字签名并不就是手写签名的数字图像化，而是加密后得到的一串数据，是不可伪造的。接收者能够验证文档确实来自签名者，并且签名后文档没有被修改，从而保证信息的真实性和完整性，解决网络通信中双方身份的确认，防止欺骗和抵赖行为的发生。

数字签名必须满足以下三个条件：

①接收方可以确认发送方的真实身份。

②接收方不能伪造签名或篡改发送的信息。

③发送方不能抵赖自己的数字签名。

为了满足上述要求，发送方用自己的私钥来加密，接收方则利用发送方的公钥来解密。为确保传送信息的安全和保密，通常采取加密传输的方式，把签名数据和被签名的电子文档一起发送。

数字签名技术的应用已经非常广泛，网上安全支付系统、电子银行系统、电子证券系统、安全电子邮件系统、电子订票系统、网上购物系统和网上报税系统等一系列电子商务都应用到数字签名认证服务。

（3）身份认证技术

身份认证技术是在计算机网络中确认操作者身份的基本技术。计算机网络中的信息（包括用户的身份信息）都是用一组特定的数据来表示的，计算机只能识别用户的数字身份，所有对用户的授权也是针对用户数字身份的授权。如何保证以数字身份进行操作的操作者就是这个数字身份合法拥有者，也就是说保证操作者的物理身份与数字身份相对应，身份认证技术就是为了解决这个问题，作为防护网络资产的第一道关口，身份认证有着举足轻重的作用。

在真实世界，对用户的身份认证基本方法有三种：

①根据用户所知道的信息来证明身份（what you know，你知道什么）；

②根据用户所拥有的东西来证明身份（what you have，你有什么）；

③直接根据用户独一无二的身体特征来证明身份（who you are，你是谁），比如指纹、面貌等。

在计算机网络中对用户的身份认证手段与真实世界一致，为了达到更高的身份认证安全性，某些场合会在上面三种方法中挑选两种混合使用，即所谓的双因素认证。

常用的身份认证技术有下面几种：

①用户密码

用户的密码是由用户自己设定的。在网络登录时输入正确的密码，计算机就认为操作者就是合法用户。实际上，由于许多用户为了防止忘记密码，经常采用诸如生日、电话号码等容易被猜测的字符串作为密码，或者把密码抄在纸上放在一个自认为安全的地方，这样很容易造成密码泄漏，同时也容易被木马程序或在网络中被截获。因此，从安全性上讲，用户名/密码方式一种是不安全的身份认证方式，它利用 what you know 方法。

②手机短信密码

短信密码以手机短信形式请求包含 6 位随机数的动态密码，身份认证系统以短信形式发送随机的 6 位密码到客户的手机上。客户在登录或者交易认证时输入此动态密码，从而确保系统身份认证的安全性。这是一种安全性较高的身份认证方法。它利用 what you have 方法。

③USB Key（U 盾）

基于 USB Key 的身份认证方式是近几年发展起来的一种方便、安全的身份认证技术。它采用软硬件相结合、一次一密的强双因子认证模式，很好地解决了安全性与易用性之间的矛盾。USB Key 是一种 USB 接口的硬件设备，它内置单片机或智能卡芯片，可以存储用户的密钥或数字证书，利用 USB Key 内置的密码算法实现对用户身份的认证。USB Key 目前运用于电子商务、网上银行中。

2. 计算机网络安全

网络安全是指保护计算机网络系统中的硬件，软件和数据资源，不因偶然或恶意的原因遭到破坏、更改、泄露，使网络系统连续可靠地正常运行，网络服务正常有序。网络安全是是计算机信息系统安全的一个重要方面。如同打开了的潘多拉魔盒，计算机系统的互联，在大大扩展信息资源的共享空间的同时，也将其本身暴露在更多恶意攻击之下。网络安全就是要保证在网络中进行信息存储、处理和传输时的安全。一个好的网络安全系统，必须做到既能有效地防止对网络的各种各样的攻击，又要有较高的效益成本比，保持操作的简易性，界面的友好性及对用户的透明性。

计算机网络安全包括两个方面，即物理安全和逻辑安全。

物理安全指系统设备及相关设施受到物理保护，免于破坏、丢失等。物理安全的目的是保护路由器、工作站、网络服务器等硬件实体和通信链路免受自然灾害、人为破坏和搭线窃听攻击。只有使内部网和公共网物理隔离，才能真正保证内部信息网络不受来自互联网的黑客攻击。

逻辑安全包括信息的完整性、保密性和可用性。为保证网络逻辑安全，对用户使用计算机必须进行身份认证，对于重要信息的通讯必须授权，传输必须加密。采用多层次的访问控制与权限控制手段，实现对数据的安全保护；采用加密技术，保证网上传输信息（包括管理员口令与帐户、上传信息等）的机密性与完整性。

二、计算机病毒及防治

1. 计算机病毒的概念

计算机病毒（Computer Virus）在《中华人民共和国计算机信息系统安全保护条例》中被明确定义为："指编制或者在计算机程序中插入的破坏计算机功能或者破坏数据，影响计算机使用并且能够自我复制的一组计算机指令或者程序代码"。

显然，这是一种人为特制的程序，不独立以文件形式存在，而是通过非授权入侵而隐藏在可执行程序或数据文件中，具有自我复制能力，通过软盘或网络传播到其他机器上，并造成计算机系统运行失常或导致整个系统瘫痪的灾难性的后果。因为它就像病毒在生物体内部繁殖导致生物患病一样，所以人们把这种现象形象地称为"计算机病毒"。

2. 计算机病毒的特点

根据目前已经发现的计算机病毒，可以将计算机病毒的特征归纳为以下几个方面。

①传染性。计算机病毒能够自动将自身复制到其它系统上。它可以将自身复制到文件上，也可以复制到磁盘的某一位置，如引导纪录区（BOOT）等。病毒程序一旦随程序运行，就开始搜索能进行感染的其他程序，从而使病毒很快扩散到磁盘存储器和整个计算机系统。

②隐蔽性。计算机病毒不以文件的形式存放在磁盘上，而是寄生在文件或引导区的内部，因此难以发现，使得计算机病毒有更多的时间去传染及破坏其它系统。在病毒发作之前，一般很难发现。一旦发现，实际上计算机系统已经被感染或破坏了。

③潜伏性。计算机病毒入侵系统后并不马上发作，而是经过一段时间，等到满足一定条件后才突然发作，这样就为其传染及破坏其它系统争取了时间。病毒发作的条件依病毒而异，有的在固定时间或日期发作，有的在遇到特定的用户标识符时发作，有的在使用特定文件时发作，或者某个文件使用若干次时发作。如著名的"黑色星期五"病毒在逢13号且是星期五时发作，CIH病毒于每月的26日发作。这些病毒在平时

会隐藏得很好，只有在发作日才会露出本来面目。

④破坏性。计算机病毒进入计算机系统后，一般都要对系统进行不同程度的干扰和破坏。计算机病毒只能够破坏软件系统，包括两个方面的内容，一是删除或修改文件与数据，破坏性较大，常引起计算机系统的瘫痪；二是占用系统资源，干扰系统正常运行，如占用大量的磁盘空间，占用内存等。

⑤未经授权而执行。一般正常的程序是由用户调用，再由系统分配资源，完成用户交给的任务。其目的对用户是可见的、透明的。而病毒隐藏在正常程序中，当用户调用正常程序时窃取到系统的控制权，先于正常程序执行。病毒的动作、目的对用户是未知的，是未经用户允许的。

3. 计算机病毒的分类

计算机病毒的分类方法有很多，常见的分类为以病毒引起的后果分类或以病毒的寄生方式分类。

（1）从病毒引起的后果分类。

从病毒引起的后果来分可分为良性病毒与恶性病毒。良性病毒一般只占用系统资源，如磁盘空间，并不删除或修改文件及数据，清除病毒后，便可恢复正常。常见的情况是大量占用 CPU 时间和内存、外存资源，从而降低了计算机系统的运行速度。

恶性病毒除了占用系统资源外，还删除或修改文件及数据，造成系统瘫痪。清除病毒后，也无法修复丢失的数据。常见的情况是破坏、删除系统文件，甚至重新格式化磁盘。

（2）从寄生方式来分

①引导型病毒

这种病毒主要驻留在系统盘的引导区（BOOT），它将自身的全部或部分取代正常的引导记录，而把正常的引导记录隐藏在磁盘的其它空间中，当系统启动时，首先将由系统读入引导扇区记录而执行它，这样病毒便可在运行开始时获得系统的控制权，然后才执行原来的引导记录，每次启动后病毒都隐藏下来，伺机发作。这种病毒的传染性很大。

②文件型病毒

也称外壳型病毒，此种病毒主要寄生在可执行文件中（扩展名为 .EXE 或 .COM 的文件）。当程序执行时首先将病毒程序装入内存，然后将它自身常驻内存中，一旦触发将破坏计算机系统或进行传染。此类病毒可通过检查可执行文件的长度变化而查到。

③混合型病毒。

这种病毒具有文件型病毒和引导型病毒两者的特点。它不但可传染引导区，也可传染可执行文件，因而具有广泛的传播性和破坏性。

④宏病毒。宏病毒是寄生于 Office 文档的宏代码。可攻击 .DOC 和 .DOT 文件，可通过移动存储设备（如 U 盘）、电子邮件、Web 下载、文件传输等途径进行传播。

4. 计算机被病毒感染后的症状

病毒侵入计算机系统后，越早发现对计算机造成的损害越小。那么怎样才能及时发现计算机病毒呢？下面一些现象可以作为检测计算机病毒的参考。

①计算机运行速度明显变慢或启动系统速度减慢；计算机系统经常无故死机或重新启动；命令执行经常出现错误；Windows 操作系统无故频繁出现错误。

②计算机系统中的文件长度无故发生变化；文件无故丢失或损坏；文件的日期、时间、属性等无故发生变化；文件无法正确读取、复制或打开。

③计算机存储的容量异常减少。

④计算机屏幕上出现异常显示或计算机系统的蜂鸣器出现异常声响。

⑤系统不能识别硬盘或磁盘卷标发生变化；没有读写操作却对存储系统异常访问（磁盘指示灯闪动说明正在读写磁盘）。

⑥打开 Word 文档或 Excel 工作簿时提示执行"宏"。

⑦键盘输入异常或一些外部设备工作异常。

⑧时钟倒转。有些病毒会令系统时间倒转，逆向计时。

⑨异常要求用户输入密码。

⑩检查系统内存发现不明程序或进程。

5. 计算机病毒的防治

计算机病毒的防治要从防毒、查毒、杀毒三方面来进行。系统对于计算机病毒的实际防治能力和效果也要从防毒能力、查毒能力和解毒能力三方面来评判。

"防毒"——根据系统特性，采取相应的系统安全措施预防病毒侵入计算机。

"查毒"——能够准确地查出内存、文件、引导区、网络上的病毒。

"杀毒"——能过清除内存、引导区、可执行文件、文档文件、网络等查出的已知病毒。

预防计算机病毒感染应注意以几点：

①执行重要工作的计算机（如财务系统专用机等）要保证专机、专盘、专用。

②使用 U 盘前一定要进行查毒操作。

③来路不明的软件不要运行，网上下载的软件必须经过检查确信无毒后，才能运行使用。

④对于重要软件，要保留 2 个以上备份。

⑤多数游戏软件常带有病毒，使用时一定要小心。

⑥经常检查一些可执行文件的长度。

⑦用正版软件。

⑧要采取预防措施，在计算机内安装防病毒软件；要定期检查计算机系统内文件是否有病毒，如发现病毒，应及时用杀毒软件清除；

三、国家有关计算机安全的法律法规和软件知识产权

1. 计算机职业道德规范

在互联网上，我们既能获取各种知识，又可以发表自己的见解及观点，但网上又有许多有害信息，因此，在网上获取信息时，要学会判断各种信息的意义和价值，并了解如何利用信息资源来充实自己，同时应增强网络法制观念和网络道德观念，提高对假、丑、恶的分辨能力，使自己在网上的言行符合法律法规和社会公德的要求。在使用计算机时应遵守下列道德行为规范：

①不要蓄意破坏和损害他人的计算机系统设备及资源；

②不要制造病毒程序，不使用带病毒的软件，更不要有意传播病毒给其他计算机系统；

③维护计算机的正常运行，保护计算机系统数据的安全；

④被授权者对自己享用的资源负有保护责任，口令密码不得泄露给外人；

⑤不能利用电子邮件作广播型的宣传，这种强加与人的做法会造成别人的信箱充斥无用的信息而影响正常工作；

⑥不应该使用他人的计算机资源，除非你得到了准许或者作出了补偿；

⑦不应该利用计算机去伤害别人；

⑧不私自阅读他人的通讯文件（如电子邮件），不私自拷贝不属于自己的软件资源；

⑨不应该到他人的计算机里去窥探，不蓄意破译别人的口令。

2. 有关计算机安全的法律法规

计算机信息安全，特别是网络环境下的信息安全，不仅涉及到加密、防黑客、反病毒等技术问题，还涉及到法律政策问题和管理问题。技术问题虽然是最直接的保证信息安全的手段，但离开了法律政策和管理的基础，纵有最先进的技术，信息安全也得不到保障。我国《刑法》中增加了相应的内容，还颁布了《计算机信息系统安全保护条例》等相关法律条文，以法制来强化信息安全。在有法可依、依法打击信息犯罪的基础上，还要采取管理方面的安全措施、物理安全防范措施和技术防范措施等，确保信息安全。

各个国家都制定了相应的法律法规，以约束人们使用计算机以及在计算机网络上的行为。我国近几年先后制定了一系列有关计算机安全管理方面的法律法规和部门规章制度，已经形成了比较完整的行政法规和法律体系。这些有关计算机信息安全的法律法规主要有：

1994 年 2 月 18 日国务院发布的《中华人民共和国计算机信息系统安全保护条例》。

1996 年 2 月 1 日国务院发布的《中华人民共和国计算机信息网络国际联网管理暂行规定》。

1996 年 3 月 14 日新闻出版署发布的《电子出版物管理暂行规定》

1997 年 12 月 30 日公安部发布的《计算机信息网络国际联网安全保护管理办法》。

2000 年 4 月 26 日公安部发布的《计算机病毒防治管理办法》。

在《中华人民共和国刑法》第二百八十五条、第二百八十六条、第二百八十七条针对计算机犯罪给出了相应的规定和处罚：

非法入侵计算机信息系统罪：《刑法》第二百八十五条规定"违反国家规定，侵入国家事务、国防建设、尖端科学技术领域的计算机信息系统的，处三年以下有期徒刑或者拘役"。

破坏计算机信息系统罪：《刑法》第二百八十六条规定"违反国家规定，对计算机信息系统功能进行删除、修改、增加、干扰，造成计算机信息系统不能正常运行，后果严重的，处五年以下有期徒刑或者拘役；后果特别严重的，处五年以上有期刑。违反国家规定，对计算机信息系统中存储、处理或者传输的数据和应用程序进行删除、修改、增加的操作，后果严重的，依照前款的规定处罚。故意制作、传播计算机病毒等破坏性程序，影响计算机系统常运行，后果严重的，依照第一款的规定处罚。"

《刑法》第二百八十七条规定"利用计算机实施金融诈骗、盗窃、贪污、挪用公款、窃取国家秘密或者其他犯罪的，依照本法有关规定定罪处罚"。

3. 软件知识产权

知识产权是人们基于自己的智力活动创造的成果和经营管理活动中的经验、知识而依法享有的权利。《中华人民共和国民法通则》规定，知识产权是指民事权利主体（公民、法人）基于创造性的智力成果。知识产权可分为工业产权和著作权（版权）。软件知识产权指的是计算机软件的版权。

1990年9月我国颁布了《中华人民共和国著作权法》，把计算机软件列为享有著作权保护的作品；1991年6月，颁布了《计算机软件保护条例》，规定计算机软件是个人或者团体的智力产品，同专利、著作一样受法律的保护，任何未经授权的使用、复制都是非法的，按规定要受到法律的制裁。人们在使用计算机软件或数据时，应遵照国家有关法律规定，尊重其作品的版权，这是使用计算机的基本道德规范。

当用户购买一份软件时，除了软件以外，还得到一份许可使用证（合同）。在合同中，除了要求使用者受版权法约束以外，用户还必须接受以下限制：

①软件的版权将受到法律保护，不允许未经授权的使用。

②除非正版软件运行失败或已损坏，其他对软件的备份复制行为不允许使用。

③未经版权所有人授权的情况下，不允许对软件进行修改。

④未经版权所有人允许的情况下，禁止对软件目标程序进行解密或逆向工程的行为。

⑤未经版权所有人的许可，不允许软件的持有者在该软件的基础上开发新的软件等。

练习和思考：

1. 计算机发展经历那几个阶段？各有什么特点？

2. 计算机分为哪几种类型？

3. 计算机应用领域有哪些？

4. 简述计算机硬件和软件系统的组成。

5. 衡量计算机性能的技术指标有哪些？

6. 进行下列进制数的转换：

（1）十进制数354转换成二进制、八进制、十六进制数。

（2）二进制数 11001101 转换成十进制、八进制、十六进制数。

7. 计算机常用的输入输出设备有哪些？

8. 计算机信息安全包括哪些内容？

9. 什么是计算机病毒？计算机病毒有哪些特点？

10. 如何防治计算机病毒？

11. 使用计算机应遵守哪些道德行为规范？

第二章　操作系统的使用

随着计算机技术的飞速发展，计算机系统的硬件资源和软件资源愈来愈丰富。为了最大限度地发挥计算机系统所有资源的作用，为用户提供方便的、有效的、友善的服务界面，引进了操作系统的概念。操作系统是计算机不可缺少的系统软件，任何计算机的软件都必须在操作系统支持下才能正确地工作。

§2-1　操作系统简介

本节学习内容：
　　1. 操作系统的基本概念及功能。
　　2. 操作系统的类型。
　　3. 常用操作系统简介。
本节学习目标：
　　了解操作系统的基本概念、功能及分类。

一、操作系统的概念

操作系统（Operating System，简称 OS）是系统软件的指挥中枢，用于控制和管理计算机系统硬件资源及软件资源，合理地组织整个计算机的工作流程，并为用户提供一系列操纵计算机的使用功能和高效、方便、灵活的操作环境。操作系统直接控制程序运行，为其它应用软件提供支持，用户在使用计算机时无需过问计算机各种资源的分配和使用情况，只需要正确使用操作系统提供的各种操作命令和系统调用功能即可。

计算机系统包含有各种硬件和软件资源，怎样组织和管理好这些资源，使用户既能方便使用，又能高效率发挥硬件和软件性能，完成各种操作任务，这是操作系统要解决的问题。操作系统可以实现下面四个方面的管理功能：

①处理机管理：主要是对处理机进行分配、运行控制和管理，包括作业和进程调度、进程控制和进程通信等。

②存储器管理：主要解决作业的存储分配问题，包括内存分配、地址映射、内存保护和内存扩充。

③文件管理：操作系统管理着计算机的硬件资源和软件资源，而软件资源指的就是文件，所有的程序、数据和信息都是以文件的形式存储在外部存储器（磁盘）上。文件管理的功能包括文件存储空间的管理、文件操作管理、目录管理、文件读/写管理

和存取控制等。

④设备管理：设备管理是操作系统中处理外部设备的程序，管理的对象是外设。在操作系统中，每个设备对应一个特殊文件，即设备文件，用户通过文件系统来使用设备。设备管理的主要内容有缓冲区管理、设备分配、设备驱动和设备无关性。

操作系统是一个相当复杂的系统，与一般的软件相比具有两个最重要和明显的特征——并发性和资源共享性，它们反映了操作系统最本质的内容。相比其他软件，操作系统有如下特性：

①并发性：在同一时间间隔内计算机系统中存在着多个程序活动。如 Windows 的多任务。

②共享性：操作系统中的资源可供内存中多个并发执行的程序共同使用。

③虚拟性：通过某种技术把一个物理实体变为若干逻辑上的对应物。前者是实际存在的，后者是虚的，只是用户的一种感觉。

④不确定性：同一个程序在同样的计算机环境下运行，每次执行的顺序和所需的时间都不相同。

二、操作系统的类型

根据操作系统在用户界面的使用环境和功能特征的不同，操作系统一般可分为三种基本类型，即批处理系统、分时系统和实时系统。随着计算机体系结构的发展，又出现了许多种操作系统，如个人机操作系统、网络操作系统和分布式操作系统。

1. 批处理操作系统

批处理（Batch Processing）是指把若干作业合成一批，由用户事先设计好运行作业的步骤、作业运行中可能遇到的问题及相应的处理方法，通过输入设备全部输入内存，然后由操作系统把该批中的一个作业调入内存运行，处理完后按设计好的步骤自动调入下一个作业进行处理，直至该批作业全部处理完毕，才去接受处理第二批作业。

2. 分时操作系统

所谓分时（Time Sharing），是指多个用户共享一台计算机，这种共享主要是若干并发程序对 CPU 时间的共享。

分时操作系统即多用户操作系统。指在一台计算机上挂有多个终端，系统把时间划分为若干个小的时间片，在不同时间片轮流为每个用户服务，实现多个用户同时共用一台计算机的目的。分时操作系统具有会话功能，可以在工作过程中随时进行人机对话。由于计算机的运算速度快，在系统中工作的不同用户都好像自己独占这台计算机一样，没有分时运行的感觉。

3. 实时操作系统

实时就是立即或及时，不失时机。实时系统是指计算机能够及时响应随机发生的外部事件，以足够快的速度完成对该事件的处理，并控制所有实时设备和实时任务协调一致地工作的操作系统。外部事件是指来自与计算机系统相连接的设备（如传感器控制部件等的接口）所提出的服务要求或数据采集，它们不是由人为启动和干预而引起。

4. 个人计算机操作系统

现在的计算机用户对于个人计算机操作系统都非常熟悉，大家都用过 Windows 系统，这就是典型的个人计算机操作系统。个人计算机操作系统主要供个人使用，功能强、价格便宜，可以在几乎任何地方安装使用。它能满足一般人操作、学习、游戏等方面的需求。

个人计算机操作系统有两类，一类是单用户操作系统，另一类是多用户操作系统。

（1）单用户操作系统

单用户操作系统一次只为一个用户作业服务，一个作业执行完，系统才接受下一个作业，并加以执行。单用户操作系统主要有 MS－DOS、CP/M、OS/2、Windows95、Windows98、Windows2000、Windows XP 等，这些操作系统具有界面友好、管理方便、适于普及、单用户独占系统资源的特点。

（2）多用户操作系统

多用户操作系统是多个用户通过终端共同使用同一个主机，共享主机资源。在微型计算机上配置的多用户操作系统有代表性的是 UNIX 系统及近来得到迅速应用的 Linux 系统。其特点除了界面友好、管理方便、适于普及外，还具有多用户使用、可移植性良好、功能强大及通信能力强等特点。

5. 网络操作系统

网络操作系统是基于计算机网络的，是在各种计算机操作系统上按网络体系结构协议标准开发的软件，包括网络管理、通信、安全、资源共享、系统安全和各种网络应用。其目标是相互通信及资源共享。

三、计算机常用操作系统

微型计算机上使用过的操作系统很多，有 DOS、OS/2、Unix、Xenix、Linux、Windows2000/XP/2003/Vista/Windows 7、Netware 等，目前最流行的是 Windows XP。

1. DOS

DOS（Disk Operating System）是一个使用得十分广泛的磁盘操作系统，就连眼下流行的 Windows9x/ME/XP 系统都是以它为基础的。

自从 DOS 在 1981 年问世以来，版本就不断更新，从最初的 DOS1.0 升级到了最新的 DOS8.0（Windows ME 系统），纯 DOS 的最高版本为 DOS6.22，这以后的新版本 DOS 都是由 Windows 系统所提供的，并不单独存在。

2. Windows

早期 DOS 操作系统在 PC 机上占有统治地位，Microsoft 公司于 1995 年推出了单用户多任务操作系统 Windows 95，之后又相继推出了操作系统 Windows 98、网络操作系统 Windows NT、Windows 2000 及 Windows XP/2003/Vista/Windows 7。目前 PC 机的主流操作系统基本都是 Windows XP 或 Windows Vista。

3. Unix

Unix 是一个强大的多用户、多任务操作系统，支持多种处理器架构，按照操作系统的分类，属于分时操作系统。由于 UNIX 具有技术成熟、结构简练、可靠性高、可移植性好、可操作性强、网络和数据库功能强、伸缩性突出和开放性好等特色，可满足各行各业的实际需要，特别能满足企业重要业务的需要，已经成为主要的工作站平台和重要的企业操作平台。它主要安装在巨型计算机、大型机上作为网络操作系统使用，也可用于个人计算机和嵌入式系统。

4. Linux

Linux 是一种类 Unix 计算机操作系统的统称。Linux 操作系统的内核的名字也是"Linux"。Linux 操作系统是自由软件和开放源代码发展中最著名的例子。严格来讲，Linux 这个词本身只表示 Linux 内核，但在实际上人们已经习惯了用 Linux 来形容整个基于 Linux 内核，各种并且使用 GNU 工程工具和数据库的操作系统。

5. OS/2

OS/2 是由微软和 IBM 公司共同创造，后来由 IBM 单独开发的一套操作系统。OS/2 是"Operating System/2"的缩写，是因为该系统作为 IBM 第二代个人电脑 PS/2 系统产品线的理想操作系统引入的。由于各方面原因，OS/2 目前已退出操作系统舞台。

6. Mac OS

Mac OS 是一套运行于苹果 Macintosh 系列电脑上的操作系统。Mac OS 是首个在商用领域成功的图形用户界面操作系统。

Mac 系统是苹果机专用系统，苹果公司不但生产 Mac 的大部分硬件，连 Mac 所用的操作系统都是它自行开发的。它能通过对称多处理技术充分发挥双处理器的优势，提供无与伦比的 2D、3D 和多媒体图形性能以及广泛的字体支持和集成的 PDA 功能。

四、Windows XP 操作系统

Windows XP 操作系统中"XP"的含义是"体验（eXPerience）"，它发行于 2001 年 10 月 25 日，到现在 Windows XP 已在操作系统领域统治达九年之久。虽然目前微软已逐步停止销售 Windows XP，但 Windows XP 仍有着绝大多数的使用群体，Windows XP 的用户仍可以从微软得到相关的服务。

Windows XP 操作系统对计算机硬件符合最低要求是：

- CPU 时钟频率 300 MHz 以上；
- 128 MB 以上内存；
- CD-ROM 或 DVD 驱动器；
- 安装的硬盘至少 1.5GB 剩余空间；
- 800×600 或更高分辨率的视频适配器和监视器。

§2-2　Windows XP 基本操作

本节学习内容：

1. 计算机的启动和关闭。
2. Windows XP 桌面的组成。
3. Windows XP 的基本操作。

本节学习目标：

1. 了解计算机启动、关闭操作及 Windows XP 桌面的组成。
2. 掌握窗口、菜单、对话框、快捷键等 Windows XP 的基本操作。

一、计算机的启动及关闭

1. 启动计算机

接通主机和显示器的电源，先开显示器的电源，然后按一下主机前面板中 Power 按钮如图 2 - 1 开始启动计算机（Windows XP）。Power 按钮一般是主机前面板中最大的那个按钮，按下 Power 按钮前主机是没有通电的，这种按下 Power 按钮通电启动叫做冷启动。在 Power 按钮附近有一个小一点的按钮 Reset，这是重启动按钮。当计算机出现死机、蓝屏等问题时，可以按下 Reset 按钮重新启动。按下 Reset 按钮前后主机是通电的，这种按下 Reset 按钮重启动叫做热启动。

图 2 - 1　Power 按钮

接下来耐心等待片刻，成功启动 Windows XP 后显示出如图 2 - 2 所示的 Windows XP 桌面。

图 2 - 2

2. 关闭计算机

当用户要结束对计算机的操作时，应当先退出 Windows XP 操作系统，然后再关闭电源，否则会丢失文件或破坏程序，如果用户在没有退出 Windows XP 系统的情况下就关闭电源（如直接关闭电源插座的开关或将电源插头从插座拔出），系统将认为是非法关机，当下次再开机启动时，系统会自动执行自检程序。

要启动计算机需要按下 Power 按钮，要关闭计算机则可以通过软件关闭和硬件关闭两种方法来实现。所谓"硬件关闭"是指按下 Power 按钮直接关闭计算机的方法。所谓"软件关闭"是指通过 Windows XP 等操作系统的"关机"功能关闭计算机的方法。

①硬件关闭

在 Windows XP 中按下 Power 按钮时，Windows XP 自动执行注销操作系统和关闭计算机的操作，实现关闭计算机功能。

若持续按住 Power 按钮 5 秒以上，就可强行关闭计算机，即使正在运行程序也强行关闭。这种方法会导致数据丢失或损坏，适用于死机后关闭计算机。

②软件关闭

除了应急用的硬件关闭计算机方法外，安全可靠的软件关闭计算机是最常用的关闭计算机方法。事实上，只有无法通过软件关闭计算机时，才会考虑使用硬件关机的方法。

单击"开始"按钮，在弹出的菜单中单击"关闭计算机"按钮，打开"关闭计算机"对话框，用户可在此做出选择，如图 2 – 3 所示，单击"关闭"按钮，即可关闭计算机。

图 2 – 3　"关闭计算机"对话框

二、Windows XP 的桌面

Windows XP 的桌面如图 2 – 2，整个屏幕称为桌面。Windows XP 的桌面由开始按钮、任务栏、桌面图标等组成。

1. 开始按钮

单击此按钮，可以打开"开始"菜单如图 2 – 4，在用户操作过程中，要用它打开大多数的应用程序。

图 2 – 4　"开始"菜单

2. 任务栏

任务栏是位于桌面最下方的一个小长条，它显示了系统正在运行的程序和打开的窗口、当前时间等内容，用户通过任务栏切换任务操作。任务栏由左边的"开始"按钮、快速启动工具栏、中间的应用程序窗口按钮栏和右边的通知区域等几部分组成，如图2－5。

图2－5 任务栏

3. 桌面图标

在桌面上有一些很小的图形，图形的下面有说明文字，这些图形称为图标如图2－6。双击任意一个图标后，将会运行这个图标对应的电脑功能。桌面图标有两种类型：系统图标和快捷图标。系统图标是 Windows XP 本身自带的图标，如"我的电脑"图标；快捷图标是用户安装程序生成的图标，如"腾讯QQ"图标。系统图标和快捷图标的区别在于快捷图标的图形左下角有一个箭头图。

图2－6 桌面图标

Windows XP 安装完成后桌面上只有一个"回收站"系统图标，其它系统图标被隐藏起来了。可以通过下面的方式把它们显示出来：

在桌面任意空白处单击鼠标右键，在弹出的快捷菜单中单击"属性"项，打开"显示属性"对话框，在该对话框中单击"桌面"选项卡，打开如图2－7所示的对话框。单击左下方的"自定义桌面"按钮，打开"桌面项目"对话框，如图2－8所示。

图2－7 显示属性"桌面"选项卡

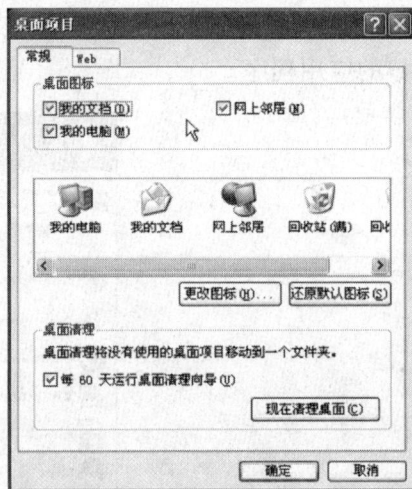

图2－8

在图2－8所示的"桌面项目"对话框中，勾选"桌面图标"部分下的"我的文档"、"我的电脑"、"网上邻居"三个选项，单击"确定"按钮，返回"显示属性"对话框，再单击"确定"按钮，系统图标"我的文档"、"我的电脑"、"网上邻居"就出现在桌面上了。

三、Windows XP 基本操作

（一）键盘和鼠标操作

键盘和鼠标是计算机标准的输入设备，我们对计算机的控制操作主要是通过键盘和鼠标来实现的。有关键盘和鼠标的操作请参阅第一章§1-4的有关内容。

（二）窗口操作

1. 窗口的组成

窗口是 Windows XP 用户界面中最重要的部分。它是屏幕上与一个应用程序相对应的矩形区域，是用户与产生该窗口的应用程序之间的可视界面。每当用户开始运行一个应用程序时，应用程序就创建并显示于一个窗口；当用户操作窗口中的对象时，程序会作出相应的反应。用户通过关闭一个窗口来终止一个程序的运行；通过选择相应的应用程序窗口来选择相应的应用程序。

一个典型的窗口如图 2-9 所示。它由标题栏、菜单栏、工具栏、状态栏等几部分组成。

图 2-9　窗口组成

标题栏：位于窗口的最上方，左侧的文字表示当前窗口的名称，右侧有用于控制窗口最小化、最大化（或还原）以及关闭三个按钮。

菜单栏：在标题栏的下面，它提供了用户在操作过程中要用到的各种操作功能访问途径。

工具栏：工具栏一般位于菜单栏的下方，由很多图标按钮组成，每一个按钮代表

一个操作，工具栏一般放置的是一些常用的功能按钮，用户在使用时可以直接从上面选择各种常用工具。

地址栏：计算机中每一个资源都有自己的"地址"（也称为路径），用于表示资源所在的位置，通过这个地址可以快速找到资源。

任务窗格：一般在窗口的左侧，表示一些与当前窗口有关的或通用的任务列表。

工作区：窗口中最大的区域，显示了应用程序界面或文件夹中的全部资源列表。

滚动条：当工作区域的内容太多而不能全部显示时，窗口将自动出现滚动条，用户可以通过拖动水平或者垂直的滚动条来查看所有的内容。

状态栏：它在窗口的最下方，用于显示当前窗口或选中对象的资源状况。默认状态下窗口是不显示状态栏的，可以通过单击菜单"查看"，选择"状态栏"项使其显示出来。

2. 窗口操作

窗口操作在 Windows 系统中是很重要的，不但可以通过鼠标使用窗口上的各种命令来操作，而且可以通过键盘来使用快捷键操作。

①最小化窗口

在暂时不需要对窗口操作时，可把窗口最小化以节省桌面空间。单击标题栏右侧的"最小化"按钮 ，窗口就会以按钮的形式缩小到任务栏上。

②最大化窗口

窗口最大化时铺满整个桌面，这时不能再移动或者是缩放窗口。单击标题栏右侧的"最大化"按钮 ，窗口就会最大化显示。

③还原窗口

最大化的窗口想恢复到最大化前的状态时，单击标题栏右侧的"向下还原"按钮 即可恢复到最大化前的窗口状态。双击窗口的标题栏，可以实现窗口最大化和还原切换。

④切换窗口

当用户打开多个窗口时，需要在各个窗口之间进行切换。当窗口处于最小化状态时，单击任务栏上所要操作窗口的按钮即可完成切换。当窗口处于非最小化状态时，可以单击所选窗口的任意位置，当窗口标题栏变为深蓝色时，表明完成对窗口的切换。另外利用键盘 Alt + Tab 组合键也可以实现窗口切换。

⑤移动窗口

移动窗口是比较常见的一种操作。在打开一个窗口后，可以通过鼠标来移动窗口。操作时只需在标题栏上按下鼠标左键并拖动，移动到合适的位置后再松开鼠标，即可完成窗口的移动操作。

⑥缩放窗口

窗口不但可以移动到桌面上的任何位置，而且还可以随意改变大小，将其调整到合适的尺寸。把鼠标放在窗口的边框上（水平或垂直边框），当鼠标指针变成双向的箭头（ 或 ）时，按下鼠标左键并拖动到需要的大小位置后放开，即可调整窗口水平方向或垂直方向的大小。当需要对窗口进行等比缩放时，可以把鼠标放在边框的四个角上，当鼠标指针变成斜双向的箭头（如 ⬊）时，按下鼠标左键并拖动到需要的大小位置后放开，即等比调整窗口的大小。

⑦关闭窗口

关闭窗口有多种方式，常用方式有两种，一是直接单击标题栏右侧的"关闭"按钮 ⊠；二是使用键盘 Alt + F4 组合键。

（三）菜单操作

菜单在标题栏的下面，它提供了用户在操作过程中要用到的各种功能访问途径，是相应应用程序的各种命令和操作状态的集合。不同应用程序的菜单内容各不相同。菜单有两种类型，一种是快捷菜单，另一种是窗口菜单。

1. 快捷菜单

单击鼠标右键时弹出的菜单，称为快捷菜单，如图 2 – 10。处于不同软件环境、选择不同操作对象，单击右键弹出的快捷菜单完全不同。快捷菜单是对操作对象进行的一种快速操作方式。

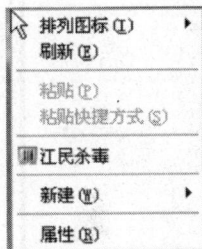

2. 窗口菜单

位于应用程序菜单栏中的菜单就是窗口菜单。单击菜单名，可以显示出集成在该菜单栏下的所有菜单项，选择其中某项，即可执行该菜单所对应的操作功能。

图 2 – 10　快捷菜单

菜单项在显示时会出现下面几种情况：

菜单项名为黑色字：该项为可操作的命令。

菜单项名为浅灰色字：该项为当前不可操作的命令。不可操作的原因是执行该命令的前提要求不满足。

菜单名后有"…"符号：执行该项后会打开一个对话框，由用户输入或确定更详细的信息。

菜单名后有"▶"符号：表示还有下一级菜单。

Ctrl + 字母：表示执行菜单的键盘快捷键。如 Ctrl + C 表示按下组合键 Ctrl + C 马上执行复制功能。

菜单项名前有"√"或"●"符号：按该菜单项所代表的状态执行。

（四）对话框操作

对话框是用户和计算机进行信息交互的窗口，通过对话框提供的各个选项，可以对相应的计算机功能作出选择或是调整等设置。用户对对话框进行设置，计算机就会执行相应的命令。

对话框一般由标题栏、选项卡（也称为标签卡）、文本框、列表框、命令按钮、单选框、复选框等部分组成，如图 2 – 11。

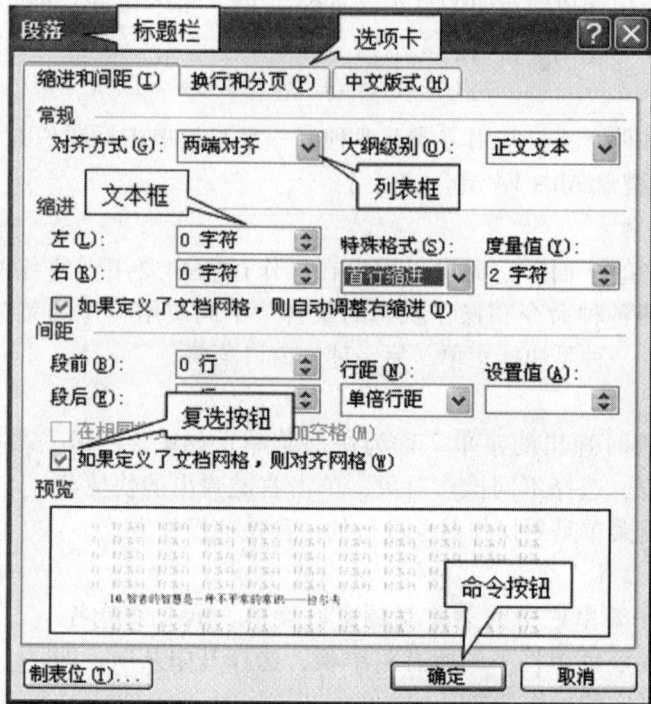

图 2-11　对话框

对话框与窗口最大的不同就是对话框带有选项卡，标题栏上没有最小化按钮、最大化按钮（还原按钮），大都不能改变形状大小（"打开文件"对话框是可以改变大小的）。

1. 移动对话框

移动对话框的操作与移动窗口的操作一样，都是在标题栏上按下鼠标左键拖动到目标位置后再松开鼠标即可。

2. 关闭对话框

除了用与关闭窗口一样的方法关闭对话框外，对话框的还有以下对话框自有的关闭方法：

①单击对话框中的"确认"按钮或者"应用"按钮，可在关闭对话框的同时保存并执行用户在对话框中所做的修改及设定。

②如果用户要取消所做的改动，可以单击"取消"按钮，也可以在键盘上按 Esc 键退出对话框。"取消"对话框操作相当于在标题栏上单击"关闭"按钮。

（五）使用中文输入法

输入汉字的前提是配置好中文输入法，Windows XP 提供了多种可供选择的中文输入法，如微软拼音、全拼、智能 ABC 等。除了 Windows XP 提供的传统中文输入法外，更多的人们喜欢使用普及率广、输入快捷方便的第三方中文输入法，如搜狗拼音、谷歌拼音、QQ 拼音、拼音加加、万能五笔等。

1. 选择输入法

单击任务栏右侧的"输入法"按钮 ，弹出如图 2－12 所示的输入法选择快捷菜单，在该菜单中选择所需的输入法，"输入法"按钮图标将变成相应的输入法图标。

输入法的选择也可以用键盘操作。按住 Ctrl 键不放，再按 Shift 键，可以在不同的中文输入法之间切换；按 Ctrl ＋空格键，可以在中、英文输入状态之间切换。

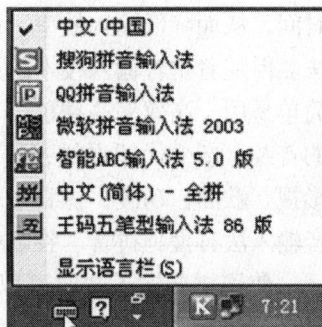

图 2－12　选择输入法

2. 输入法工具条

选择一种输入法后，屏幕上就会出现相应的输入法工具条。不同输入法的工具条不尽相同，但某些符号的表示状态都是一样的。下面就智能 ABC 输入法介绍输入法工具条各符号的含义。

选择智能 ABC 输入法后，屏幕上就会出现如图 2－13 所示的输入法工具条，单击工具条上各图标按钮，可以设置不同的输入状态，各个图标按钮的含义如下：

图 2－13　智能 ABC 输入法工具条

中/英文输入切换：输入中文；输入英文。

中文拼音输入方式：按标准拼音输入；按双打方式输入，只要按两个键，第一各为声母，第二个为韵母。

全/半角切换：输入半角字母符号；输入全角字母符号。全角是随着汉字输入而发展出来的概念，在只有英文输入的年代里，没有全角半角之分。一般英文输入状态下键盘输入的各种字符在计算机中占据一个字节，而汉字在计算机中要占据两个字节，因此其输入和英文输入时是有差别的，所以将纯英文输入称为半角，将汉字输入称为全角。最明显的标志是输入标点符号和数字的时候，全角的标点符号和数字看起来比半角的要大。

中/英文标点切换：输入中文标点符号；输入英文标点符号。

软键盘：。单击该图标可以打开与主键盘相同的模拟软键盘。右键单击该图标，在弹出的快捷菜单中选择不同的软件盘，可以输入各种特殊的符号、序号、标号、拼音、希腊字母等。

3. 常用输入法简介

计算机中用于汉字输入的输入法很多，选择什么样的输入法因人而异，各种输入法都有其优点，也有其不足，在使用时根据自己的特点选择合适的输入法即可。

拼音输入法是最流行的中文输入法，以简单易学、快速灵活的特点受到广大用户的喜爱。使用拼音输入法，几乎不需要学习，在一分钟内就可以掌握并使用。一直以来使用拼音输入最大的弊端就是在输入的时候，由于重码太多，使得用户选择时浪费大量的时间，从而降低输入效率，以至人们总是认为拼音输入法是输入速度慢、效率低的输入法。但随着拼音输入技术的发展，特别是互联网的普及，出现了许多符合人们思维习惯、简单易用、高效率高智能、功能强大的输入法，改变了拼音输入慢的观念，得到了广泛的普及。新一代超强拼音输入法拥有最全最新的互联网词库，几乎所有的明星、软件、影视、歌曲、动漫、体育、软件、游戏、品牌名词都可以一次打出。目前流行的智能拼音输入法有搜狗拼音、谷歌拼音、QQ 拼音、拼音加加、智能 ABC 等。

使用拼音输入法时可以按照下列方法输入中文：

①单字全拼输入，输入单字全拼的所有字母，然后按空格键。如果当页显示的文字没有要输入的，可以按"＋"键、"－"键翻页查找，搜狗拼音、QQ 拼音等输入法还可用"，"键、"．"键翻页查找，以下几种输入中查找文字方法相同。如：中（zhong）、国（guo）。

②单字首字母输入法（又叫简拼输入），输入单字全拼的第一个字母，如中（z）、国（g）。

③词组全拼输入法，输入词组全拼的所有字母，然后按空格键。如中国（zhong-guo）、计算机（jisuanji）、高枕无忧（gaozhenwuyou）。

④词组首字母输入法，输入词组每个字全拼的首字母，然后按空格键。如中国（zg）、计算机（jsj）、高枕无忧（gzwy）。

⑤混合输入法，输入词组时某些字只输入首字母，某些字输入全拼所有字母。这样可以减少重码率，加快输入速度。如教师节（jsjie），若输入 jsj，得到的是"计算机"排在前面，加上"ie"后，可以快速选择"教师节"。

智能拼音输入法可以根据文字的输入频率自动调整所在的位置，一些像姓名等非词组文字只要输入过一次，以后就可以按词组输入。在智能拼音输入法下要输入英文时不需要切换，输入完直接按回车键就可输入英文（按空格键输入的是中文）。对于不会读的文字可以采用 U＋笔画模式输入。先按 U 键，出现图 2－14 所示的笔画输入框，然后按文字的书写笔画输入，笔画是横竖撇捺折五个笔画，可以用鼠标选，也可以用键盘输入，对应的键盘按键是横 h 键、竖 s 键、撇 p 键、捺 d 或 n 键、折 z 键。如要输入"耄"字，只要输入"Uhshppzp"即可。

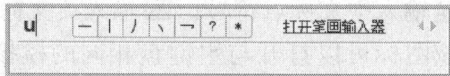

图 2－14　笔画输入框

为方便使用新一代拼音输入法，下面给出几种输入法的下载地址：

搜狗拼音 http：//pinyin. sogou. com

Google 谷歌中文输入法 http：//tools. google. com/pinyin

拼音加加：http：//dir. jjol. cn/Pyjj

QQ 拼音输入法：http：//im. qq. com/qqpinyin

§2-3　文件管理

本节学习内容:

1. 文件及文件夹的概念、命名规则。

2. 文件及文件夹的新建、移动、复制、重命名、删除等基本操作。

3. 常用文件类型。

4. 资源管理器。

本节学习目标:

1. 了解文件、文件夹概念,常用文件类型基本知识。

2. 掌握文件命名规则、文件及文件夹的新建、移动、复制、重命名、删除等基本操作。

在计算机中,绝大部分信息都是以"文件"的形式存储在计算机中。合理有效地管理文件和文件夹,是增强系统能力、提高工作效率、规划计算机档案的基本要求。文件和文件夹的关系就好比现实生活中"书"和"书柜"的关系,文件和文件夹的操作和管理是非常重要的概念,在 Windows XP 中几乎所有的日常操作都涉及到文件及文件夹的操作和管理。

一、文件和文件夹管理

(一) 文件

文件是存储在计算机上的有名称的一组相关信息的集合,用来保存各种信息。用文字处理软件制作的文档、用计算机语言编写的程序以及进入计算机的各种多媒体信息,都是以文件的形式存放在外部存储介质中的。

任何一个文件都有一个名字,称为文件名,文件的操作是依据文件名进行的,即按名存取。文件名一般由文件主名和扩展名两部分组成,中间用一个小圆点"."分隔,文件主名用来区分不同的文件内容,而扩展名则表示文件的类型。如文件"关于春节放假的通知 . DOC","关于春节放假的通知"是文件名,"DOC"是扩展名,表示该文件是由 Word 程序创建的 Word 文档文件。Windows XP 中的文件名可以长达 255 个字符,因而可以直接用中文文字做文件名。

Windows XP 文件名的命名规则如下:

①文件名可以由数字、英文字母(英文字母不分大小写)、汉字、符号组成,但是不能出现 \ 、∕、:、"、〈 ,〉、｜ 、 * 、? 等字符。

②文件名最多可有 255 个字符(包括空格)。

③一般文件名都有三个字符的文件扩展名,用以标识文件的类型和创建该文件的程序。有时虽然不显示文件扩展名,但不同类型的文件的图标不同,仍可区分文件的类型。常见文件类型及扩展名见表 2 - 1。

④有时候，需要对若干个文件执行相同的操作，例如一次删除多个文件或复制某类文件等等。为了简化操作，提高操作速度，可使用某些符号同时表示多个文件，这种符号称为文件通配符。文件通配符一般有两个，即"＊"和"？"。

"＊"代表从该位置开始的任意一串字符。

"？"代表任意一个字符。

例如，A？B．TXT 表示以字母 A 开头，第二个字符任意，第三个字符为 B，扩展名是．TXT（文本文档）的所有文件。而 ＊．DOC 表示所有 Word 文档；＊．＊表示所有文件。

表 2 –1　常见文件类型及扩展名

文件图标	文件扩展名	文件类型 BMP
	BMP	图形文件
	JPEG	JPEG 图像
	XLS、XLSX	Excel 工作簿
	PPT、PPTX	PowerPoint 演示文稿
	DOC、DOCX	Word 文档
	RAR	WinRAR 压缩文件
	WAV、MP3	音频文件
	TXT	文本文件

（二）文件夹

文件夹是存放文件的容器，是计算机用于保存和管理文件的一种结构。一个磁盘上通常有大量的文件，为了便于组织和管理文件，Windows XP 使用文件夹来分门别类地组织文件，一个文件夹中可以存放文件和下一级文件夹。对文件夹的存放也是按名称进行的，它可以有扩展名，但不具有文件扩展名的作用，也就不像文件那样用扩展名来标识格式。但它有几种类型，如：文档、图片、音乐、视频、收藏夹等等，如图 2 – 15。使用文件夹最大优点是为文件的共享和保护提供了方便。

图 2 – 15　文件夹类型

（三）文件和文件夹操作

1．创建新文件夹

文件夹可以在磁盘分区、文件夹、桌面（实际上是"C：\ Documents and Settings \ administrator \ 桌面"文件夹）等处创建。用户可以创建新的文件夹来存放文件，创建新文件夹的操作如下：

在桌面或任一个支持创建新文件夹的窗口空白处单击右键，在弹出的快捷菜单中依次选择"新建"→"文件夹"，如图 2 – 16 所示，就新建了一个名为"新建文件夹"的文件夹。此时可以输入新文件夹名，按回车键或鼠标在其它位置单击以确认新文件夹名，也可以不输入新文件名而直接按回车键或鼠标在其它位置单击以确认文件夹名为"新建文件夹"，若已有"新建文件夹"的文件夹，则文件夹名会自动取为"新建文件夹

（2）"、"新建文件夹（3）"、……等等，以后再用"重命名"操作来更改文件夹名。

新建文件夹时也可以直接单击支持创建新文件夹窗口左侧"文件和文件夹任务"下的"创建一个新文件夹"项，或者依次单击菜单"文件"→"新建"→"文件夹"命令来创建。

图2-16 新建文件夹

2. 创建新文件

新文件一般是随着应用程序而创建的，运行应用程序后，一般会自动生成一个新文件的编辑环境，在这个编辑环境中输入、编辑文件的内容，当然这时新文件还没有生成，只是具有了生成新文件所需的内容。当用户将编辑的内容保存时，应用程序系统会弹出一个"保存为"或"另存为"的对话框要求用户确定有关新文件的信息，例如图2-17为"画图"程序的"保存为"对话框。在这些对话框中指定新文件保存的位置（一般是文件夹路径）和新的文件名，保存类型一般不需要更改，采用默认类型，这样以后双击这些文件即可用关联的应用程序打开。确定了保存的位置和新文件名后，单击"保存"按钮，新文件就创建了。

图2-17 "画图"程序"保存为"对话框

创建新文件也可以采用"新建"快捷菜单简单创建。参照图2-16新建文件夹的方式，在桌面或任一个文件夹的空白处单击右键，在弹出的快捷菜单中单击"新建"项，这时弹出的下一级快捷菜单分为上下两部分，中间有横线分开，上面部分为"文件夹"和"快捷方式"，下面部分为各种类型的文件，如"BMP图像"、"文本文档"等。这时不要选上面部分的内容，而在下面部分选相应类型的文件，就可以创建该类型的新的空文件。能够选择的文件类型跟系统中安装的应用程序有关，当某应用程序安装后，就可在"新建"快捷菜单下找到该应用程序类型的文件。

3. 移动和复制文件或文件夹

在实际应用中，有时用户需要将某个文件或文件夹移动或复制到其他地方以方便使用，这时就需要用到移动或复制命令。移动文件或文件夹就是将文件或文件夹放到其他地方，执行移动命令后，原位置的文件或文件夹消失，出现在目标位置；复制文件或文件夹就是将文件或文件夹复制一份，放到其他地方，执行复制命令后，原位置和目标位置均有该文件或文件夹。

移动和复制文件或文件夹的操作步骤如下：

第一步：选择要进行移动或复制的文件或文件夹。

第二步：单击菜单"编辑"下的"剪切"或"复制"命令，或单击鼠标右键，在弹出的快捷菜单中选择"剪切"或"复制"命令。当要进行移动操作时选择"剪切"命令，而要进行复制操作时选择"复制"命令。

第三步：选择目标位置，即要移动到或复制到的新位置。

第四步：选择菜单"编辑"下的"粘贴"命令，或单击鼠标右键，在弹出的快捷菜单中选择"粘贴"命令即可。

在选择多个文件或文件夹时，若文件或文件夹连续相邻，可先选择第一个文件或文件夹，然后按住Shift键再选择相邻的最后一个文件或文件夹。若要一次选择多个不相邻的文件或文件夹，可按着Ctrl键再逐个选择即可。若在一个窗口中要选择的文件或文件夹较多，而不要选择的文件或文件夹较少，这时可以先选择较少的而不需要的文件或文件夹，然后单击菜单"编辑"下的"反向选择"命令即可。若要选择所有的文件或文件夹，可单击菜单"编辑"下"全部选定"命令或按快捷键Ctrl + A。

4. 重命名文件或文件夹

重命名文件或文件夹就是给文件或文件夹重新命名一个新的名称，使其可以更符合用户的要求。重命名文件或文件夹的具体操作步骤如下：

第一步：选择要重命名的文件或文件夹。

第二步：单击菜单"文件"下的"重命名"命令，或单击鼠标右键，在弹出的快捷菜单中选择"重命名"命令。

第三步：这时文件或文件夹的名称将处于编辑状态（蓝色反白显示），用户可直接键入新的名称进行重命名操作。

也可在文件或文件夹名称处直接单击两次（不是双击，两次单击间隔时间应稍长一些），使其处于编辑状态，键入新的名称进行重命名操作。

5. 删除文件或文件夹

当某些文件或文件夹不再需要时，用户可将其删除掉，以利于对文件或文件夹进行管理，腾出更多的磁盘空间。删除后的文件或文件夹将被放到"回收站"中，用户可以选择将其彻底删除或还原到原来的位置。

删除文件或文件夹的操作如下：

第一步：选定要删除的文件或文件夹。

第二步：选择菜单"文件"下的"删除"命令，或单击鼠标右键，在弹出的快捷菜单中选择"删除"命令。

第三步：在弹出的"确认文件删除"或"确认文件夹删除"对话框中，单击"是"按钮。若不能确定是否要删除，可单击"否"按钮退出。

二、常用文件类型

1. 应用程序

在计算机中扩展名为 .exe 或 .com 的文件称为应用程序，也称为可执行命令或可执行文件，这是计算机可以直接运行的程序文件。应用软件由很多文件组成，通常所说的运行应用程序指的就是运行 .exe 或 .com 的文件，双击这些文件就可以运行，不需要其它程序打开。在 Windows XP 中具有扩展名 .PIF、.ICO、.LNK 的文件也是指向一个应用程序的文件。

2. 支持文件

支持文件是程序文件运行时所需的辅助文件，但不能单独运行或启动这些文件。常见的支持文件具有扩展名 .OVL、.SYS、.DRV、.DLL 等，用户感觉这些文件好像没什么用，但这些都是重要的文件，不能随意删除或更改。一旦这些文件被删除或更改，就有可能使某些应用系统不能正常运行甚至崩溃。

3. 文本文件

文本文件是指以 ASCII 码或汉字国标码 GB - 6763 存储的文件，更确切地说，英文、数字等字符存储的是 ASCII 码，而汉字存储的是机内码。文本文件中除了存储文件有效字符信息（包括能用 ASCII 码字符表示的回车、换行等信息）外，不能存储其他任何信息，因此文本文件不能存储声音、动画、图像、视频等信息。文本文件的扩展名一般为 .TXT，可以用 Windows XP 附件中的"写字板"或"记事本"程序编辑。

4. 图像文件

图像文件包含图形信息或图片信息。在计算机科学中，图形和图像这两个概念是有区别的，图形一般指用计算机绘制的画面，如直线、圆、圆弧、任意曲线和图表等；图像则是指由图像输入设备（如数码相机、摄像头等）捕捉的实际场景画面或以数字化形式存储的任意画面。

5. 多媒体文件

多媒体文件是指以数字形式存放的声音、动画、视频文件及超媒体文件。多媒体文件支持 AVI、MOV、WAV、MID、MPEG 及 MP3 等音频、视频文件，也支持 BMP、GIF、DIB、GIF、JPG、PPT 及 DWF 等图形文件。

三、资源管理器

"资源管理器"是 Windows XP 系统提供的资源管理工具。使用资源管理器可以更方便地查看计算机的所有资源,特别是它提供的树形文件系统结构,能更清楚、更直观地认识计算机的文件和文件夹,这是"我的电脑"所没有的。在实际的使用功能上"资源管理器"和"我的电脑"没有什么不一样的,两者都是用来管理系统资源的,也可以说都是用来管理文件的。用户可以不必打开多个窗口,而只在一个窗口中就可以浏览所有的磁盘和文件夹,还可以对文件进行各种操作,如:打开、复制、移动等。

1. 启动资源管理器:

在任务栏左侧单击"开始"按钮,在弹出的菜单中依次选择"所有程序"→"附件"→"Windows 资源管理器"命令,打开"Windows 资源管理器";或者右键单击"开始"按钮,在弹出的菜单中选择"资源管理器",也可以打开"Windows 资源管理器",如图 2−18 所示。

图 2−18　Windows 资源管理器

2. 资源管理器组成

资源管理器由左、右两个窗口及在上方的地址栏、标准工具栏所构成。资源管理器左边的窗口称为资源、文件夹列表窗口(以下称为左窗),右边的窗口称为选定文件夹的列表窗口(以下称为右窗)。在左窗内选定的某个文件夹内的全部内容都会出现在右窗。地址栏显示的是资源的位置(资源路径)。

在左窗中,若驱动器或文件夹前面有"＋"号,表明该驱动器或文件夹有下一级子文件夹,单击该"＋"号可展开其所包含的子文件夹,当展开驱动器或文件夹后,"＋"号会变成"－"号,表明该驱动器或文件夹已展开,单击"－"号,可折叠已展开的内容。例如,单击左窗中"我的电脑"前面的"＋"号,将显示"我的电脑"中所有的磁盘信息,选择需要的磁盘前面的"＋"号,将显示该磁盘中所有的内容。

§2－4 系统管理及应用

本节学习内容：

1. 控制面板的概念及作用。
2. 显示属性、鼠标设置。
3. 输入法设置、日期和时间的设置。
4. 安装和卸载程序。

本节学习目标：

1. 了解控制面板的概念及作用、鼠标属性设置、日期和时间设置等操作。
2. 掌握显示属性设置、输入法设置、安装和卸载程序等操作。

一、控制面板

控制面板是用来进行系统设置和设备管理的一个工具集。在控制面板中，用户可以根据自己的喜好对窗口、鼠标、日期和时间、打印机、桌面等进行设置和管理。

在任务栏左侧单击"开始"按钮，在弹出的菜单中选择"控制面板"命令项，即可打开如图2－19所示的"控制面板"窗口。

在"控制面板"窗口中可以看到"控制面板"中最常用的项目，这些项目按照分类进行组织。要在"分类"视图下查看"控制面板"中某一项目的详细信息，可以用鼠标指针按住该图标或类别名称，然后阅读显示的文本。要打开某个项目，单击该项目图标或类别名。某些项目会打开可执行的任务列表和选择的单个控制面板项目。例如，单击"外观和主题"时，将与单个控制面板项目一起显示一个任务列表。

如果打开"控制面板"时没有看到所需的项目，可以单击左侧"切换到经典视图"选项，将"控制面板"切换到经典视图显示，如图2－20所示。要打开某个项目，可以双击该项目的图标。

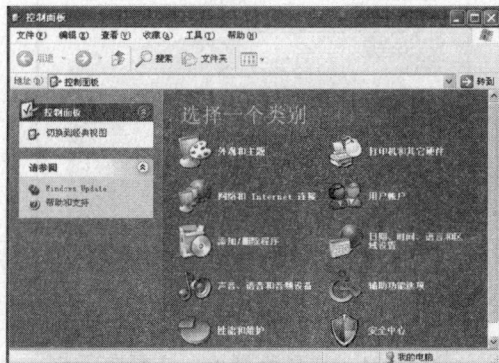

图2－19 控制面板

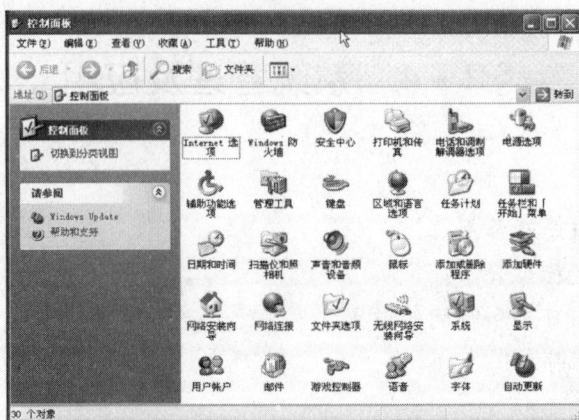

图 2-20　控制面板经典视图

二、显示属性设置

显示属性设置可以更改屏幕显示模式、外观等，包括选择主题、修改桌面、屏幕保护程序、设置外观和显示的属性等内容。

1. 主题

主题决定了桌面的总体外观，桌面主题包含了 Windows 风格、背景图案、屏幕保护程序、鼠标指针、系统声音事件、图标等内容，一旦选择了一个新主题，这些内容都将随之改变。用户可以根据自己的喜好选择一个主题，然后在其它的选项卡中进行修改显示的一些细节。

在"控制面板"窗口中单击"外观和主题"选项，在打开的"外观和主题"任务列表中单击"更改计算机的主题"项，打开如图 2-21 所示的"显示 属性"对话框。在"主题"列表框中选择合适的主题，然后单击"应用"按钮，再单击"确定"按钮关闭"显示 属性"对话框，即可设定新的主题。

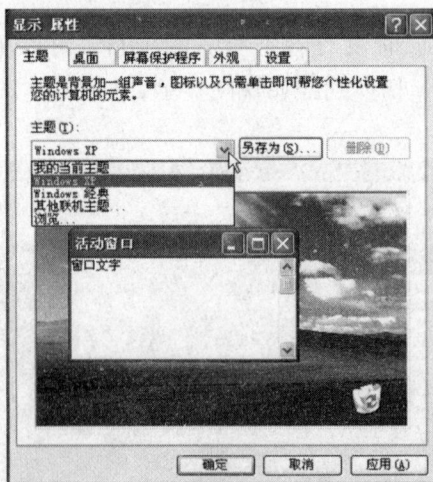

图 2-21　"显示 属性"主题选项卡

打开"显示 属性"对话框可以不通过控制面板进行，只要在桌面空白处右键单击鼠标，在弹出的快捷菜单中选择"属性"项，即可快速打开。

2. 桌面

用户可以选择一个颜色或一幅图形作为桌面的背景，作为背景的图片可以是类型为 BMP、JPG、GIF、PNG 等的位图文件或 HTM 文档。

在"显示 属性"对话框中单击"桌面"选项卡，将"显示 属性"切换到"桌面"选项卡，如图 2 - 22 所示。在"背景"列表中选择合适的图形文件，在"位置"列表框中选择一种图案放置方式，然后单击"应用"按钮。若用户的图形文件是保存在其它位置的，可以单击"浏览"按钮，在弹出的"浏览"对话框中查找并设置即可。"位置"的三个选项含义如下：

"居中"：将图像显示在屏幕的中心。

"平铺"：将图像重复显示在整个屏幕上。

"拉伸"：把图像拉伸以覆盖整个屏幕。这是常用的方式，可以自动将图像与屏幕相适应。

图 2 - 22　"显示 属性"桌面选项卡

3. 屏幕保护程序

计算机在实际使用中，若屏幕的内容一直固定不变，间隔时间较长后可能会造成屏幕的发光器件疲劳损坏，因此若在一段时间内不使用计算机时，可以设置屏幕保护程序，以动态的画面显示于屏幕，从而保护屏幕不受损坏。

在"显示 属性"对话框中单击"屏幕保护程序"选项卡，将"显示 属性"切换到"屏幕保护程序"选项卡，如图 2 - 23 所示。在该选项卡的"屏幕保护程序"列表框中选择一种屏幕保护程序，单击"设置"按钮，可以对该屏幕保护程序进行一些设置；单击"预览"按钮，可预览该屏幕保护程序的效果，移动鼠标或操作键盘即可结束屏幕保护程序；在"等待"文本框中可输入或调节屏幕保护程序启动的间隔时间。

然后单击"应用"按钮，设置完毕。

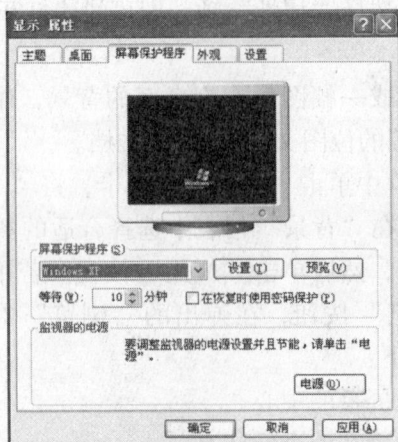

图 2-23 "显示 属性"屏幕保护程序选项卡

实际上屏幕保护程序只对 CRT 显示器有保护作用，而现在大多数用户都使用液晶显示器（Liquid Crystal Display，LCD），LCD 的工作原理与 CRT 显示器是不一样的。屏幕保护程序非但不能保护液晶显示器，频繁变化的图像反而会使得液晶分子频繁开关，而液晶分子的开关次数自然会受到寿命的限制，会使得 LCD 出现老化的现象，比如坏点等等。因此使用液晶显示器的台式计算机及笔记本计算机不要设置屏幕保护程序，长时间不使用计算机应将显示器关闭。关闭显示器的设置如下：

在图 2-23 所示"显示 属性"对话框的"屏幕保护程序"列表框中选择"无"选项，不选择任何屏幕保护程序。然后单击"监视器的电源"下的"电源"按钮，打开"电源选项 属性"对话框，如图 2-24 所示。在图 2-24 中间的"关闭监视器"列表框中选择一个关闭监视器的间隔时间（如"5 分钟之后"），单击"应用"按钮，再单击"确定"按钮即可。

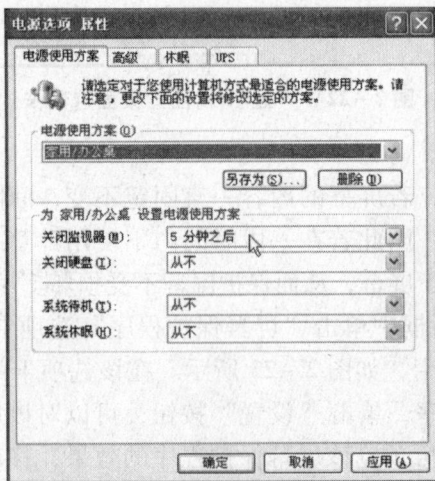

图 2-24 "电源选项 属性"对话框

4. 显示器设置

在"设置"选项卡中，用户可以对显示器的颜色质量、屏幕分辨率进行设置，如图 2 - 25 所示。颜色质量指显示器可以显示的颜色数，数值越大颜色越丰富，图像质量也越高；分辨率就是屏幕图像的精密度，是指显示器所能显示的点数的多少。屏幕上的点、线、面都是由点组成的，显示器可显示的点数越多，画面就越精细，同样屏幕区域显示的信息也越多。

颜色质量、分辨率与计算机的显示适配器（显卡）有关，目前计算机的颜色质量可以设置到"最高 32 位（2^{32} 种颜色）"，分辨率可以达到 1024 × 768 以上。

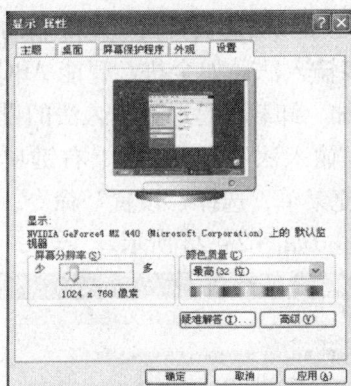

图 2 - 25　"显示 属性"设置选项卡

三、鼠标设置

设置鼠标可以更改鼠标的属性，使用户在操作过程中能更好地符合自己的手感，如双击的速度、鼠标指针样式、鼠标按键等。

在图 2 - 20 所示的控制面板中双击"鼠标"图标，打开"鼠标 属性"对话框，如图 2 - 26 所示。

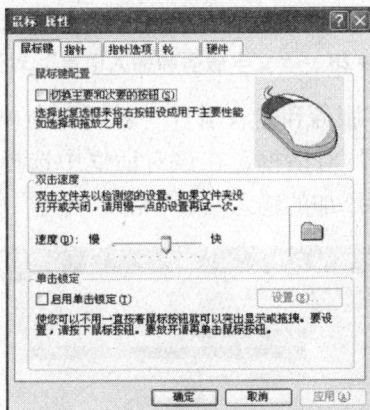

图 2 - 26　"鼠标 属性"对话框

在图 2 - 26 所示对话框中的"鼠标键配置"选项，系统默认左边的键为主要键

（适合大多数右手习惯的人），若选中"切换主要和次要的按钮"复选框，则设置右边的键为主要键（适合左手习惯的人）。

在"双击速度"选项中拖动滑块可调整鼠标的双击速度，双击右边的文件夹图标可检验设置的速度。

在"单击锁定"选项中，若选中"启用单击锁定"复选框，则可以在移动项目时不用一直按着鼠标键就可实现。

四、输入法设置

现在很多共享和商业的输入法软件都有自动安装程序，能够自动安装，而卸载提供了自动卸载程序，也有些是通过输入法的设置窗口来卸载的。

Windows XP 本身带有很多输入法，如全拼、智能 ABC、郑码、区位等。这些输入法的添加、卸载都是通过输入法的设置窗口进行的。在任务栏右侧的"输入法"按钮 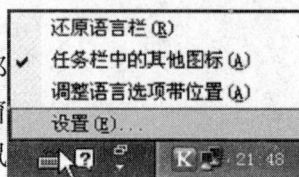 上右键单击鼠标，弹出如图 2 -27 所示的快捷菜单，选择"设置"命令，打开"文字服务和输入语言"对话框，如图 2 -28 所示。

图 2 -27

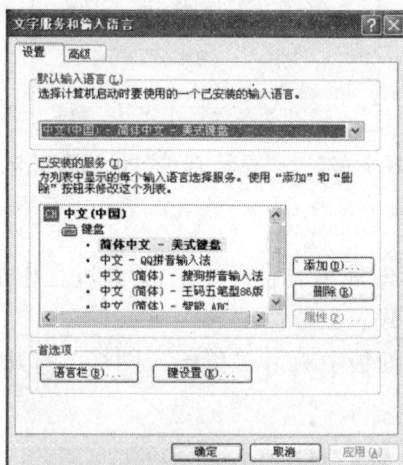

图 2 -28 "文字服务和输入语言"对话框

在图 2 -28 所示的"文字服务和输入语言"对话框中单击"添加"按钮，打开如图 2 -29 所示的"添加输入语言"对话框，在该对话框中选择"键盘布局/输入法"选项，然后从下面的列表框中选择要添加的输入法，单击"确定"按钮就可以添加输入法。

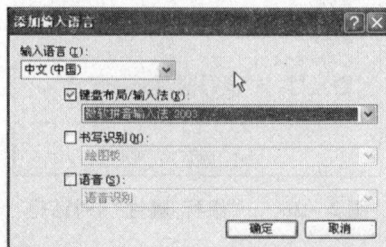

图 2 -29

在图 2 – 28 所示的"文字服务和输入语言"对话框中选择输入法列表栏中的某个输入法，单击右边的"删除"按钮，即可删除该输入法。通常可以把不使用的输入法删除，以节约系统资源。

五、日期和时间设置

计算机主板上安装有时钟电路，通过一粒纽扣电池供电。用户可以随时在任务栏右侧的通知区域查看当前的日期和时间。由于各种原因（如电池电力不足等）可能会导致计算机的日期和时间不准确，这时就需要对计算机的日期和时间进行设置校正。

双击任务栏右侧显示的时间，就可以打开"日期和时间 属性"对话框，如图 2 – 30 所示。在"日期"选项栏中的"年份"框中调节或输入准确的年份，在"月份"下拉列表中可选择月份，在"月历"列表框中单击选择日期；在"时间"选项栏中的"时间"文本框中可输入或调节准确的时间。更改完毕后，单击"应用"和"确定"按钮即可。

图 2 – 30　"日期和时间 属性"对话框

六、安装和卸载程序

1. 安装程序

在"开始"菜单的"程序"菜单中，有许许多多的应用程序，这些都是通过安装程序创建的。很多软件都有自动运行功能，即我们把软件光盘放到光驱里，就会自动运行安装程序（一般是 SETUP. EXE），如果不能自动运行，可以双击安装程序 Setup. exe，图标是一个电脑，就会出现程序安装对话框，这时我们只要单击"我同意"、"是"、"下一步"、"完成"（英文是 I agree、Yes、Next、Finish），有些软件还要输入序列号，这样程序就被复制到 C：\ Program Files 文件夹或指定的位置中，并在桌面创建快捷方式，在"程序"菜单中创建程序组。下面以安装"QQ2010Beta"为例，学习软件的安装过程，其它软件的安装方法相同。

第一步：双击 QQ2010Beta 安装文件 ，启动安装程序向导，安装程序检查安装环境。

第二步：在出现的"许可证协议"对话框中选择"我已阅读并同意软件许可协议和青

少年上网安全指引"，如图 2 - 31 所示，单击"下一步"。有些软件选择"接受"、"同意"等，意思都差不多，都是要同意"许可证协议"中的条款，否则不能安装下去。

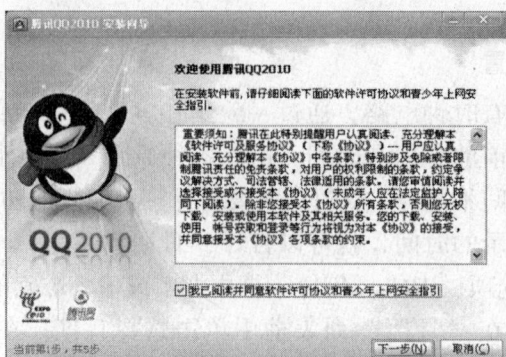

图 2 - 31　许可协议

第三步：接着出现如图 2 - 32 所示的对话框，在此选择自定义安装选项与快捷方式选项。有些软件会捆绑安装一些插件软件，如"中文搜搜"，没有特别的需要，一般不要选择。单击"下一步"。

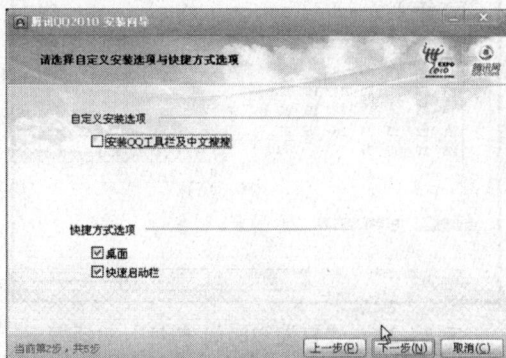

图 2 - 32　安装选项与快捷方式选项

第四步：安装程序要求确定安装的路径如图 2 - 33，默认总是安装在"C：\ Program Files \ "文件夹下，可以单击"浏览"按钮选择安装路径，然后单击"下一步"。

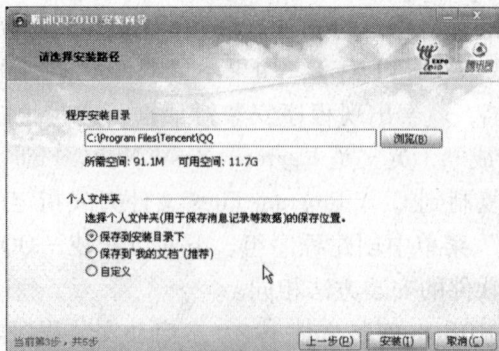

图 2 - 33

第五步：确定安装目录后开始安装，复制文件到安装目录。

第六步：稍等片刻，安装结束，单击"完成"按钮退出安装程序如图 2 – 34。

图 2 – 34　安装完成

2. 卸载程序

卸载跟安装刚好相反，把一个软件从计算机中彻底清除掉，这是一个危险的操作，一般是不再使用、过期的软件才卸载掉。卸载程序不光删除要卸载软件的文件及文件夹，还把安装该软件时写入注册表的信息删除，使计算机恢复到安装软件之前的状态。

（1）利用程序的卸载功能卸载。

第一步 如图 2 – 35 所示在"开始"菜单要卸载的软件程序组上启动卸载程序，如单击"卸载 QQ2010"，启动卸载程序。

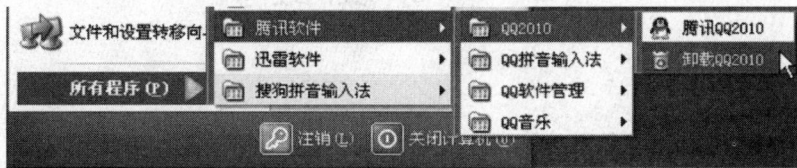

图 2 – 35

第二步：卸载程序会提示是否要卸载产品，单击"确定"，开始卸载。

第三步：卸载程序在配置程序，执行卸载操作，如修改注册表信息，删除文件及文件夹如图 2 – 36。

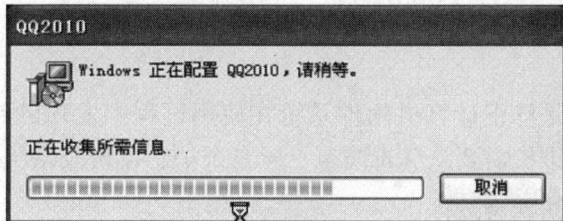

图 2 – 36

第四步：稍候片刻，提示卸载结束。单击"确定"按钮，结束卸载。

（2）利用控制面板的"添加删除程序"卸载。

如果程序没有卸载功能项，可以利用控制面板的"添加删除程序"卸载。打开如图 2－24 所示的控制面板。在"控制面板"上单击"添加/删除程序"，打开如图 2－37 所示的"添加或删除程序"窗口。在该窗口中选择要卸载的程序，如"腾讯QQ2010"，单击右边的"删除"按钮，接下来的卸载过程如前所述。

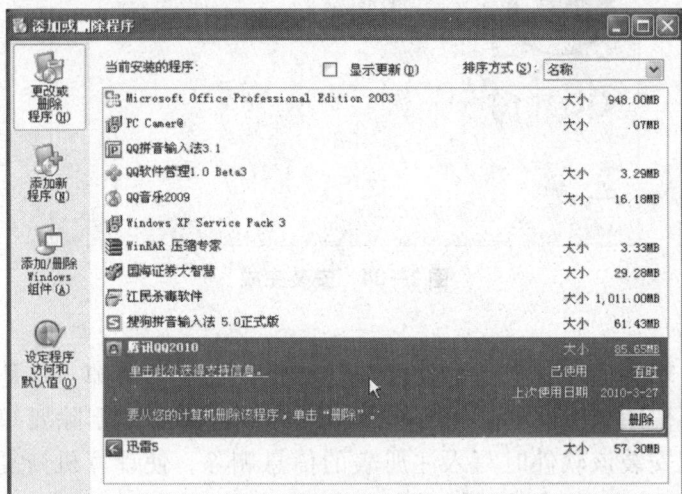

图 2－37

§2－5　系　统　维　护

本节学习内容：

1. 安装和使用防病毒软件。

2. 安装和使用压缩软件。

3. 磁盘清理和磁盘碎片整理。

本节学习目标：

1. 了解系统维护的基本概念和方法。

2. 掌握防病毒软件、压缩软件的安装和使用。

3. 掌握磁盘清理和磁盘碎片整理等日常维护操作过程。

系统维护的任务是修正计算机软件系统在使用过程中发现的错误，维护计算机系统的正常运行。系统维护需要从病毒防范、磁盘维护、备份及系统还原等几方面进行。

一、安装和使用防病毒软件

在计算机病毒肆意猖獗的时代，安装和使用杀毒软件是防范病毒的有效措施。下面以完全免费的杀毒软件"360 杀毒"为例介绍杀毒软件的安装及使用。

1. 安装"360 杀毒"软件

下载"360 杀毒"软件后，双击安装程序文件 ![图标]，即可启动"360 杀毒"安装向导，按提示一步一步安装即可，安装过程可参阅§2－4 中有关"QQ2010 Beta"软件安装过程，这里不再重述。

2. 使用"360 杀毒"软件

双击桌面的"360 杀毒"图标，启动"360 杀毒"程序界面，如图 2－38 所示。

图 2－38

"360 杀毒"软件界面提供了三种病毒扫描方式：快速扫描、全盘扫描、指定位置扫描。

① 快速扫描：扫描 Windows 关键目录及容易有病毒的隐藏目录，如 Windows XP 系统目录及 Program Files 目录。

② 全盘扫描：扫描所有磁盘分区。

③ 指定位置扫描：扫描指定的文件夹及文件。

选择相应的扫描方式，开始病毒查杀，如图 2－39 所示。

图 2－39　查杀病毒

　　另外当用户在文件或文件夹上单击鼠标右键时，在弹出的快捷菜单中会多出一项"使用360杀毒扫描"，选择它可以快速对选中文件或文件夹进行查杀病毒扫描。

　　"360杀毒"具有实时病毒防护功能，为用户的系统提供全面的安全防护。实时防护功能在文件被访问时对文件进行扫描，及时拦截活动的病毒，发现病毒时会通过提示窗口警告用户。在"360杀毒"软件界面上单击"实时防护"选项卡，打开"实时防护"界面，如图2-40所示，单击"开启防护"按钮启用实时防护功能。

图2-40　实时防护

二、安装和使用压缩软件

　　压缩软件有许多种，其中WinRAR是目前网上非常流行和通用的压缩软件，全面支持zip压缩和ace压缩等多种格式的压缩文件，可以创建固定压缩、分卷压缩、自释放压缩等多种方式，可以选择不同的压缩比例，实现最大程度的减少占用体积。

　　1. WinRAR 的安装

　　在许多网站上都可以下载WinRAR这个软件，WinRAR的安装十分简单，只要双击下载后的压缩包 ，就会出现如图2-41的安装界面，确定安装位置后，单击"安装"按钮开始安装，很快就完成了，在出现的提示中单击"确定"，"完成"即可。

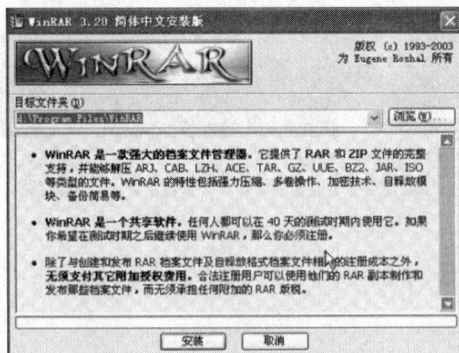

图2-41　安装WinRAR

2. 使用 WinRAR 快速压缩和解压

WinRAR 支持在右键菜单中快速压缩和解压文件，操作十分简单。

① 快速压缩

右键单击要压缩的文件或文件夹（如"第二章"文件夹），在弹出的菜单中选择"添加到"第二章.rar"如图 2－42，即开始自动将选择的文件夹压缩，如图 2－43 所示。

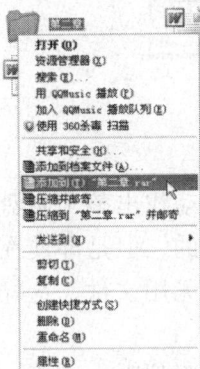

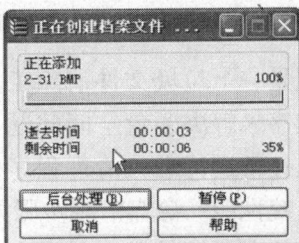

图 2－42   图 2－43   压缩文件夹

② 快速解压

双击要解压缩的压缩包，如"第二章.rar"，打开如图 2－44 所示的 WinRAR 软件界面。单击"释放到"按钮，打开如图 2－45 所示的"释放路径和选项"对话框，确定释放的路径，单击"确定"按钮，开始释放文件，如图 2－46 所示。

图 2－44   WinRAR 操作界面

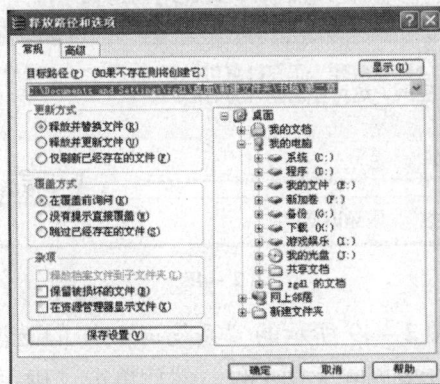

图 2－45   "释放路径和选项"对话框

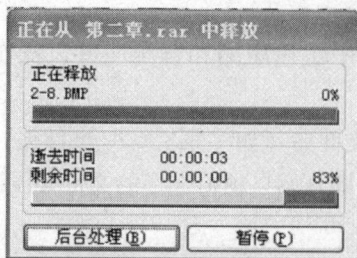

图 2 - 46 释放文件

三、磁盘清理

磁盘清理程序是一个垃圾文件清除工具，它可自动找出整个磁盘中的各种无用文件。用磁盘清理程序来解决磁盘空间问题是极为简单的，但是即使在磁盘有较大剩余空间时，我们也应经常运行磁盘清理程序来删除那些无用文件，这样可以保持系统的简洁，大大提高系统性能。磁盘清理步骤如下：

第一步：依次单击"开始"→"所有程序"→"附件"→"系统工具"→"磁盘清理"命令项，系统弹出如图 2 - 47 所示的"选择驱动器"对话框，在"驱动器"列表框中选择要清理的磁盘（如 C：盘）。单击"确定"按钮。

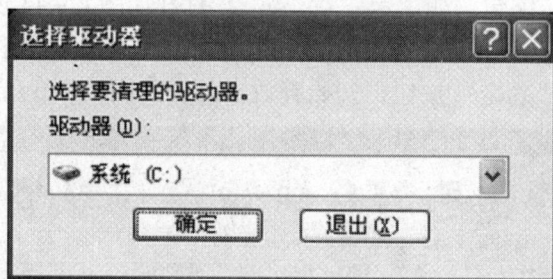

图 2 - 47

第二步：磁盘清理程序计算在清理的磁盘上能释放的空间，如图 2 - 48 所示。

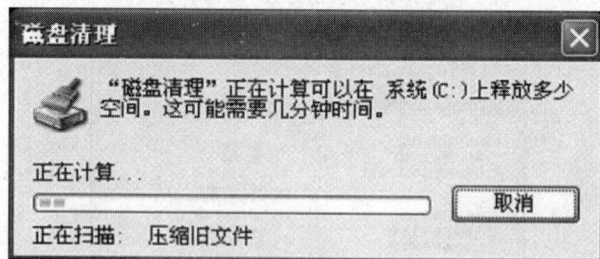

图 2 - 48

第三步：接着打开如图 2 - 49 所示的"系统（C：）的磁盘清理"对话框，在"要删除的文件"列表框中选择要删除无用文件；然后单击"确定"按钮。

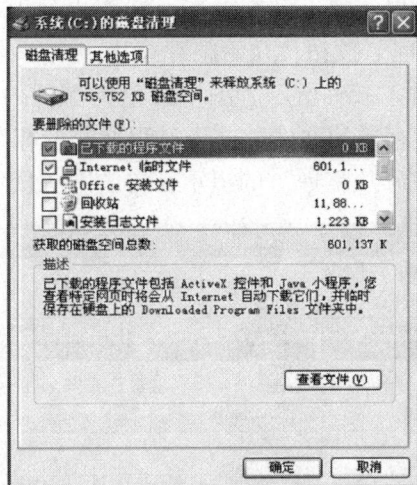

图 2-49

第四步：系统提示要确定执行这些删除操作。单击"确定"按钮执行，这时清理程序将自动清理选定磁盘及文件夹下的文件，结束后自动退出。

四、碎片整理

电脑使用一段时间后，由于文件的存取和删除操作，磁盘上文件和可用空间会变得比较零散，东一片，西一片的，我们称它为"碎片"。如果这种情况不加整理，磁盘的存取效率会下降。而磁盘碎片整理程序就是将存贮的文件放在连续的空间上，令磁盘可用空间变成整块。磁盘好比是仓库，它的功能就是存和放，当仓库乱了，我们该怎么办呢，还不是把它整理整齐吗，磁盘碎片整理就是把磁盘整理整齐，并把无用的东西删除、清理。碎片整理操作步骤如下：

第一步：依次单击"开始"→"所有程序"→"附件"→"系统工具"→"磁盘碎片整理程序"命令项，系统弹出如图 2-50 所示的"磁盘碎片整理程序"窗口，在卷列表中选择要整理的卷（如 C:）。单击"分析"按钮，分析选中磁盘的碎片情况。

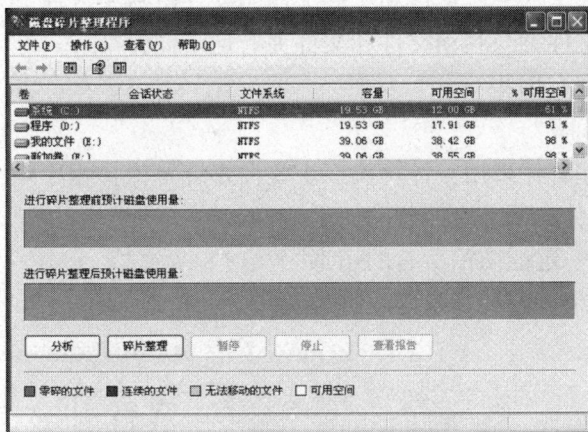

图 2-50

第二步：稍后，分析结束，弹出分析报告，并作出建议，如"您应该对该卷进行碎片整理"。单击"碎片整理"按钮，开始整理碎片。

第三步：整理过程如图2-51所示。图中红色为零乱的文件，磁盘整理就是要把这些零乱的文件整理成连续存放的文件。这个过程要花费相当长的时间，请耐心等待。整理结束后，弹出"已完成碎片整理"的提示，单击"关闭"按钮结束整理。

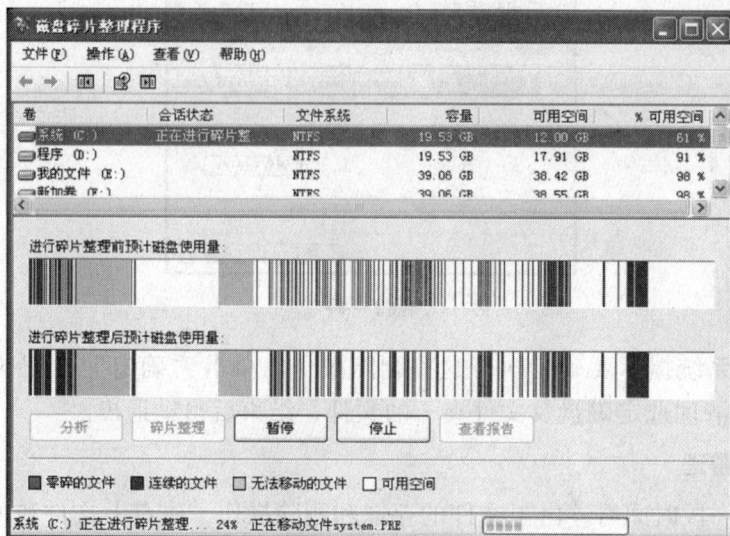

图2-51

本章练习和思考：

1. 什么是操作系统，操作系统有哪些功能？

2. 什么是桌面？Windows XP 桌面由哪些部分组成？

3. 窗口由哪些部分组成？

4. 窗口和对话框有何区别？

5. 什么是文件和文件夹？文件和文件夹命名要注意哪些方面？

6. 复制文件和文件夹与移动文件和文件夹有何不同？

7. 常用文件类型有哪些？

8. 什么是控制面板？

9. 屏幕保护程序有什么用？计算机一定要设置屏幕保护程序吗？

10. 删除程序为什么不是直接删除而是"卸载"？

11. 防病毒软件一定能防治所有的病毒吗？

12. 什么是磁盘清理？什么是碎片整理？

第三章　Internet 网络应用

Internet 又称因特网、国际互联网。它把分布在世界各地的计算机系统通过电信网络联接起来，从而进行通信和信息交换，实现资源共享。

Internet 是"电脑"的延伸，在当今社会，不会用电脑，不会使用 Internet 就似乎可以说你不会生存。Internet 正改变着我们的生活方式，改变着人类的生产模式。Internet 是社会发展的产物，同时，也以最快的速度影响着社会的发展。

§3－1　Internet 简介

本节学习内容：

1. Internet 的发展及特点。

2. Internet 提供的服务。

本节学习目标：

1. 了解 Internet 的发展及特点。

2. 掌握 Internet 提供的服务。

一、Internet 的发展及特点

Internet 是 20 世纪 60 年代冷战时期的产物。当时美国军方认为，如果仅有一个集中的军事指挥中心，万一这个中心被摧毁，全国的军事指挥将处于瘫痪状态，其后果将不堪设想，因此有必要设计这样一个分散的指挥系统：它由一个个分散的指挥点组成，即使部分指挥点被摧毁后其它点仍能正常工作，而这些分散的点又能通过某种形式的通讯网络取得联系。1969 年，美国国防部高级研究计划管理局（ARPA—Advanced Research Projects Agency）开始建立一个命名为 ARPAnet（阿帕网）的网络，把美国的几个军事及研究用电脑主机连接起来。当时 ARPAnet 只连接 4 台计算机，供科学家们进行计算机联网实验用。这就是 Internet 的前身。

由于 ARPAnet 是美国国防部所管辖的网络，不可避免地限制了一些大学使用 ARPAnet，为此美国国家科学基金会（NSF）于 1984 年开始着手筹建一个向所有大学开放的计算机网络。NSF 利用 56kbps 的租用线路建成了连接全美六个超级计算机中心的骨干网，并且筹集资金建成了大约 20 个地区网，连接到骨干网上，包括骨干网和地区网的整个网络被称为 NSFNET，NSFNET 通过线路与 ARPANET 相连。很快 NSFNET 就取代了 ARPAnet 的主干地位，同时开始接受其它国家和地区接入。

与此同时，其他国家和地区也建立了类似于 NSFNET 的网络，这些网络通过通讯线路同 NSFNET 或 ARPANET 相连，80 年代中期人们将这些互联在一起的网络看做是一个互联网络，后来就以 Internet 来称呼它。这个名词一直沿用到现在。

Internet 的规模一直呈指数级增长，除了网络规模在扩大外，Internet 的应用领域也在走向多元化。最初的网络应用主要是电子邮件、新闻组、远程登录和文件传输，网络用户也主要是科技工作者。然而到了 90 年代早期，一种新型的应用网络——万维网问世后一下子将无数非学术领域的用户带进了网络世界，万维网以其信息量大、查询快捷方便而很快为人们所接受。随着多媒体通讯业务的开通，Internet 已经实现了网上购物、远程教育、远程医疗、视频点播、视频会议等新应用，可以说，Internet 的应用领域已经深入到社会生活的方方面面。1988 年 Internet 开始对外开放。1991 年 6 月，在连通 Internet 的计算机中，商业用户首次超过了学术界用户，这是 Internet 发展史上的一个里程碑，从此 Internet 成长速度一发不可收拾。截止到 2010 年初，我国网民已达 3.84 亿，超过美国全国人口总数，居世界首位。

Internet 具有如下特性：

1. 开放性

Internet 是一个没有中心的自主式的开放组织，不为某个人或某个组织所控制，人人都可自由参与。可以自由连接，没有时间和空间的限制，没有地理上的距离概念，任何人可随时随地地加入 Internet，只要遵循规定的网络协议。

2. 共享性

Internet 上的资源是共享的，所有用户都可以分享 Internet 上的资源。Internet 向用户提供了极其丰富的海量资源，其中包括大量的免费使用资源。

3. 平等性

Internet 上是"不分等级"的，一台计算机与其他任何一台一样具有同等权利，没有哪一个人比其他人更好。

4. 交互性

交互性是指 Internet 上的信息具有双向传递能力。如通过电子公告牌或电子邮件实现异步的人机对话。

5. 虚拟性

Internet 的一个重要特点是通过对信息的数字化处理和信息的流动来代替传统实物流动，使得 Internet 通过虚拟技术具有许多现实实际中才具有的功能。

6. 个性化

Internet 作为一个新的沟通虚拟社区，它可以鲜明突出个人的特色，只有有特色的信息和服务，才可能在 Internet 上不被信息的海洋所淹没。Internet 引导的是个性化的时代。

7. 全球性

Internet 从一开始进行商业化运作，就表现出了无国界性。信息流动是自由的、无限制的。因此，Internet 从一诞生就是全球性的产物，当然全球化并不排除本地化。

8. 内容丰富性

计算机本身就能存储大量的知识信息。Internet 将多台存有大量知识信息的计算机连在了一起，不用说大家也可以想象其知识总量有多少。Internet 中包含的知识是相当全面的。因为它不仅包含有已有的知识结构体系，还包括许多事物的及时发展信息，如天气预报、股市行情等等。

9. 入网方便性

可以通过电话线、移动设备或无线接入 Internet。

10. 不易管理性。

由于 Internet 具有开放性，所以网上的信息也是形形色色的，什么都有。当然也有一些不健康的内容，对此，我们只有不断提高思想觉悟，从而不被 Internet 上不健康的内容所影响，Internet 本身没有这样的免疫力。

二、Internet 提供的服务

1. 网上信息浏览

万维网 WWW（World Wide Web）是 Internet 上集文本、声音、图像、视频等多媒体信息于一身的全球信息资源网络，是 Internet 的重要组成部分。网上信息的浏览是通过支持 WWW 网页技术的网络浏览器来实现的。常用的浏览器有 Internet Explorer（IE）、遨游、火狐、及 Opera 等。利用浏览器浏览信息，可以足不出户尽知天下事。

2. 电子邮件

电子邮件（E-mail）是 Internet 上使用最广泛的一种服务。通过电子邮件可以和全世界范围内的朋友通信，只需要几秒钟的时间，就可以将信件送往分布在世界各地的邮件服务器中。电子邮件不仅可以是文字，还可以是图片、声音或其他程序文件。

3. 文件传输

文件传输（FTP）可以将远程主机上的文件复制到本地主机，也可以将本地主机的文件传送到远程主机。Internet 是由无数的计算机组成的网络，其中的资源是共享的，因此每个用户都可以利用 FTP（File Transfer Protocol）文件传输协议登录到其它计算机上，下载所需的软件和文件。

4. 新闻组

新闻组（Newsgroup）和"新闻"几乎没有关系，它是为了人们针对有关的专题进行讨论而设计的，是人们共享信息、交换意见和知识的地方。简单地说新闻组就是一个基于网络的计算机组合，这些计算机被称为新闻服务器，不同的用户通过一些软件可连接到新闻服务器上，阅读其他人的消息并可以参与讨论。新闻组是一个完全交互式的超级电子论坛，是任何一个网络用户都能进行相互交流的工具。

5. 网络电话

在网上打电话已经不是梦想了，只要有多媒体计算机及有相关的软件，就可以很方便地在网上用市话费打国际长途了。如果有摄像头的话，还可以和对方实现视频通话。

6. 网上聊天

在 Internet 有许多提供聊天的服务器，在那里可以与来自世界各地的朋友进行交流。

QQ 聊天是人们除了电话、手机交流外的重要手段。

7. 电子商务

电子商务是指在因特网开放的网络环境下，基于浏览器的应用方式，买卖双方不谋面地进行各种商贸活动，实现消费者的网上购物、商户之间的网上交易和在线电子支付以及各种商务活动。

8. 在线游戏

在网上可以与一个远隔重洋的人下棋，也可以与世界上某个角落的人一起玩联机游戏。

§3-2 Internet 的接入

本节学习内容：

1. Internet 的接入方式。
2. 上网前的准备工作。
3. 连接上网。

本节学习目标：

1. 了解 Internet 的接入方式。
2. 掌握网络适配器的安装、宽带连接、无线上网连接操作方法。

一、Internet 接入方式

计算机接入 Internet 的方式通常有拨号接入方式、局域网接入方式和宽带接入方式、无线上网方式等。用户要将计算机接入 Internet，只要根据实际情况选择相应的接入方式即可。

1. 拨号上网：

电话拨号上网是个人用户接入 Internet 最早使用的方式之一，也是最广泛的方式之一。选择拨号入网方式的用户在向 ISP 申请一个帐号后，只需一根电话线和一台调制解调器（Modem）就可以了。这种方式简单、成本低，但传输速度慢，随着宽带的普及，这种上网方式已经被淘汰。

2. 宽带上网

一般宽带上网有两种形式，一种是 ADSL 接入方式，采用电话线；另一种是 LAN 接入方式，采用网线。当然，还有其它一些宽带上网方式，比如用电力线、闭路电视线等方式上网，但国内不多见。

（1）ADSL 接入方式

ADSL 即非对称数字用户环路（Asymmetric Digital Subscriber Loop）。ADSL 利用频分技术将电话线所传输的低频信号和高频信号分离，低频部分供电话使用，高频部分供上网使用。ADSL 可以进行高速的数据传输，而且在上网时不影响电话的正常使用，这是目前应用最广泛的宽带上网方式。

ADSL 可提供最大下行 8Mb/S 和上行 640Kb/S 的不对称速率。利用一根电话线、一个 ADSL Modem 及一个信号分离器即可实现 ADSL 上网。

（2）小区宽带

小区宽带上网常采用 FTTx 光纤 + 局域网（LAN）接入、ADSL 局域网接入两种方案。

FTTx 光纤 + 局域网（LAN）接入是一种利用光纤加五类网线方式实现的宽带接入方案。它以千兆光纤连接到小区中心交换机，中心交换机和楼道交换机以百兆光纤或五类网络线相连，然后再用网线连接到各用户的计算机上。FTTx + LAN 接入用户上网速率最高可达 10Mbps，其网络可扩展性强，投资规模较小。目前 FTTx 一般有 FTTB（光纤到楼）、FTTC（光纤到路边）、FTTH（光纤到户）、FTTZ（光纤到小区）几种方案。

ADSL 局域网接入是 ADSL 业务的拓展，其资费更便宜。其原理是将带路由的 ADSL MODEM 安装到小区或居民楼，然后再通过 HUB（集线器）或交换机以及 RJ45 网线连接到各用户家的电脑上，它不再需要用户配备 ADSL MODEM，用户只需要电脑上有网卡就可随时的上网了。

3. 无线上网

所谓无线上网分两种，一种是通过手机开通数据功能，以电脑通过手机或无线上网卡来达到无线上网，速度则根据使用不同的技术、终端支持速度和信号强度共同决定。另一种无线上网方式即无线网络设备，它是以传统局域网为基础，以无线 AP 和无线网卡来构建的无线上网方式。一般认为，只要上网终端没有连接有线线路，都称为无线上网。

4. 手机上网

手机上网是指利用支持网络浏览器的手机通过 WAP 协议（无线通讯协议），同互联网相联，从而达到网上冲浪的目的。手机上网具有方便性、随时随地性，已经越来越广泛，逐渐成为现代生活中重要的上网方式之一。手机上网（WAP）是移动互联网的一种体现形式，是传统计算机上网的延伸和补充。3G 网络的开通，使得手机上网开始正式进入人们的生活。

二、上网前的准备工作

要接入 Internet，一般要满足下列要求：

① 计算机已安装有网络适配器（网卡）并且驱动安装正常。

② Internet 服务提供商（ISP）的网线已正确接于网卡并提供信号。

③有 ISP 提供用于 PPPOE 拨号的帐号及密码。

1. 申请 Internet 上网帐号及密码

提供 Internet 服务的 ISP 有中国电信、中国联通、中国移动等等，用户只要带上身份证到各 ISP 营业厅，填写入网登记表及入网责任书，并缴纳一定的上网费预交款，即可申请到 Internet 上网帐号及密码。

2. 安装网络适配器

关闭计算机，将网卡安装在相应的插槽上。启动计算机，系统会提示找到新硬件并自动安装驱动程序。一般在 Windows XP 下有网卡的驱动程序，如果系统找不到启动程序，那么就需要插入该网卡的驱动程序光盘安装。

3. 配置网络适配器参数

安装完网卡后，需要设置网络连接，操作如下：

第一步：双击任务栏上的"本地连接"图标 ，打开"本地连接 状态"对话框，如图3-1所示，单击"属性"按钮，打开"本地连接 属性"对话框如图3-2所示。

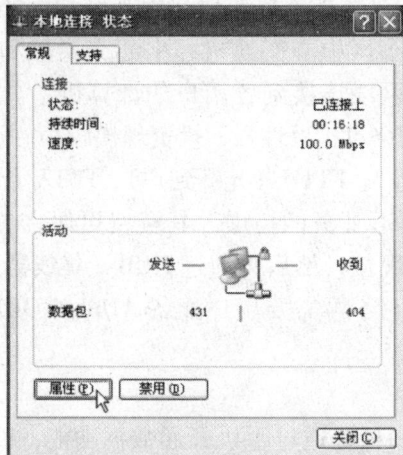

图 3-1　"本地连接 状态"对话框

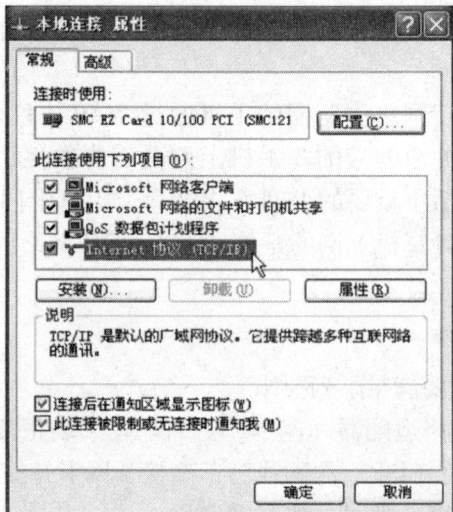

图 3-2　"本地连接 属性"对话框

第二步：在图3-2所示的对话框中双击"此连接使用下列项目"列表框中的"Internet 协议（TCP/IP）"选项，弹出"Internet 协议（TCP/IP）属性"对话框，如图3-3所示。一般情况下可以选择"自动获得 IP 地址"及"自动获得 DNS 服务器地址"。若从 ISP 分配到的 IP 地址为静态 IP 时，应选择"使用下面的 IP 地址"，然后在相应的"IP 地址"、"子网掩码"、"默认网关"文本框中输入相应的内容。询问当地的 ISP 可获知当地的 DNS 服务器地址，指定 DNS 服务器地址可以指定域名解释服务器，在上网时可以避免一些上网问题出现，如可以使用 QQ 聊天但打不开浏览器网页，原因就是没有指定正确的 DNS 服务器。

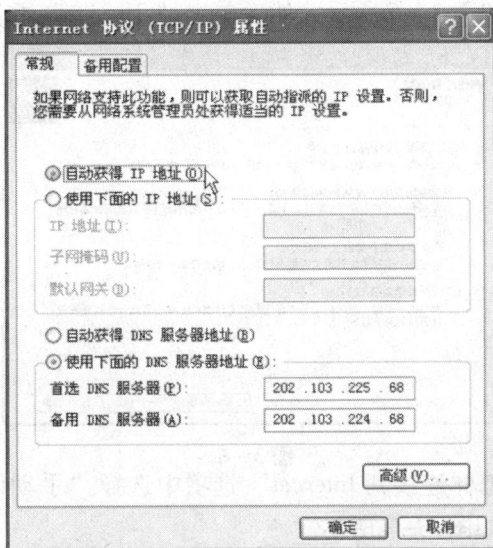

图 3 – 3   "Internet 协议（TCP/IP）属性"对话框

三、连接上网

按图 3 – 4 所示连接好线路，启动计算机。

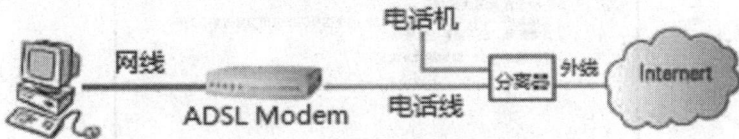

图 3 – 4   宽带连接示意图

第一步：鼠标右键单击任务栏上的"本地连接"图标 ，在弹出的快捷菜单中选择"打开网络连接"选项，或鼠标右键单击桌面上的"网上邻居"图标，在弹出的菜单中单击"属性"选项，打开"网络连接"窗口，如图 3 – 5 所示。这时在"网络连接"窗口中应该看到一个"本地连接"图标，如果未发现"本地连接"则表示计算机无网卡或网卡驱动程序未安装好。

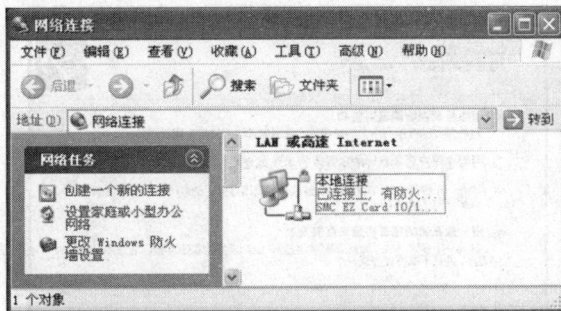

图 3 – 5   "网络连接"窗口

第二步：在图 3 – 5 所示窗口左侧的"网络任务"栏下单击"创建一个新的连接"选项，在弹出的"新建连接向导"中单击"下一步"按钮。按照向导的提示，选择

"连接到 Internet"项,如图3－6所示,然后单击"下一步"按钮。

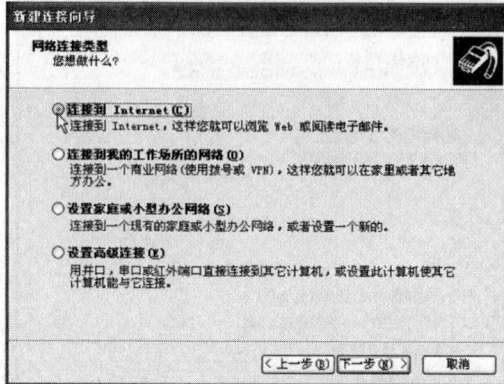

图3－6

第三步:在"您想怎样连接到 Internet"选项中选择"手动设置我的连接"项,再单击"下一步"按钮,如图3－7所示。

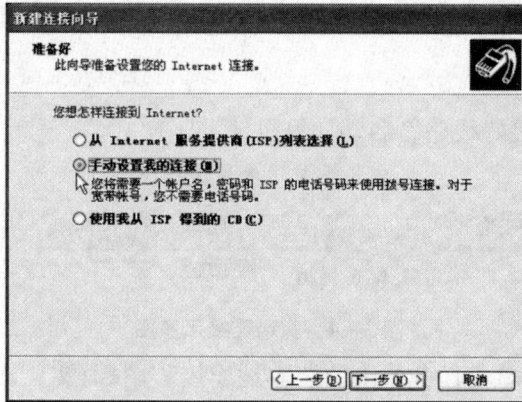

图3－7

第四步:接下来选择"用要求用户名和密码的宽带连接来连接",然后单击"下一步"。如图3－8所示。

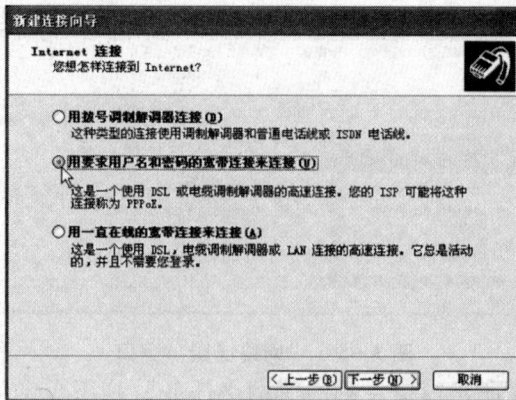

图3－8

第五步：现在提示输入 ISP 名称，可随意填写（如"宽带连接"，留空也可以），然后单击"下一步"（图 3－9）。

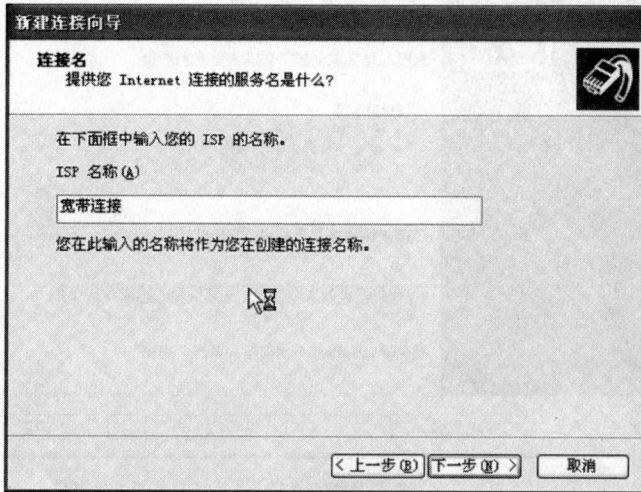

图 3－9

第六步：接下来在图 3－10 所示的界面中输入相应的 ISP 提供给的帐户名、密码，然后单击"下一步"按钮。

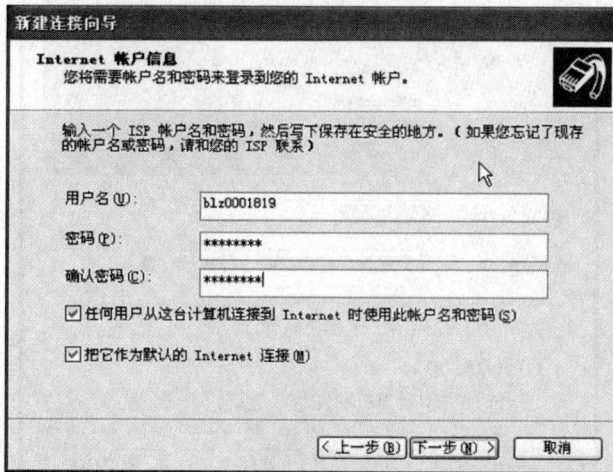

图 3－10

第七步：完成新建连接，如图 3－11 所示，选中"在我的桌面上添加一个到此连接的快捷方式"，这样在桌面上就可以看到一个刚才建立的连接的快捷方式。单击"完成"按钮，结束操作。这时系统会弹出"连接 宽带连接"对话框，如图 3－12 所示，单击"连接"按钮，系统开始连接到 Internet，验证用户名和密码后，就可以与 Internet 连接上，可以开始上网了。

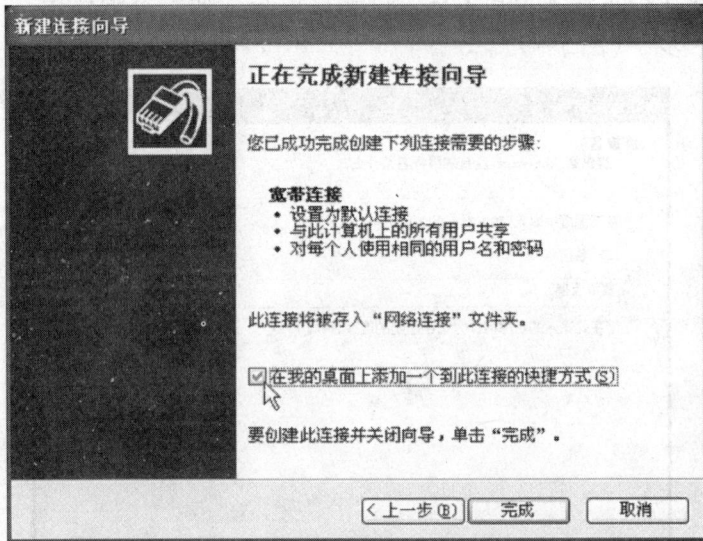

图 3 – 11

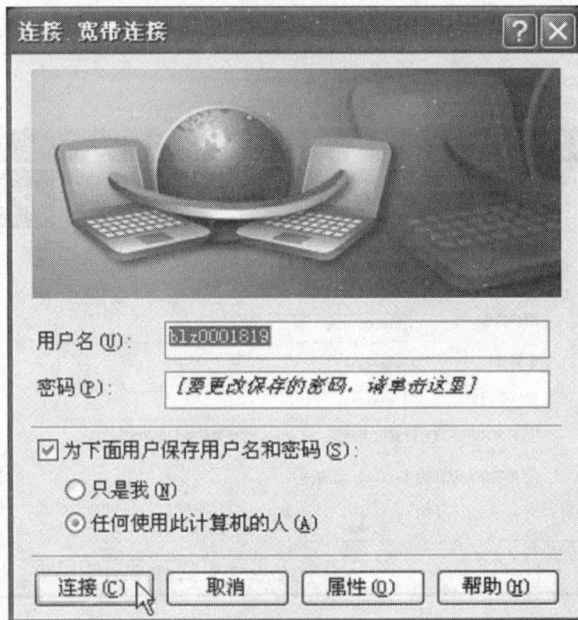

图 3 – 12

§3-3 信息的获取

本节学习内容：

1. 使用浏览器浏览网页。

2. 搜索信息。

3. 下载文件。

本节学习目标：

1. 了解通过 Internet 获取信息的途径。

2. 掌握 IE 浏览器的使用操作。

3. 掌握搜索引擎的使用方法和技巧。

4. 掌握下载文件的方法。

一、浏览网页

浏览器是浏览网页的必备软件，它主要用来显示万维网中的文字、图像、视频及其它资讯。

Internet Explorer 浏览器（简称 IE 浏览器），是 Microsoft 公司设计开发的一个功能强大、用户数最多，而且完全免费的浏览器。在 Windows XP 操作系统中内置了 6.0 版本的 IE 浏览器。使用 IE6.0 浏览器，用户可以将计算机连接到 Internet，从 Web 服务器上搜索需要的信息、浏览 Web 网页、查看源文件、收发电子邮件等。

1. 启动 IE 浏览器

双击桌面上的 IE 浏览器图标 ，或单击"开始"按钮，在"开始"菜单中选择"Internet Explorer"命令即可启动 IE 浏览器。然后在地址栏输入需要访问的网址，如：http：//www.hao123.com，打开的浏览器如图 3-13 所示。

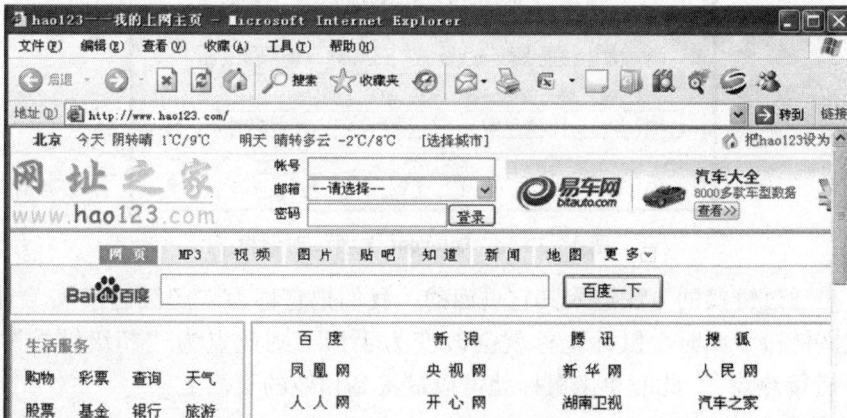

图 3-13　IE 浏览器

2. 浏览网页

要浏览网页，只要在浏览器地址栏中输入要浏览网页的网址（即 URL 地址），然后按回车键即可。下面是几个常用的网址：

新浪：http：//www. sina. com

百度：http：//www. baidu. com

网易：http：//www. 163. com

搜狐：http：//www. sohu. com

网址之家：http：//www. hao123. com

要浏览各网站的网页，必须知道网址，可是这么多网址怎么记得住呢？我们可以使用"网址之家"网站作为 IE 的主页，打开 IE 浏览器时自动打开"网址之家"网页，在"网址之家"网页中有许多网站的链接，直接单击选择即可进入相应的网站，非常方便。设置 IE 浏览器主页的操作如下：

单击浏览器菜单"工具"项，在弹出的下拉菜单中选择"Internet 选项"命令项，打开"Internet 选项"对话框，如图 3－14 所示。在"主页"栏下的"地址"文本框中输入"http：//www. hao123. com"，单击"确定"按钮，则 IE 浏览器的主页就设置好了。

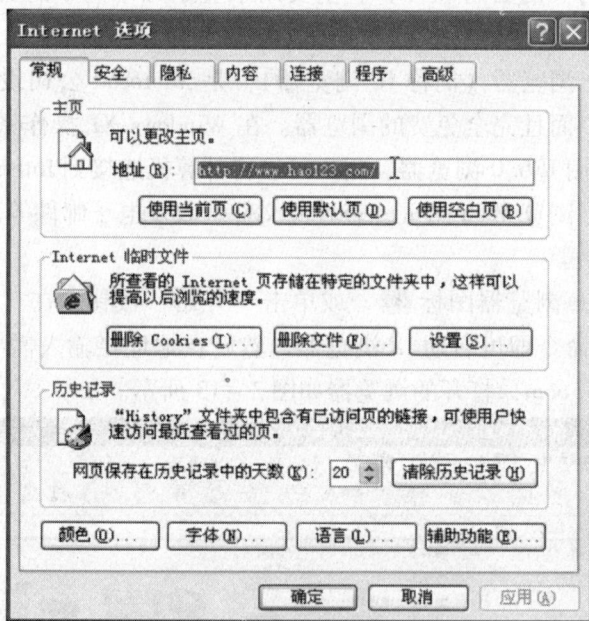

图 3－14　"Internet 选项"对话框

网页是通过链接的方法进入其它页面的，我们把它称为"超级链接"，当鼠标箭头移动到这些链接上面时，鼠标光标就会改变为手形，则此点为"超级链接"的入口，也称为"链接热点"。此时单击鼠标就可以链接到相应的页面上。

3. IE 浏览器的导航按钮

导航按钮是指工具栏上的一组用于浏览网页时使用的工具，如图 3－15 所示。

图 3 – 15

① 后退按钮 ⊙：回到访问过的上一个页面。

② 前进按钮 ⊙：前进到浏览器访问过的下一个页面。

③ 停止按钮 ⊠：停止对当前网页内容的下载。

④ 刷新按钮 ⊠：当打开一些更新得很快的页面时，需要单击"刷新"按钮，或者是当打开的站点因为传输问题页面出现残缺时，也可单击"刷新"按钮，重新打开站点。

⑤ 主页按钮 ⌂：可以回到起始页，也就是启动浏览器后显示的第一个页面（主页）。

4. 收藏资料

网页浏览过程中，对于我们常去的网站或遇到值得收藏的网页信息时，总是希望能收藏起来，IE 浏览器为我们提供的网页收藏夹就可以简单实现，它还可以在不连接 Internet 的情况下，在 Internet 浏览器中浏览，这种方式又称为"脱机浏览"。将资料添加到收藏夹的操作如下：

第一步：进入到所需要的网站，单击"收藏"菜单，在弹出的下拉菜单中选择"添加到收藏夹"命令项，打开"添加到收藏夹"对话框，如图 3 – 16 所示。

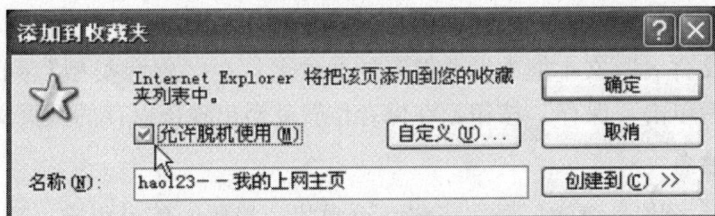

图 3 – 16　"添加到收藏夹"对话框

第二步：在"添加到收藏夹"对话框中，可以修改网站名称，如果不修改，只要单击"确定"按钮就可以了。选择"允许脱机使用"选项，则可以在不连接 Internet 的情况下浏览该网页。

第三步：以后要浏览收藏的网站时，先打开浏览器，然后打开"收藏"菜单，单击收藏的名称即可，如图 3 – 17 所示。

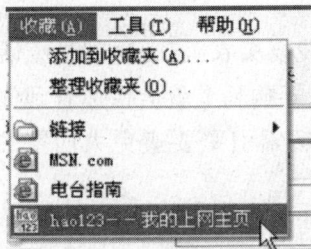

图 3 – 17

5. 保存网页

Internet 上有大量的免费资源，用户可以根据自己的需要将网页保存起来，以便随时浏览使用。操作如下：

第一步：进入到所需要的网站，单击"文件"菜单，在弹出的下拉菜单中选择"另存为"命令项，打开"保存网页"对话框，如图 3-18 所示。

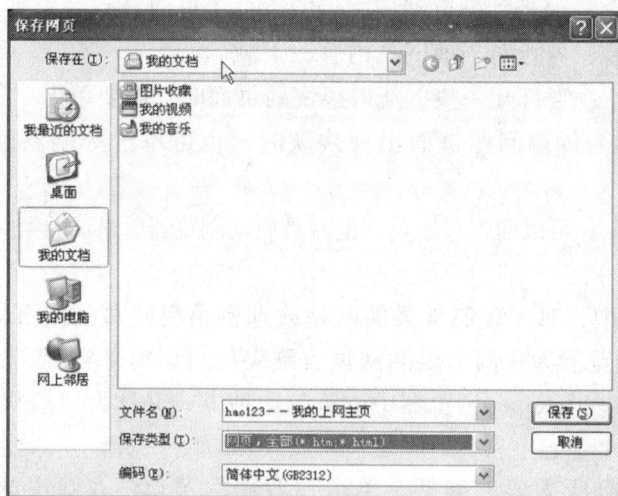

图 3-18

第二步：在"保存网页"对话框中，在"保存在"列表框中选择网页要保存的目标位置；在"文件名"文本框中设置保存的文件名；在"保存类型"列表框中指定保存的类型，然后单击"保存"按钮，在保存位置就会出现该保存的网页文件。

二、搜索信息

Internet 是一个信息海洋，要在茫茫网海中找到想要的信息很难。这就需要掌握行之有效的搜索方法。使用"搜索引擎"是最快捷、最有效的搜索方法，在"搜索引擎"的帮助下，人们可以在茫茫网海中搜寻到任何需要的信息。

搜索引擎是一个对 Internet 上的信息资源进行搜集、管理、分类、索引及储存，然后供用户查询的系统。搜索引擎周期性地搜集 Internet 上的新信息，并将新的信息分类存储，这样就建立了一个不断更新的信息数据库。用户查询信息时，实际上就是在这个数据库中查找。

1. 关键字

你到服装店里跟导购说"我要买衣服"，这就是废话，服装店难不成还卖电脑。但如果你说"我想看新款冬装"，导购马上就会带你看到你想看的。在这里"新款""冬装"就是关键词。所以，使用搜索引擎要避免大而空的关键词，它不知道你要找啥，就可能返回很多莫名其妙结果。

要搜索信息，就要先确定信息的关键字。所谓关键字就是用户在使用搜索时输入的、能够最大程度概括用户所要查找的信息内容的字或者词，它可以是任何中文、英文、数字，或中文英文数字的混合体。关键字表述要准确、简练，多了会丢掉很多有用的信息，而且会对搜索结果产生干扰；少了搜索的范围太广，搜索的精确度不高。例如用户搜索时输入"刘德华个人档案和所拍的电影"，这个关键字就不够简练，"个人档案"是多余的内容，名人搜索都会有个人简介，"和"、"所拍的"都是不必要的词语，会对搜索结果产生干扰，所以准确的关键字应该是"刘德华 电影"。

关键字的选择在搜索中起到决定性的作用。所以要学会提炼关键字，细化搜索条件。当采用多个关键字进行搜索时，可以按下列方式进行组合：

① 逻辑"与"：多个关键字之间用空格间隔表示"与"的逻辑关系。例如关键字"图片 海洋"表示搜索有关海洋的图片。

② 逻辑"或"：多个关键字之间用"｜"（百度搜索）或"OR"（谷歌搜索，"OR"要大写）间隔表示"或"的逻辑关系。例如在百度搜索中输入关键字"图片 猴子｜狮子"表示搜索有关猴子或狮子的图片。

③ 逻辑"非"：用" -"（注意" -"前有一个空格）连接两个关键字，可以在搜索时去除" -"后指定的无关搜索结果，提高搜索的准确性。例如要搜索有关"桂林"城市的信息，输入"桂林"后却搜索到很多"桂林酒店"的信息，输入"桂林 -酒店"来搜索，就会去除一些有关酒店的无用信息了。

④ 指定包含关键字：将关键字用双引号括起来，可以搜索包含有与关键字完全相同的信息网页。例如：输入""广西桂林旅游""，会搜索出包含完整"广西桂林旅游"词组的页面。注意双引号要用英文的双引号。

2. 使用 IE 浏览器搜索

用户可以直接使用 IE 浏览器的地址栏搜索需要的信息。打开 IE 浏览器后，在地址栏输入要搜索的信息关键字，比如要搜索有关图片的信息，可以在地址栏输入"图片"，然后按回车键，就会弹出搜索结果页面，如图 3 – 19 所示。

图 3 – 19

3. 使用搜索引擎网站搜索

常用的搜索引擎网站有：

百度 Bai 百度：http：//www.baidu.com

谷歌 Google：http：//www.google.com

搜狗 Sogou搜狗：http：//www.sogou.com

必应 Bing 必应 bing：http：//cn.bing.com

使用搜索引擎的方法非常简单，只要在搜索文本框里输入关键字，回车或单击右端的搜索按钮即可。下面以百度搜索为例，搜索关于硬盘方面的知识。

第一步：打开 IE 浏览器，在地址栏中输入百度搜索引擎地址 http：//www.baidu.com，按回车键打开百度搜索引擎首页面，如图 3 – 20 所示。

图 3 – 20 百度搜索引擎

第二步：选择搜索信息的类型，如 "新闻"、"网页"、"贴吧"、"MP3"、"图片"、"视频" 等。然后在搜索文本框中输入关键字 "硬盘"，按回车键或单击按钮，打开搜索结果页面，如图 3 – 21 所示。从图 3 – 21 中可以看出，搜索到有关硬盘的网页 100000000 篇，搜索用时 0.107 秒。

第三步：用户可以通过拖动右侧的垂直滚动条来浏览搜索到的信息，找到需要的信息后，单击相关的文字连接即可打开指定的页面。

在一些网址导航网站（如 "网址之家 http：//www.hao123.com"），提供了搜索引擎功能，可以直接输入关键字搜索，如图 3 – 22 所示。

三、下载文件

用户不仅可以浏览 Internet 上提供的资源，还可以将其下载到计算机上使用。所谓下载（DownLoad）是指通过网络进行传输文件，把 Internet 上或其它计算机上的信息保

图 3 - 21   搜索结果

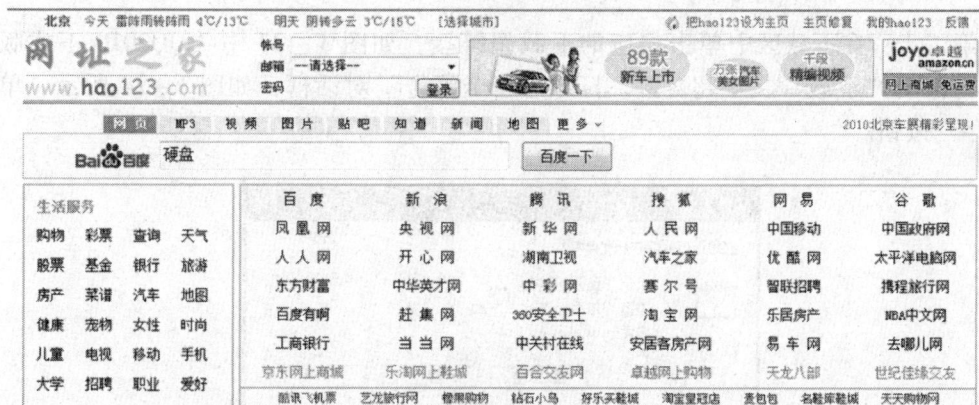

图 3 - 22

存到本地计算机上的一种网络活动。文件下载可以直接采用 IE 浏览器浏览网页提供的下载链接下载，也可以采用专用下载工具下载，本节介绍网页提供的下载链接下载方法，使用下载工具下载方法请参阅§3 - 5 有关内容。

在许多网站上提供了一些超链接以便用户下载软件资源，单击这些链接即可下载相关的软件。具体操作如下：

第一步：搜索到需要的资源下载链接地址。如需下载"QQ2010"，可以以关键字"QQ2010 下载"进行搜索，然后选择打开需要的下载页面，如图 3 – 23 所示。

图 3 – 23

第二步：在下载区中单击相应的下载超链接，如图 3 – 23 中"QQ2010 正式版下载"下面的"下载"文字超链接，打开"安全警告"对话框，如图 3 – 24 所示。单击"保存"按钮。

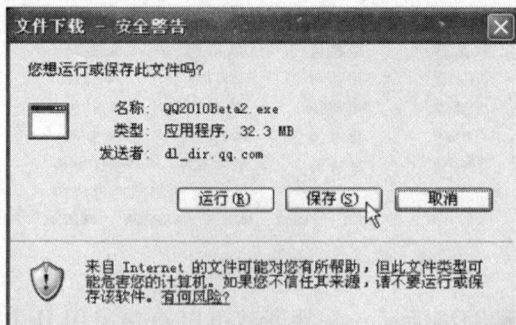

图 3 – 24

第三步：弹出"另存为"对话框，在该对话框中设置保存的位置及文件名，然后单击"保存"按钮。

第四步：此时开始下载，并显示下载进度。稍等几分钟，下载完毕，弹出"下载完毕"对话框，如图 3 - 25 所示。单击"关闭"按钮，则文件下载到指定位置。

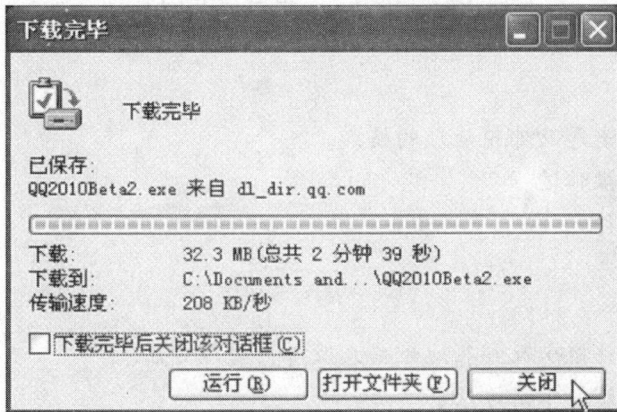

图 3 - 25

有时用户在浏览网页的过程中会看到许多非常漂亮、精美的图片，只要将鼠标置于图片之上单击右键，在弹出的快捷菜单中选择"图片另存为"选项，如图 3 - 26 所示，在弹出的"保存图片"对话框中设置图片文件的保存位置及文件名，单击"保存"按钮即可。

图 3 - 26

§3－4　电子邮件

本节学习内容：

    1. 电子邮件的概念及邮箱地址的格式。

    2. 申请邮箱的操作过程。

    3. 收发电子邮件。

    4. 邮件管理。

本节学习目标：

    1. 了解电子邮件概念及邮箱地址格式及邮件管理方法。

    2. 掌握邮箱地址的申请方法。

    3. 掌握收发电子邮件的操作方法。

电子邮件（Eectronic－mail，简称 E－mail）又称电子信箱、电子邮政，是一种用电子手段提供信息交换的通信方式。电子邮件是 Internet 应用最广的服务，通过网络的电子邮件系统，用户可以用非常低廉的价格，以非常快速的方式，与世界上任何一个角落的网络用户联系。

电子邮件的标志是"@"，收、发电子邮件都要用到一个地址，这个地址称为邮箱地址。邮箱地址的形式为"用户名＋@＋电子邮件服务器"，其中"用户名"是用户在申请邮箱时自己设定的，"电子邮件服务器"是对应的邮件服务提供商。例如邮箱地址 Yangfan@163.com，用户名为"Yangfan"，电子邮件服务器是"163.com"，即网易电子邮件服务器地址。

一、申请邮箱

申请邮箱先要找到一个可以申请的网站，在 Internet 上有许多提供邮件服务的网站，这些网站都可以申请免费的邮箱，常用的电子邮件网站有：

网易 163 电子邮件网站：http：//Mail.163.com

网易 126 电子邮件网站：http：//www.126.com

新浪电子邮件网站：http：//mail.sina.com

搜狐电子邮件网站：http：//mail.sohu.com

雅虎电子邮件网站：http：//mail.cn.yahoo.com

TOM 电子邮件网站：http：//mail.tom.com

下面以网易（163）邮箱的注册为例，介绍电子邮箱地址申请过程：

第一步：打开浏览器，在地址栏输入网易 163 电子邮箱地址"http：//mail.163.com"，打开网易 163 电子邮件网站页面，如图 3－27 所示。

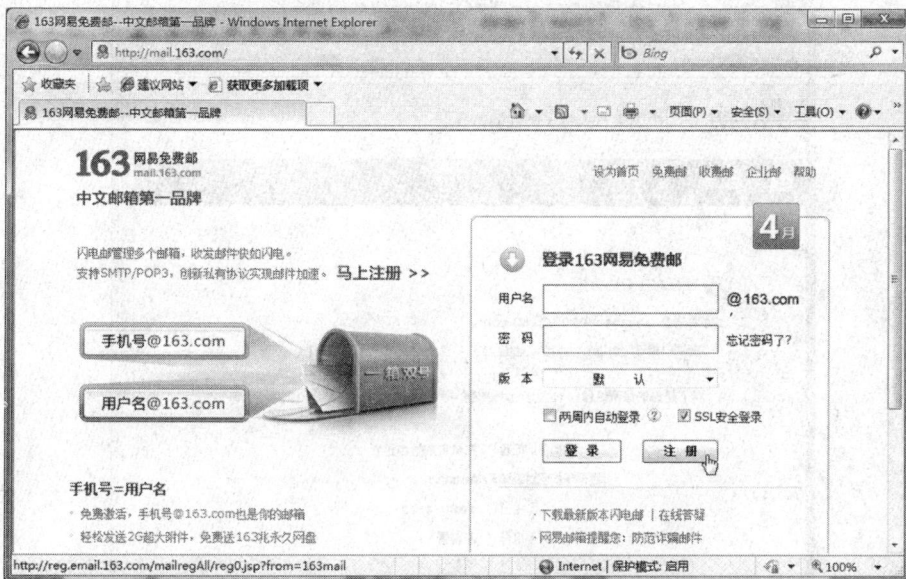

图 3 - 27

　　第二步：单击"注册"按钮，打开如图 3 - 28 所示的页面，按要求填写用户名、密码等信息，一般有红色"＊"号标志的项目必须填写。填写完后单击"创建帐号"按钮。

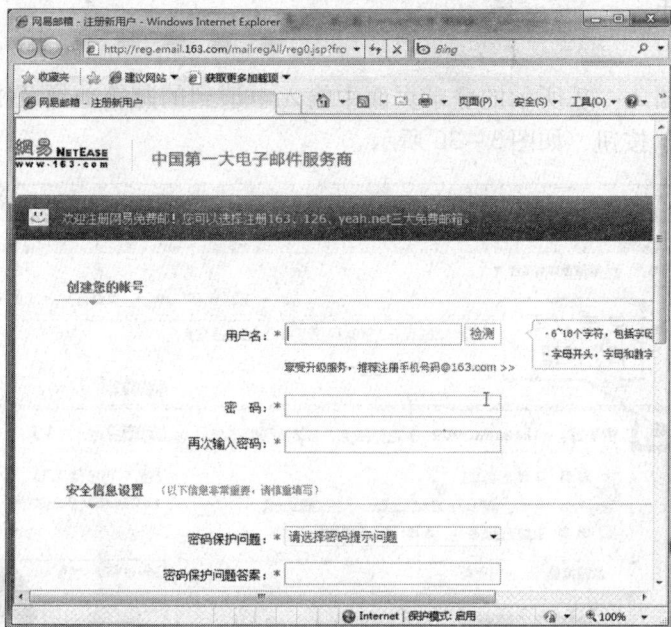

图 3 - 28

　　第三步：弹出注册成功页面，如图 3 - 29 所示。新的邮箱地址（本例为"aaaaaaaa0909@163.com"）创建成功，可以使用它来收、发电子邮件了。

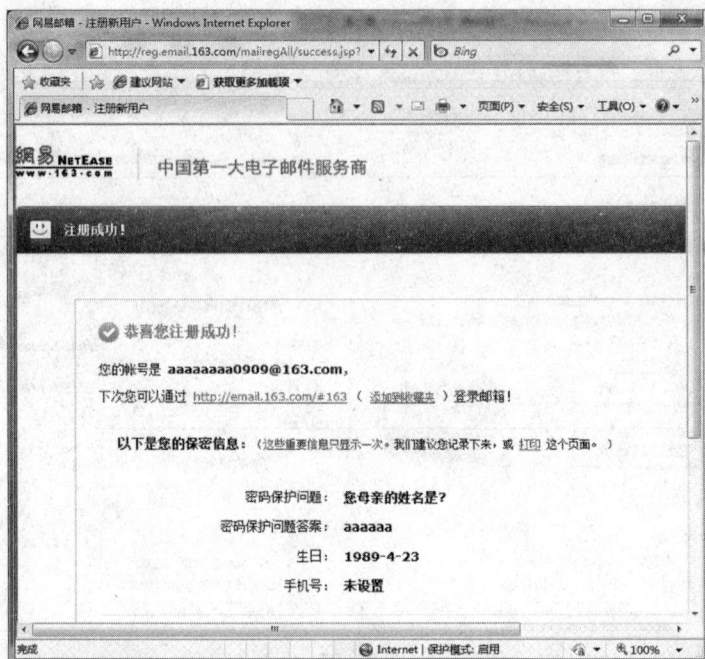

图 3 - 29

二、收发邮件

1. 发电子邮件

第一步：在图 3 - 27 所示的登录页面中输入申请到的邮箱地址及密码，登录到邮箱，单击"写信"按钮，如图 3 - 30 所示。

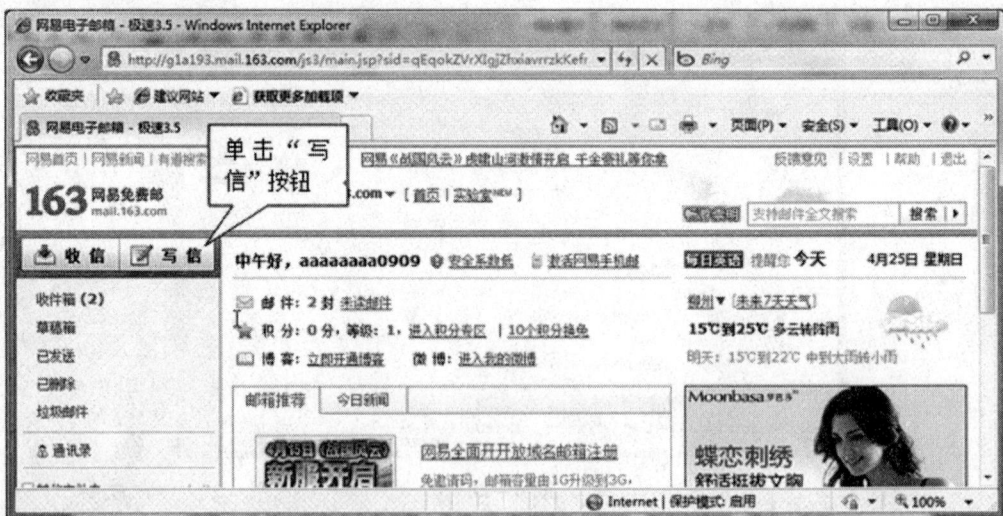

图 3 - 30

第二步：此时跳转到内容编写页面，如图 3 - 31 所示。在"收件人"文本框中填入收件人的邮箱地址，如：lvliush@163.com，在"主题"文本框中输入邮件的内容概要，在"内容"框中输入邮件的具体内容。编写完后单击"发送"按钮，稍等片刻，发送完成，出现如图 3 - 32 所示的"成功发送邮件"提示。

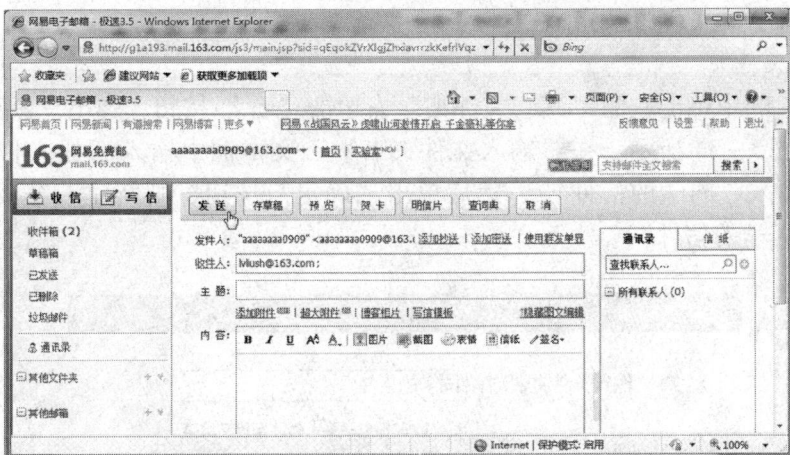

图 3 - 31

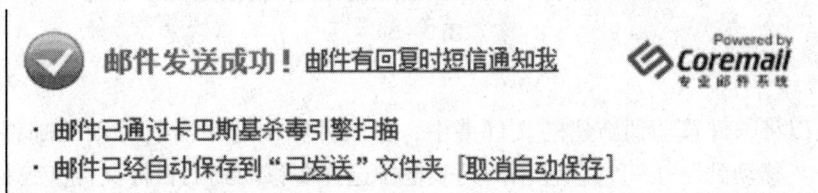

图 3 - 32

2. 收电子邮件

登录邮箱后，单击"收信"按钮，切换到"收件箱"，如图 3 - 33 所示。在收件箱中显示了邮件的主题、发信人、时间等内容，单击邮件的主题就可以打开阅读邮件了。

图 3 - 33

三、邮件管理

用户可以将邮箱里的邮件进行分类管理，使用不同的文件夹存放不同的邮件，对于不需要的邮件，可以将其删除。

1. 添加文件夹

在图 3-33 中单击左侧"其它文件夹"右边的" ＋ "按钮，弹出"新建文件夹"对话框，如图 3-34 所示。在"输入文件夹名称"文本框中输入新建文件夹的名称（如本例中输入"同学的信件"），然后单击"确定"按钮，则新建一个文件夹（如图 3-35"同学的信件"）。

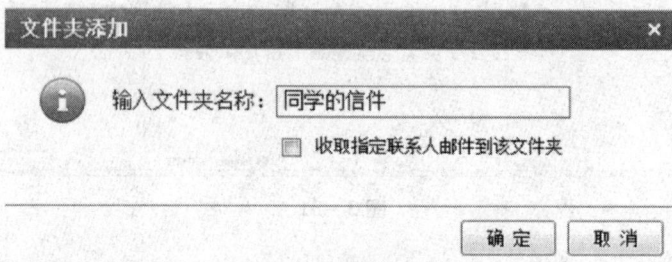

图 3-34

2. 移动邮件

用户可以将邮件移动到新建的文件夹中，在收件箱中选中需要移动的邮件前面的复选框，单击"移动到"按钮，在弹出的列表框中选择要移动到的目标文件夹，如图 3-36 选择"同学的信件"文件夹，则可将选中的邮件移动到"同学的信件"文件夹中。

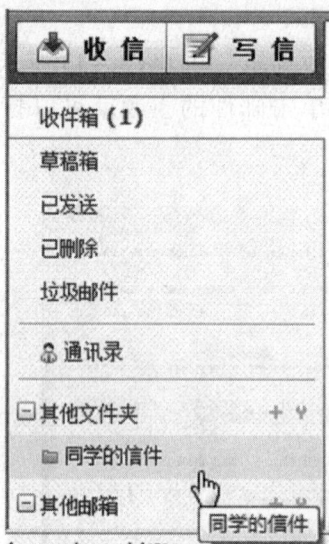

图 3-35

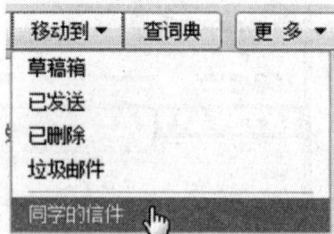

图 3-36

3. 删除邮件

对于不需要的邮件，可以将其删除，否则邮件过多可能会导致无法接受新邮件。

选中需要删除的邮件前面的复选框，单击"删除"按钮，就可以将邮件移动到"已删除"文件夹中了。

如果要将邮件彻底删除，可以先切换到"已删除"文件夹，选中需要彻底删除的邮件前面的复选框，单击"彻底删除"按钮，在弹出的"删除确认"对话框中单击"确定"按钮，就可以将邮件彻底删除了。

§3-5　常用网络工具软件的使用

本节学习内容：

1. 即时通信软件 QQ 的使用。

2. 下载软件迅雷的使用。

本节学习目标：

1. 了解在 Internet 上交流的方法。

2. 掌握即时通信软件 QQ 的使用和技巧。

3. 掌握下载软件迅雷的使用和技巧。

一、即时通信软件 QQ 的使用

腾讯 QQ 是腾讯公司开发的一款基于 Internet 的即时通信（IM）软件。腾讯 QQ 支持在线聊天、视频电话、点对点断点续传文件、共享文件、网络硬盘、自定义面板、QQ 邮箱等多种功能，并可与手机等多种移动通讯终端相连，是目前 Internet 上使用最广泛、用户数最多的聊天通信软件。

1. 申请 QQ 号

第一步：启动 QQ，打开 QQ 登录对话框，如图 3-37 所示。单击"注册新帐号"文字超链接，打开申请 QQ 帐号网页，如图 3-38 所示。

图 3-37

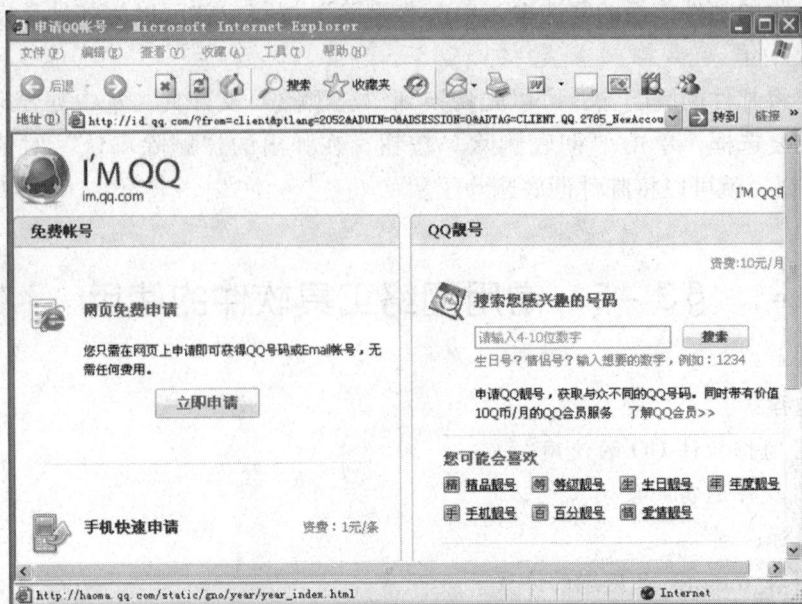

图 3-38

第二步：申请 QQ 号码有三种方式，分别是通过网站免费申请、拨打声讯电话申请和利用手机申请。在这里选择通过网站免费申请。单击"网页免费申请"下的"立即申请"按钮，弹出如图 3-39 所示的选择帐号类别页面，在此选择"QQ 号码"选项。

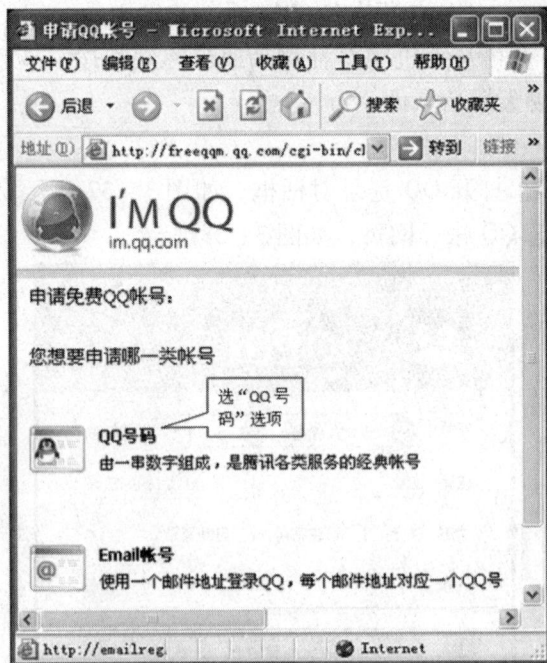

图 3-39

第三步：按图 3 – 40 所示填写基本信息，然后单击"确定 并同意以下条款"按钮。

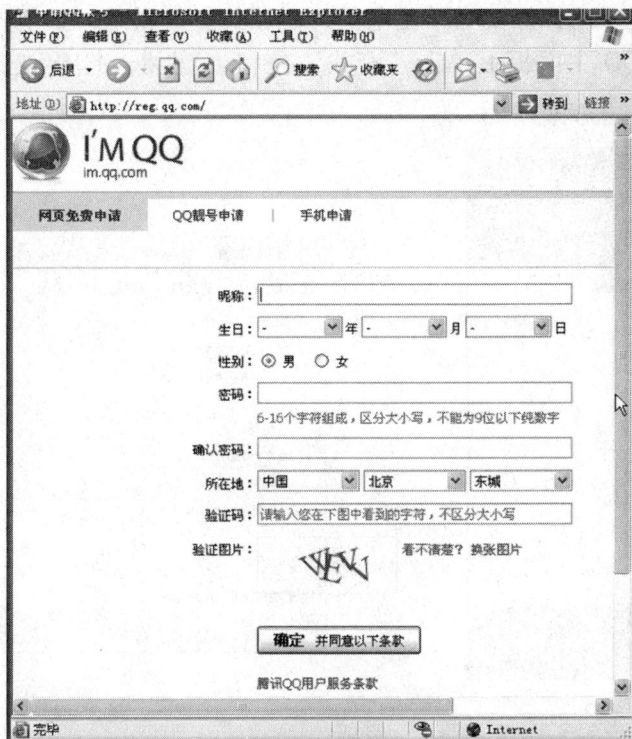

图 3 – 40

第四步：弹出如图 3 – 41 所示页面提示申请成功，记录下申请到的 QQ 号码，用此号码接可以登录 QQ 了。

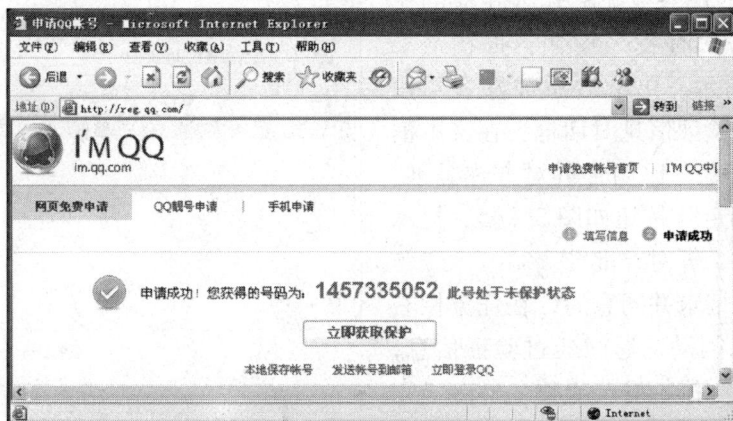

图 3 – 41

2. 登录 QQ

接下来用户就可以用刚刚申请的 QQ 号码登录到 QQ 中了。在图 3 – 37 所示的 QQ 登录对话框中输入 QQ 号码和密码，然后单击"登录"按钮即可登录 QQ。登录后界面如图 3 - 42 所示。

3. 查找添加好友

新号码首次登录时，好友名单是空的，要和其它人联系，必须先要添加好友。在图 3 - 42 所示的 QQ 主面板上单击"查找"按钮 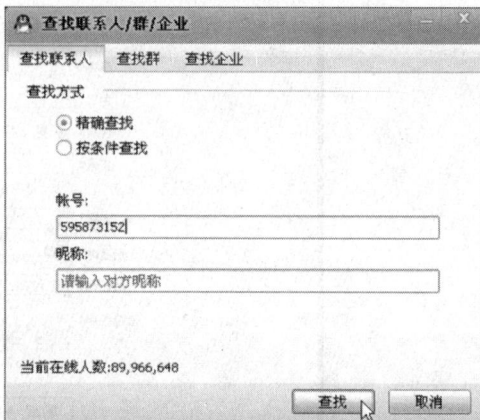 ，打开"查找联系人/群/企业"对话框，如图 3 - 43 所示。

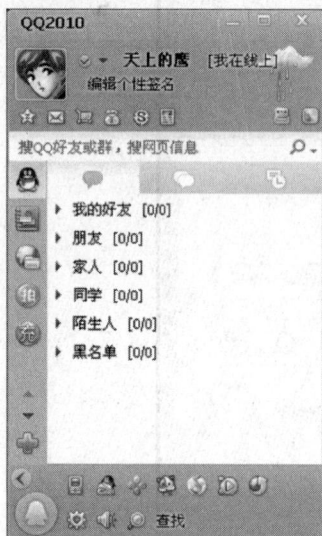

图 3 - 42

图 3 - 43

查找好友有两种方法，即精确查找和按条件查找：

① 若知道对方的 QQ 号码，昵称或电子邮件，可进行"精确查找"。在图 3 - 43 所示的对话框中查找方式选择"精确查找"，将对方的帐号或昵称输入相应的文本框中，单击"查找"按钮，查找结果如图 3 - 44 所示。单击"添加好友"按钮，弹出输入验证信息对话框，在文本框中输入验证信息，比如告诉对方你是谁，然后单击"确定"按钮如图 3 - 45，提示申请发送成功，等对方批准。

对方收到请求并同意后，在任务栏右侧有个小喇叭闪动，返回通过验证信息，双击它然后提示添加好友成功，单击"完成"退出，则添加好友成功，如图 3 - 46可以看到添加的好友。

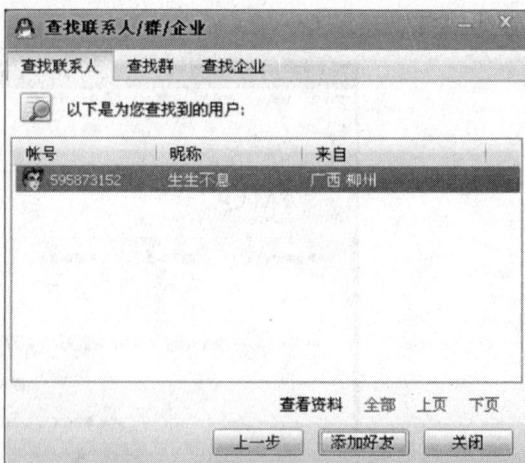

图 3 - 44

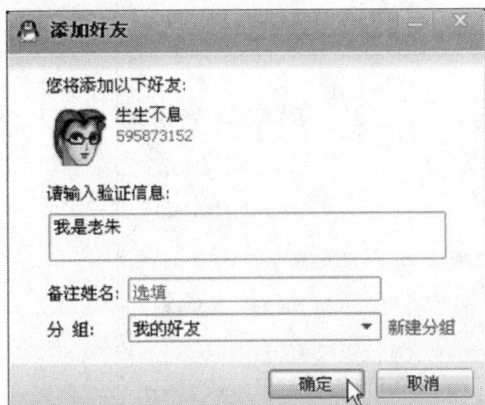

图 3 – 45

图 3 – 46

② 按条件查找就是通过浏览查看用户的个人资料寻找适合自己的好友。在图 3 – 43 所示的对话框中选择查找方式为"按条件查找",切换到如图 3 – 47 所示的对话框。在此对话框中可以设定查找的地域范围及是否在线、是否有摄像头等内容,单击"查找"按钮,结果如图 3 – 48 所示。

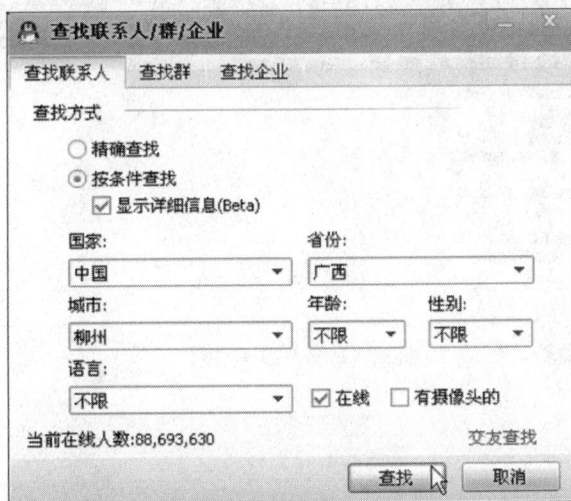

图 3 – 47

从中选择一个用户添加为自己的好友,接下来的操作与精确查找类似,这里不在重覆叙述。

4. 收发 QQ 信息

添加了好友后,就可以和好友进行即时交流了。在图 3 – 46 所示的 QQ 窗口中双击好友的头像,打开如图 3 – 49 所示的聊天窗口,在下方的输入框中输入想要说的话,然后单击"发送"按钮,即可将信息发送给好友,并且自己的窗口上方也会显示出发

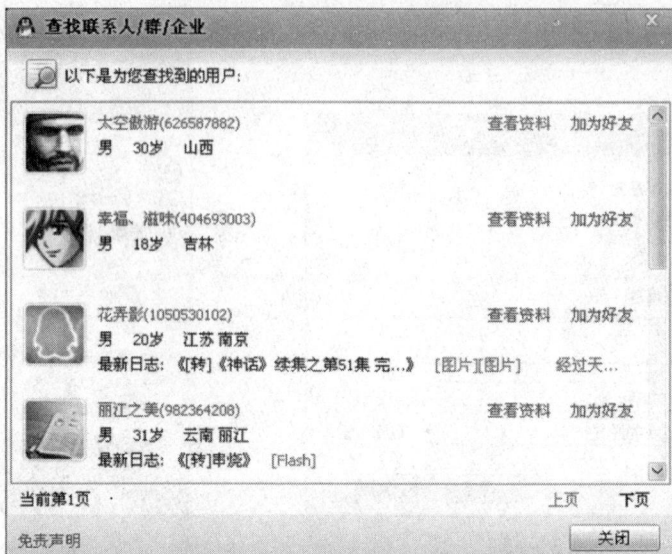

图 3 - 48

送的内容。

好友收到信息后会回发信息，收到对方的信息后喇叭会发出"嘀嘀嘀嘀"的叫声。

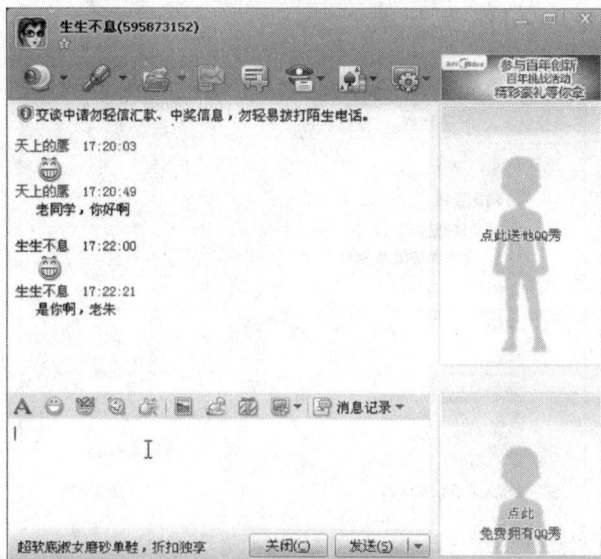

图 3 - 49

二、下载软件迅雷的使用

软件下载地址：http://dl.xunlei.com/xl5.html

迅雷是一款新型的基于多资源超线程技术的下载软件，作为"宽带时期的下载工具"，迅雷针对宽带用户做了特别的优化，能够充分利用宽带上网的特点，带给用户高速下载的全新体验！同时，迅雷推出了"智能下载"的全新理念，通过丰富的智能提示和帮助，让用户真正享受到下载的乐趣。

1. 利用右键快捷菜单下载

使用迅雷下载资源非常简单，首先搜索到需要下载的资源页面，然后在资源下载超链接（一般是"下载"或"立即下载"字样）上单击鼠标右键，在弹出的快捷菜单中选择"使用迅雷下载"选项，迅雷会自动启动，并弹出"建立新的下载任务"对话框，如图 3－50 所示。在此对话框中设置下载文件保存的位置及文件名，然后单击"立即下载"按钮，随即开始下载，如图 3－51 所示。

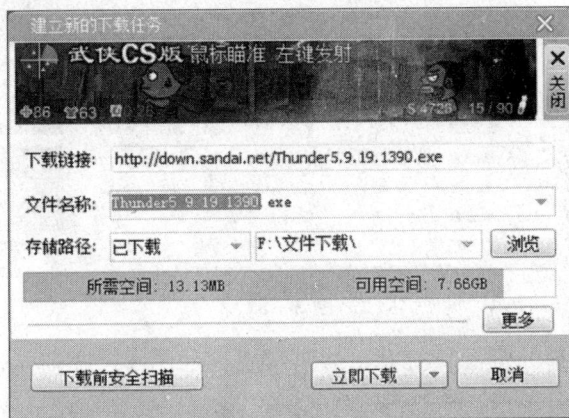

图 3－50

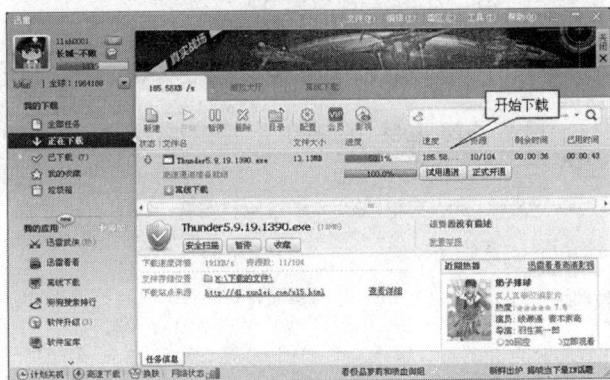

图 3－51

2. 利用狗狗搜索的功能下载

第一步：打开迅雷主界面，在右侧的狗狗搜索输入框中输入要下载的资源关键字，例如输入"狮子座"，单击"搜索"按钮，打开搜索资源列表页面，如图 3－52 所示。

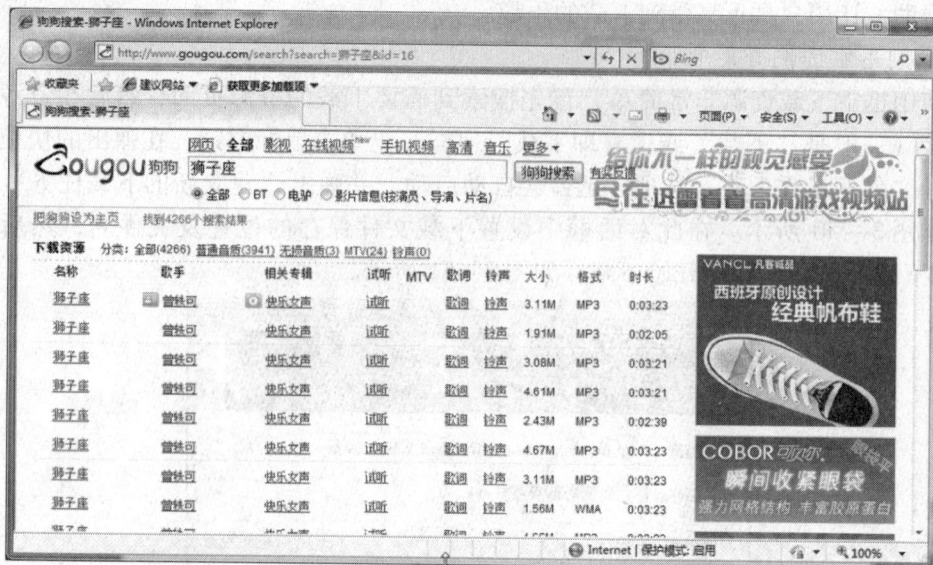

图 3 - 52

第二步：单击选择的资源，打开下载链接页面如图 3 - 53 所示。

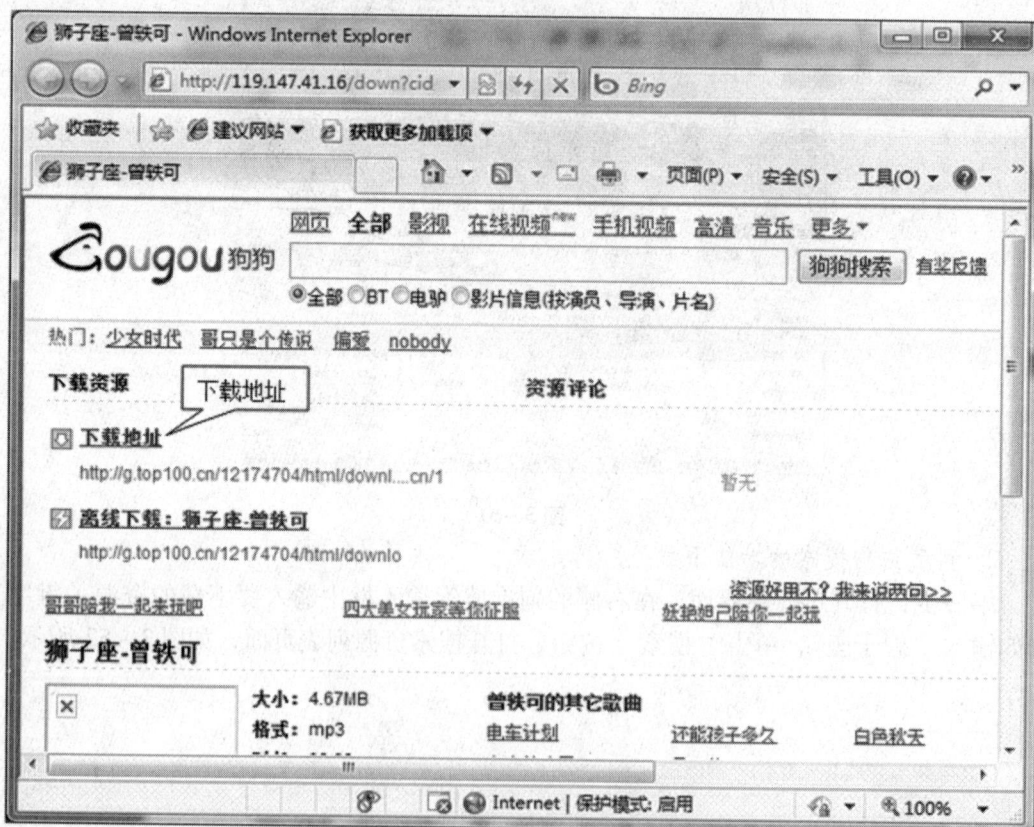

图 3 - 53

第三步：单击"下载地址"文字链接，打开类似图 3 – 50 所示的"建立新的下载任务"对话框，接下来的操作与前叙"用右键快捷菜单下载"中的操作一样。

§3 – 6　常见网络服务与应用

本节学习内容：

1. 网络硬盘、博客、网络相册等网络空间的申请及使用。

本节学习目标：

1. 了解网络应用的基本内容。

2. 掌握网络硬盘、博客、网络相册等网络空间的申请及使用操作。

一、网络硬盘

网络硬盘（简称网盘），也称网络磁盘、网络空间、网络 U 盘、网络优盘等等，是用户在 Internet 上存储数据的网络空间，一般要求用户登录到相应的网站后才能进行信息数据的上传、下载、共享等操作。利用网络硬盘可以分享资源，随时保存或提取文件。在 Internet 上，有许多网站提供免费网络硬盘服务，下面以 QQ 网络硬盘为例介绍网络硬盘的一些基本操作。

（1）将文件上传到网络硬盘

第一步：登录 QQ 后，在主窗口左侧单击"网络硬盘"图标，切换到如图 3 – 54 所示页面。

第二步：单击"上传"按钮，打开"打开"对话框，在该对话框中选择要上传的文件，单击"打开"按钮。这时开始上传文件，如图 3 – 55 所示。

（2）从网络硬盘下载文件

第一步：要下载网络硬盘上的文件，可以先切换到网络硬盘页面（图 3 – 54），然后

图 3 – 54

选择要下载的文件，此时会出现"下载"、"续期"、"发送"、"改名"、"删除"等文字超链接，单击"下载"链接，弹出选择下载方式对话框，如图 3 – 56 所示。

图 3-55

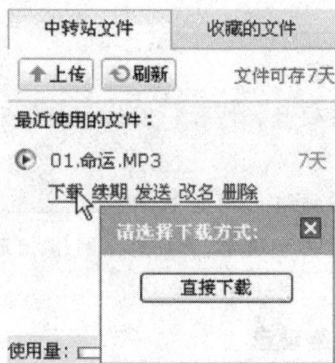

图 3-56

第二步：单击"直接下载"按钮，打开"文件下载"对话框供用户选择是直接打开文件还是将文件保存到其它位置，如图 3-57 所示。

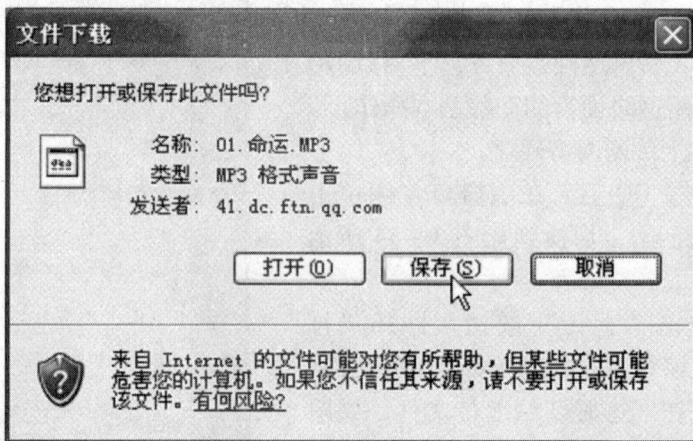

图 3-57

第三步：在图 3-57 中单击"保存"按钮，打开"另存为"对话框，在该对话框中设置保存文件的位置及文件名。单击"保存"按钮即可将文件保存到指定的位置。

二、博客

博客（Blog）的全名是 Web Log，中文意思是"网络日志"，后来缩写为 Blog，而博客（Blogger）就是写 Blog 的人。具体地说博客就是用户使用特定的软件，在网络上出版、发表和张贴个人文章。

Blog 是继 E - mail、BBS、ICQ 之后出现的第四种网络交流方式，是网络时代的个人"读者文摘"，是以超级链接为武器的网络日记，是代表着新的生活方式和新的工作方式，更代表着新的学习方式。

目前提供博客服务的网站很多，下面是常用的几个博客网站：

博客网：http：//www. bokee. com

DoNews：http：//www. donews. com

博客动力：http：//www. blogdriver. com

搜狐博客：http：//blog. sohu. com

天涯博客：http：//blog. tianya. cn

新浪博客：http：//blog. sina. com. cn

网易部落：http：//blog. 163. com

下面以新浪博客为例，介绍博客的一些基本操作：

（1）注册博客

打开浏览器，在地址栏输入新浪博客地址"http：//blog. sina. com. cn"，按回车键打开新浪博客首页，单击"开通新博客"按钮，如图 3 –58 所示。注册博客与注册 QQ 号码相类似，只要按页面提示输入相应注册信息即可，这里不再重述。

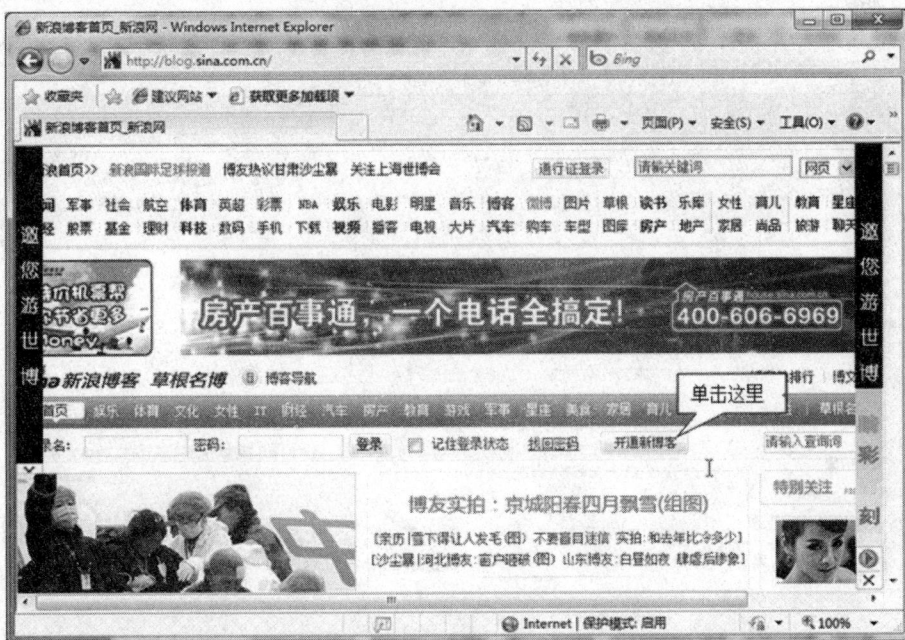

图 3 –58

（2）登录博客

注册成功新博客后，就可以写作和发表文章了。

第一步：在新浪博客主页登录区中输入刚注册的登录名及密码，如图 3 –59 所示，单击"登录"按钮，登录到新浪博客。登录成功后登录区如图 3 –60 所示。

图 3-59

图 3-60

第二步：在图 3-60 中单击"我的博客"文字链接，打开用户自己的博客页面，如图 3-61 所示，打开"天上的鹰的博客"页面。

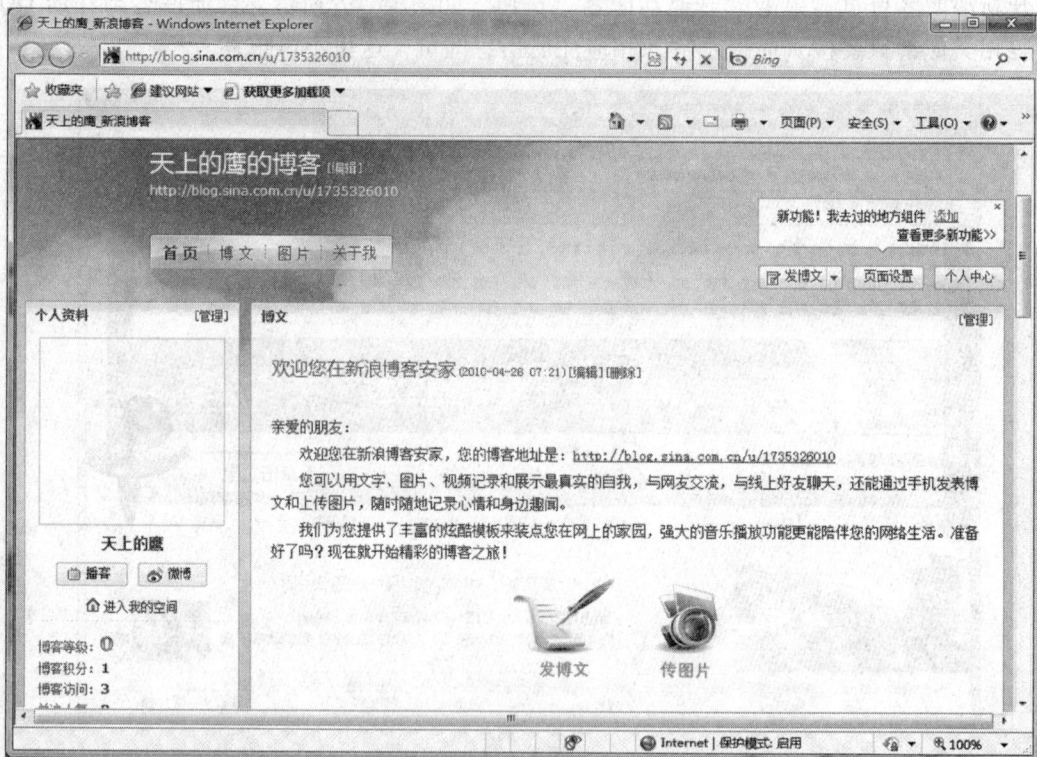

图 3-61

（3）撰写并发布日志

登录到博客后就可以撰写并发布博客文章了。

在图 3-61 所示的页面中单击"发博文"按钮，打开如图 3-62 所示的博文编写页面，在该页面中输入博文的标题，撰写博文的内容，设置博文的格式等等操作，完成后单击"发博文"按钮，这时系统会弹出"博文已发布成功"提示，单击"确定"按钮，则博文发布成功，返回到用户博客页面，在页面中就可以看到刚发布的博文了，如图 3 – 63 所示。

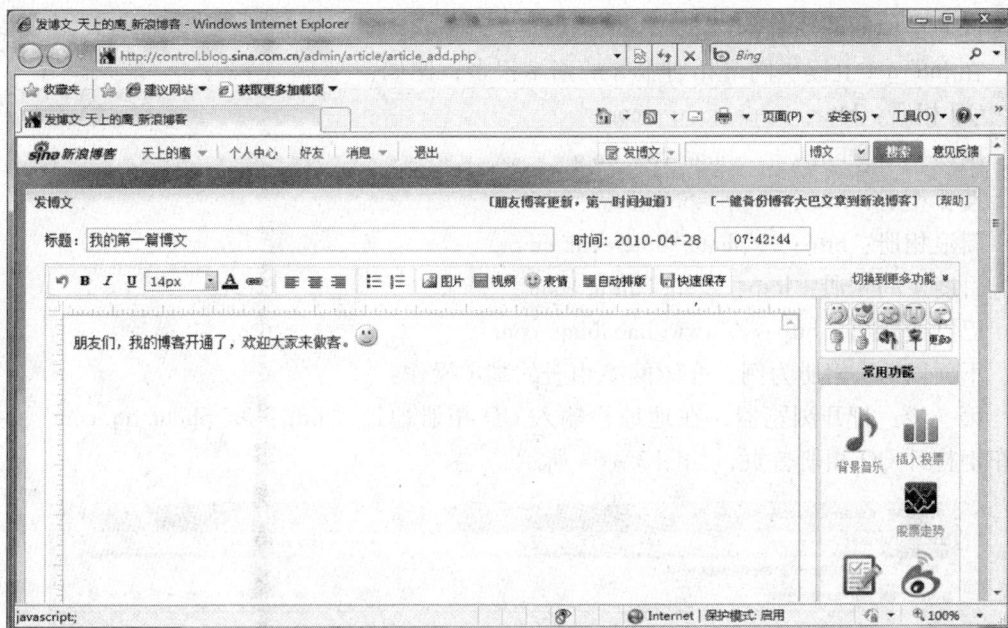

图 3 – 62

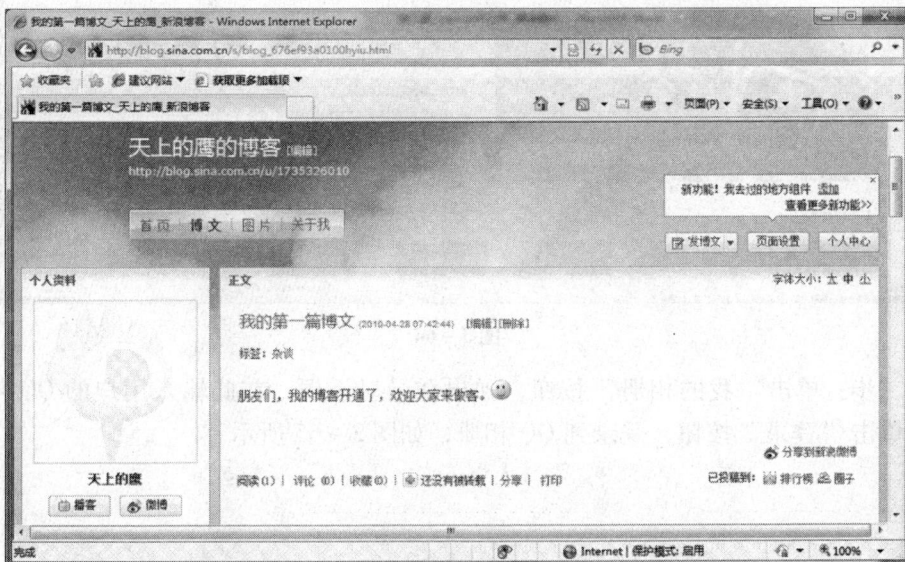

图 3 – 63

三、网络相册

网络相册是 Internet 上有关网站为用户提供的个人相片展示、存放的平台。在网络相册网站，用户可以上传相片，建立分类相册，设定相册隐私权限，也可以观看、评论其他人的相册与照片，有些相册也支持照片外链接，方便用户在其它网站、社区、讨论区分享他们的照片。

在 Internet 上提供网络相册服务的网站很多，比如：

QQ 相册：http：//photo. qq. com

网易相册：http：//photo. 163. com

搜狐相册：http：//pp. sohu. com

新浪相册：http：//photo. sina. com. cn

百度空间相册：http：//hi. baidu. com

巴巴变相册：http：//www. bababian. com

下面以 QQ 相册为例，介绍网络相册的基本操作：

第一步：打开浏览器，在地址栏输入 QQ 相册地址 "http：// photo. qq. com"，按回车键打开 QQ 相册首页，如图 3 - 64 所示。

图 3 - 64

第二步：单击 "我的相册" 按钮，弹出登录对话框，在此输入用户的 QQ 号码及密码，单击 "登录" 按钮，登录到 QQ 相册，如图 3 - 65 所示。

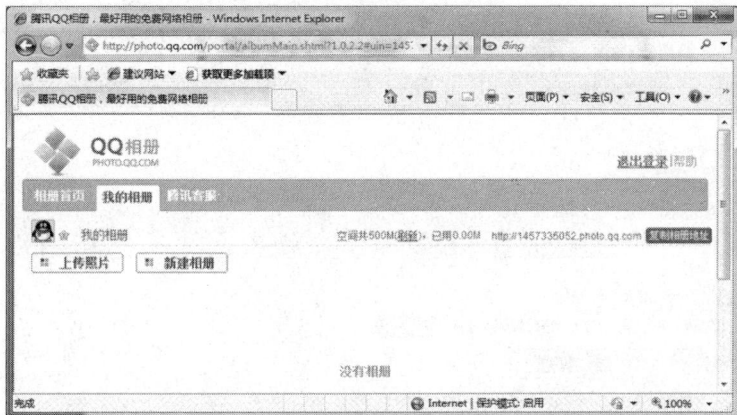

图 3 – 65

第三步：由于是第一次登录到 QQ 相册，所以页面显示没有相册，先新建一个相册。单击"新建相册"按钮，页面切换到如图 3 – 66 所示的页面，在此输入新相册的名称，选择相册的分类，填写相册的简介及设定相册的访问权限等内容，完成后单击"确定"按钮。系统弹出创建相册成功提示对话框，单击"确定"按钮退出提示对话框，此时页面转换成如图 3 – 67 所示的页面，新相册创建完成。

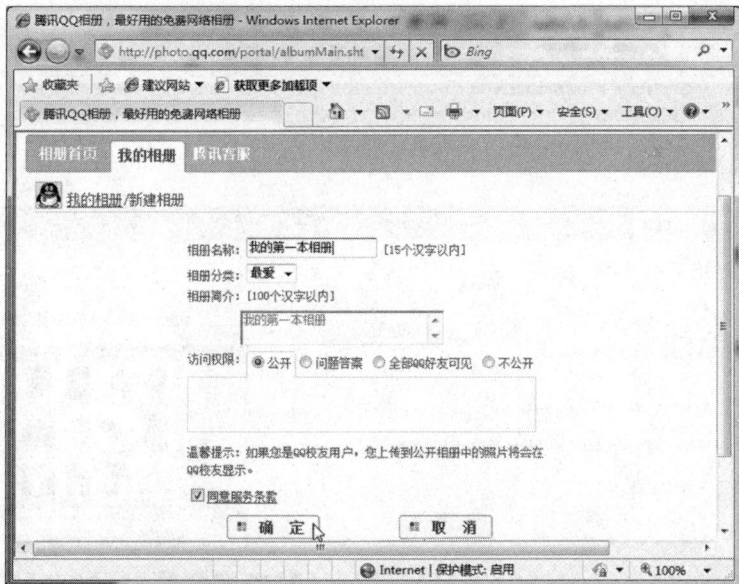

图 3 – 66

第四步：创建了新相册后，就可以将照片上传到相册中了。单击"上传照片"按钮，页面切换到如图 3 – 68 所示的页面，单击"浏览"按钮，打开"选择文件"对话框，选择好要上传的文件，单击"打开"按钮，关闭"选择文件"对话框，返回上传

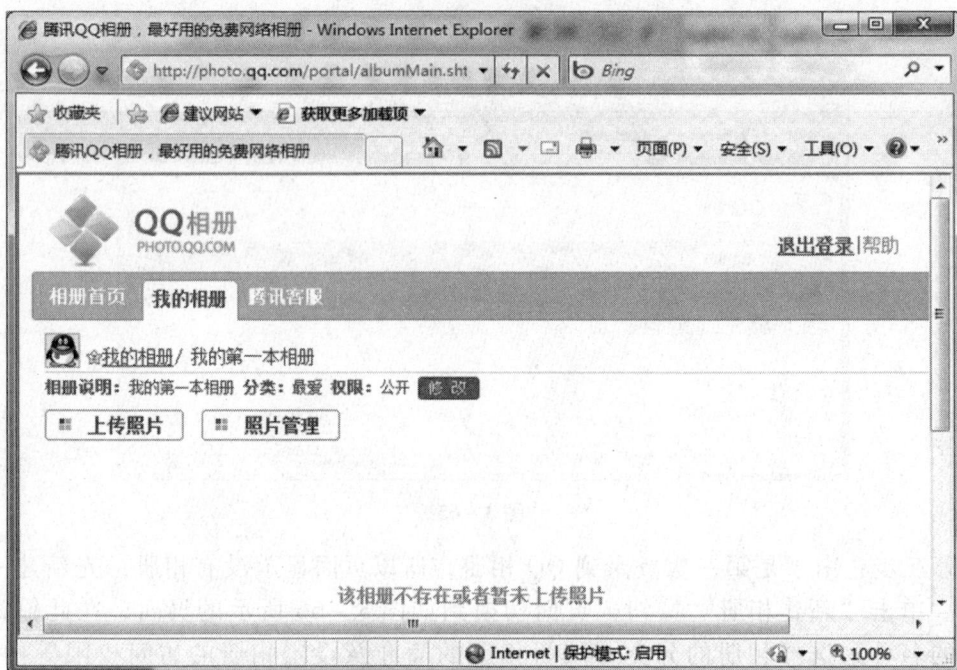

图 3 - 67

相片页面，单击"确定"按钮，开始上传，稍等片刻，弹出上传成功提示，单击"确定"按钮，相片上传结束，结果如图 3 - 69 所示。

图 3 - 68

图 3-69

本章练习及思考:

1. Internet 能提供哪些服务?

2. 接入 Internet 有哪些方式?

3. 接入 Internet 前要做哪些工作?

4. 如何获取 Internet 上的信息?

5. 什么是电子邮件? 简述收发电子邮件的过程。

6. 简述 QQ 软件的功能。

7. 简述使用迅雷下载文件的方法。

8. 简述网络硬盘、博客、网络相册的作用。

第四章　文字处理软件 Word 2007 的应用

§4 – 1　Word 2007 简介

本节学习内容：

1. Word 2007 操作界面。

本节学习目标：

1. 了解使用 Word 2007 的操作流程。

2. 掌握 Word 2007 操作界面。

一、Word 2007 的新特性及新功能

Word 2007 提供完整的一套工具，供用户在新的界面中创建文档并设置格式，从而帮助用户制作具有专业水准的文档。丰富的审阅、批注和比较功能有助于快速收集和管理来自各方的反馈信息，轻松创建出具有专业水准的文档，快速生成精美的图示，快速美化图片和表格，甚至还能直接发表 blog、创建书法字帖。

二、Word 2007 的操作界面

依次单击"开始"→"所有程序"→"Microsoft Office"→"Microsoft Office Word 2007"命令，启动 Word 2007。Word 2007 的操作界面由 Office 按钮、快速访问工具栏、标题栏、功能区、工作区和状态栏等部分组成，如图 4 – 1 所示。

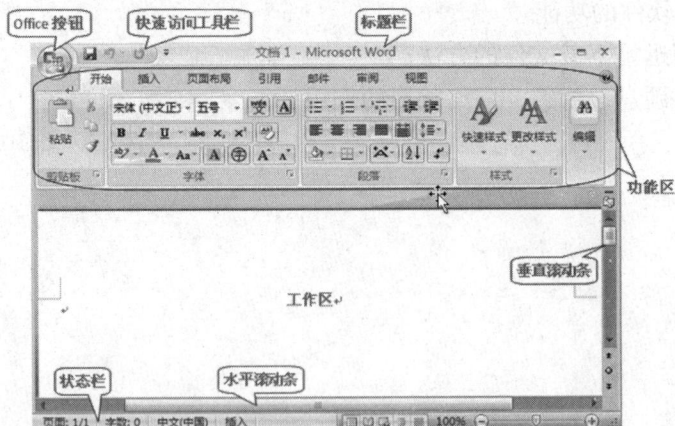

图 4 – 1　Word 2007 的操作界面

1. 标题栏

标题栏位于窗口的最上方，其中显示了当前编辑的文档名、程序名和一些窗口控制按钮。

2. Office 按钮

Office 按钮位于窗口的左上角，单击该按钮，可在弹出的菜单中执行新建、打开、保存、打印以及关闭等操作。

3. 快速访问工具栏

为便于用户操作，系统提供了"快速访问工具栏" ，主要是放置一些在编辑文档时使用频率较高的命令。一般情况下，该工具栏位于 Office 按钮的右侧，其中包含了"保存"按钮 、"撤销"按钮 和"重复"按钮 等。

4. 功能区

Office2007 最大的创新就是用功能区取代了先前的主菜单和工具栏。它将 2007 之前版本中的菜单命令重新组织在一组选项卡中，如"开始"、"插入"、"页面布局"、"引用"、"邮件"、"审阅"和"视图"等。功能区由选项卡、组和命令三部分组成，如图 4-2 所示。

选项卡：位于功能区的顶部（如"开始"、"插入"）。每个选项卡的内容都按功能进行组织。

组：为便于应用，每个选项卡中的命令又被分成了若干个组，如"字体"组。

命令：分组显示在选项卡中，命令可以是按钮（如"加粗"按钮）、菜单或者供用户输入信息的文本框。

双击功能区的选项卡名称，可快速隐藏功能区，再次双击此选项卡可还原功能区。

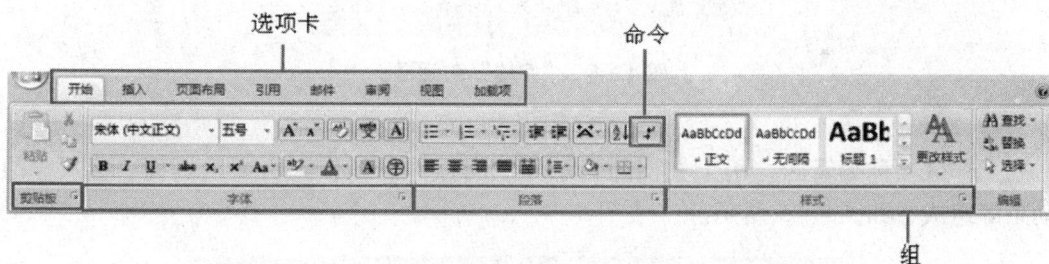

图 4-2　功能区

5. 动态命令选项卡

在 Word2007 中，新加入了动态命令选项卡。动态命令选项卡会根据用户当前的操作对象，自动显示一个用于该对象的选项卡。如当用户选中一张图片时，功能区中就自动产生一个背景呈粉红色的"图片工具"-"格式"动态命令选项卡，该选项卡专门针对图形属性进行设置，如"排列"、"大小"、"阴影效果"等，如图 4-3 所示。

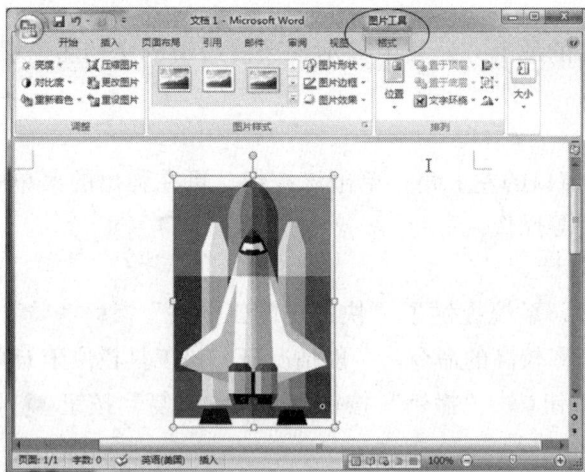

图 4 - 3　"图片工具"动态命令选项卡

6. 对话框启动器

通常情况下，单击"功能区"组名右侧的对话框启动器按钮，可以打开相关的对话框，如单击字体组右侧的"字体"按钮，即可打开"字体"对话框，如图 4 - 4 所示。对话框用来提供更多的选项、提示信息或说明等内容。

图 4 - 4　"字体"对话框

7. 工作区

工作区又称编辑区，用于文档的显示和编辑操作。工作区由文档页面、标尺、滚动条等组成，如图 4 - 5 所示。

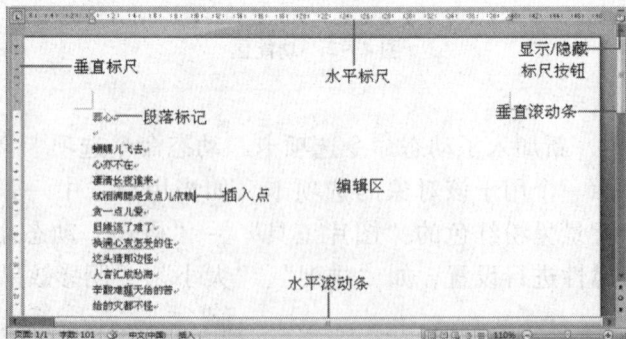

图 4 - 5　工作区

8. 状态栏

状态栏位于 Word 文档窗口的底部，其左侧显示了当前文档的状态和相关信息，右侧显示的是视图模式和视图显示比例，如图 4－6 所示。

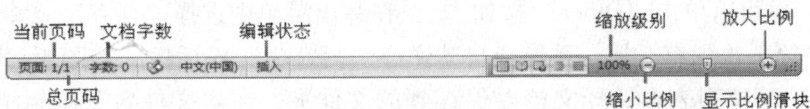

图 4－6　状态栏

§4－2　文档的基本操作

本节学习内容：

1. 文档的新建、保存和打开。

2. 文档的及打印输出。

3. 文档的输入与编辑。

本节学习目标：

1. 了解文档的新建、保存和打开操作，文档的打印输出操作。

2. 掌握文档文本、符号输入方法。

3. 掌握文本选取、移动、复制、查找、替换等有关文档的基本操作。

一、文档的新建、保存和打开

1. 文档的新建

启动 Word 2007 时，系统会自动创建一个名为"文档 1"的空白文档，用户可直接在编辑区内编辑内容。

若要再新建空白文档，可以单击"Office"按钮，在弹出的菜单中选择"新建"命令，打开如图 4－7 所示的"新建文档"对话框，此时"空白文档"选项被自动选中，单击"创建"按钮，即可完成空白文档的创建。创建后的文档会自动命名为"文档 2"、"文档 3"、……。

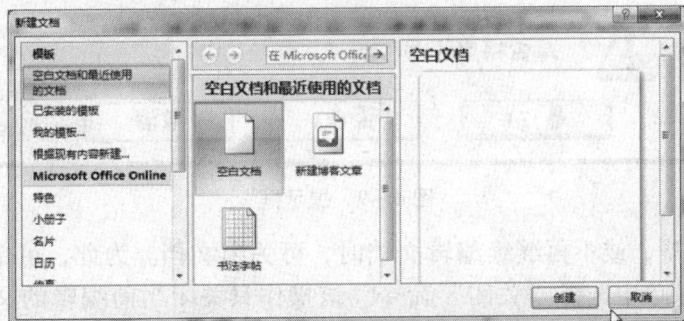

图 4－7　"新建文档"对话框

2. 保存文档

文档创建并对其编辑后，应及时保存。否则，若出现掉电、死机等意外情况，文档内容信息就会丢失。保存文档非常简单，只要单击快速访问工具栏中的"保存"按钮 ▣ 即可。也可以单击"Office"按钮 ◉ ，在弹出菜单中选择"保存"命令。

如果是第一次保存文档，系统会自动弹出"另存为"对话框，如图 4 - 8 所示。在"保存位置"下拉列表中选择文档要保存到的文件夹，在"文件名"编辑框中输入文档名（例如"名片"），在"保存类型"下拉列表中可以选择其它的文件类型保存文档，默认为"Word 文档"类型，扩展名是 . DOCX。单击"保存"按钮，按新指定的文件名保存文档。

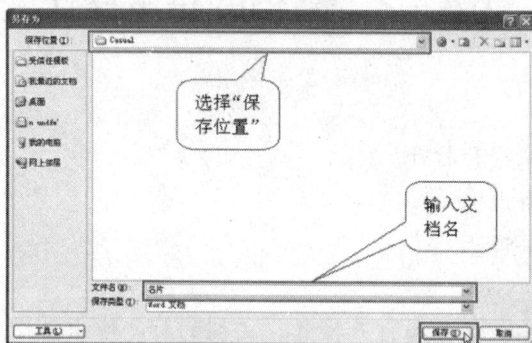

图 4 - 8　保存文档

如果文档已经保存过，进行修改后再次保存时，将不再打开"另存为"对话框。另外，在对已打开的文档进行编辑或修改后，若要把文档按新名字、新格式或新的位置保存，需单击 Office 按钮，在弹出和菜单中选择"另存为"命令，此时系统也将打开"另存为"对话框，根据需要修改保存选项后，单击"保存"按钮即可。保存文档的快捷键是 Ctrl + S。

3. 关闭文档

图 4 - 9　提示框

文档编辑完毕，或不再继续编辑文档时，可关闭文档。为此，可单击 Office 按钮 ◉ ，在打开的菜单中选择"关闭"命令。该操作只关闭当前编辑的文档，而不退出 Word 程序。

关闭文档时，若文档未保存，系统会弹出如图 4 - 9 所示提示对话框，询问用户是否保存文档。单击"是"按钮，表示保存文档并关闭文档；单击"否"按钮，表示不保存文档而直接关闭文档；单击"取消"按钮，表示取消当前操作，返回文档。

4. 打开文档

未启动 Word 2007 时，用户可双击打开 Word 文档，或用鼠标右键单击要打开的文档，从弹出的快捷菜单中选择"打开"命令即可。

启动 Word 2007 后打开文档，可以单击"Office"按钮，从弹出的菜单中选择"打开"命令，打开"打开"对话框，如图 4 – 10 所示。在"查找范围"下拉列表中选择文档所在的文件夹，然后在列表中选择要打开的文档，单击"打开"按钮，即可打开选择的文档。打开文档的快捷键是 Ctrl + O。

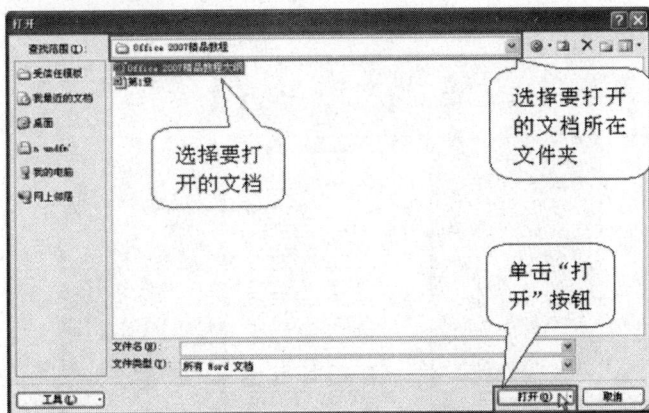

图 4 – 10   "打开"对话框

单击"Office"按钮 时，在弹出的菜单右侧会显示最近打开的文件列表（默认为 17 个），如果用户要打开的文档最近打开过，可直接在该列表中进行选择，如图 4 – 11 所示，省了查找文件的麻烦。

图 4 – 11   打开最近编辑的文档

二、文档的打印输出

文档编排完成后，就可以打印输出了。在打印文档前应先进行打印预览，以便及时修改文档中出现的问题，例如调整页面的上、下、左、右边距。另外，也可以避免因版面不符合要求而直接打印造成的纸张浪费。

（1）打印预览

打印预览在屏幕上模拟显示打印输出的最终结果，即打印到纸张上的结果。

第一步：单击"Office 按钮" ，在打开的菜单中选择"打印"→"打印预览"命令。

第二步：进入打印预览界面，Word 将以整页方式显示页面，以便观察文档的整体效果，如图 4 – 12 所示。

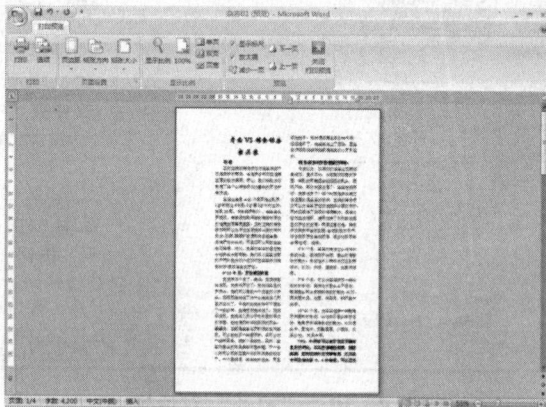

图 4 – 12　打印预览界面

在打印预览界面"预览"选项组中：

"放大镜"复选框 ：选择后在文档上单击，以 100% 比例预览文档效果；再次单击可恢复默认预览比例。

"双页"按钮 ：同时查看两页文档的效果。

"上一页" 和"下一页" 按钮：如果文档中有多页，可以通过"上一页"、"下一页"按钮在各个页面间切换。

"显示比例"按钮 ：预览文档显示比例选择。单击"显示比例"按钮后，打开"显示比例"对话框选择显示比例。

预览完毕，单击"预览"选项组最右侧的"关闭打印预览"按钮 ，退出"打印预览"窗口。

（2）打印文档

打印预览满意后，就可以打印文档了。

确保打印机处于联机状态。单击"Office"按钮 ，在打开的 Office 菜单中选择"打印"命令项，或按 Ctrl + P 快捷键，打开"打印"对话框，如图 4 – 13 所示。

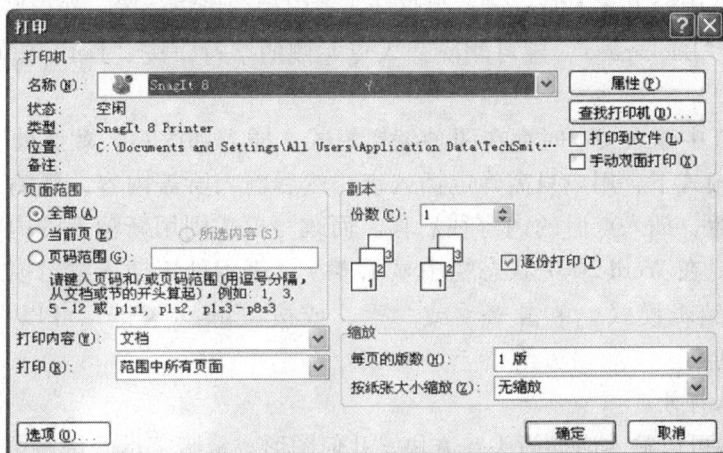

图 4 - 13   "打印"对话框

在"打印"对话框中：

"名称"列表框：从列表框中选择要使用的打印机名称。如果当前只有一台可用打印机，则不必执行此操作。

"页面范围"列表区：选择要打印的页面范围，若需要全部打印，应选择"全部"选项。

"份数"文本框：打印份数。如果只打印一份，则不必执行此操作。

"手动双面打印"：纸张双面打印，中途会提示将纸张翻转。

打印设置完毕后，单击"确定"按钮开始打印文档。

三、文档的输入与编辑

文本包括汉字、标点、英文字母和特殊符号等。创建文档后，我们可以借助键盘和各种输入法输入英文、汉字、标点和一些特殊符号。此外，Office 软件还提供了一些辅助功能，借助这些功能可方便地输入特殊符号等。

（一）文本输入

1. 要输入小写英文字母、数字键，可直接按键盘上相应的字母键或数字键。要输入大写英文字母，可按住"Shift"键后再字母键，例如，要输入字母"A"，可按"Shift + A"键。

2. 要输入英文标点或特殊符号，可直接按符号键，或者按"Shift + 符号键"，例如，要输入逗号"，"，可直接按 ▆ 键；要输入符号"<"，需要按"Shift + ▆"键。

3. 在中文输入法状态下，数字的输入与前面所讲一样，而中文标点与特殊符号的输入方法与前面类似，但又有所区别，例如：

按 ▆ 键可输入中文逗号"，"，按 ▆ 键可输入中文句号"。"。

按"Shift + ▆"键和按"Shift + ▆"键可分别输入左、右书名号"《"和"》"。

反复按"Shift + ▆"键可分别输入左、右双引号""和""。

按 ▆ 键可输入顿号"、"，按"Shift + ▆"键可输入破折号"——"。

4. 在 Word 中输入文本时，可首先将插入点定位到指定位置，然后开始输入，如果输入有误，按"Backspace"键可删除插入点左侧的字符，按"Del"键可删除插入点右侧的字符。

5. 在 Word 中输入文本时存在两种编辑模式：插入和改写。默认处于"插入"编辑模式，在该模式下，用户只需确定插入点，然后输入所需内容，新输入的内容即插入到插入点位置，插入点后的内容往后移。而改写模式则用新输入的内容取代当前光标后面的内容。在 Word 2007 状态栏中显示 插入 ，表示处于插入编辑模式，显示 改写 表示处于改写编辑模式。单击 插入 或 改写 ，或按"Insert"键，可以在"插入"和"改写"之间切换。

（二）输入符号

在 Word 中可以输入诸如箭头、方块、几何图形、希腊字母、带声调的拼音等键盘上没有的特殊字符，甚至是一些图形符号。

1. 输入一般符号

第一步：在功能区打开"插入"选项卡，单击"符号"选项组中的"符号"按钮 Ω符号· ，在展开的面板中选择"其他符号"选项，打开"符号"对话框，如图 4 – 14 所示。

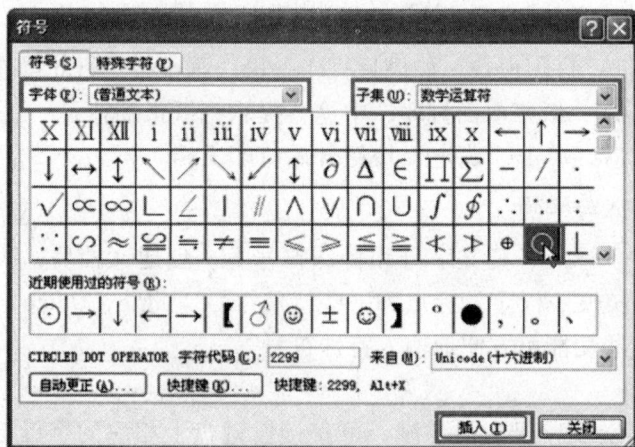

图 4 – 14　"符号"对话框

第二步：打开"字体"下拉列表，从中选择"（普通文本）"选项；打开"子集"下拉列表，从中选择"数字运算符"选项。在中间的符号列表中选择"⊙"符号，然后单击"插入"按钮。

第三步：在"子集"下拉列表中选择"广义标点"，双击列表框中的"●"符号，将其插入到文档中。

第四步：单击"关闭"按钮，完成符号的输入，得到如图 4 – 15 所示效果。

2. 插入图形符号

在图 4 - 14 "符号" 所示的对话框中, 展开 "字体" 列表框, 将右边的滚动条拖到最下面, 可以看到几个以 "W" 字母开头的字体: Webdings、Wide Latin、Wingdings、Wingdings2、Wingdings3, 如图 4 - 16 所示, 这些字体中包含有丰富的图形符号, 如选择 "Webdings" 字体, "符号" 对话框如图 4 - 17 所示, 拖动右边的滚动条, 可以找寻各种需要的符号, 如 、、 ⊘ 、 ⊗ 、〖, 这些符号是不是很熟悉呢?

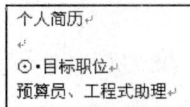

图 4 - 15 输入符号

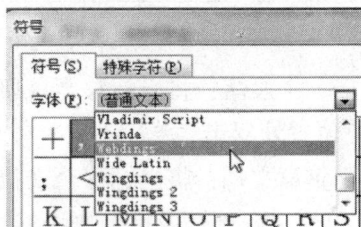

图 4 - 16

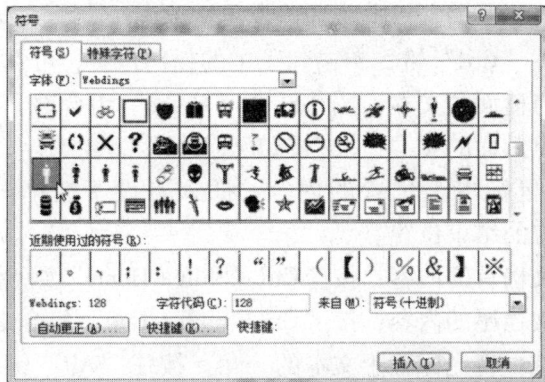

图 4 - 17 图形符号

(三) 选择文本

在对文本进行编辑操作前, 通常都需要先选择文本。选择文本的最基本方法是使用鼠标拖曳选取。具体方法为: 首先把光标置于要选择文本的最前面 (或最后面), 然后按住鼠标左键不放, 向右下方 (或左上方) 拖动鼠标到要选择文本的结束处 (或开始处), 最后松开鼠标左键, 如图 4 - 18 所示。

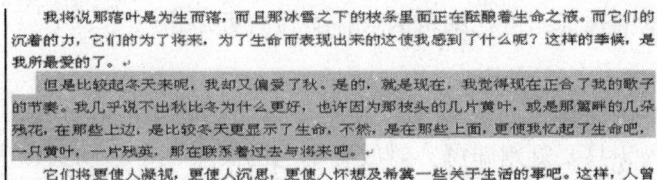

图 4 - 18 选择文本

除了使用拖曳方法选择以外, 还有很多方便选择文本的方法, 下面介绍几种常用的选择的方法。

① 选择一行文本：将光标移至文本的最左侧，当光标变为"↗"形状时单击，如图 4 - 19 所示。

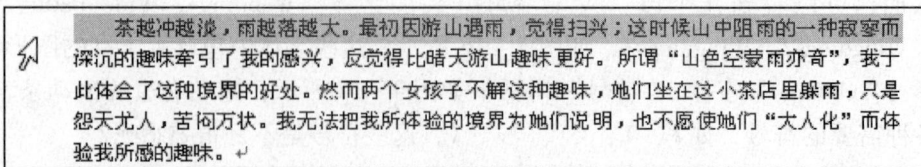

图 4 - 19　选择一行文本

③ 选择一个段落：将光标移至该段落最左侧，当光标变为形状时双击，或是在该段落中任意位置处双击。

④ 选择整篇文档：将光标移至文档最左侧，当光标变为"↗"形状时三击；另外，按"Ctrl + A"组合键也可选择整篇文档内容。

⑤ 与组合键应用选择：

选择一个词语或英文单词：双击该词语或英文单词。

选择一句话：按住"Ctrl"键，单击句子中的任何位置，可选中一个完整的句子。

选择一行中插入点前面的文本：按"Shift + Home"组合键。

选择一行中插入点后面的文本：按"Shift + End"组合键。

选择从插入点至鼠标单击位置的内容：插入点设于选择内容的开始位置，按"Shift"，单击选择内容的结束位置。

选择从插入点至文档首的内容：按"Ctrl + Shift + Home"组合键

选择从插入点至文档尾的内容：按"Ctrl + Shift + End"组合键。

选择矩形文本区域：将光标置于文本的一角，按住"Alt"键，拖动鼠标到文本块的对角，即可选择一块文本，如图 4 - 20 所示。

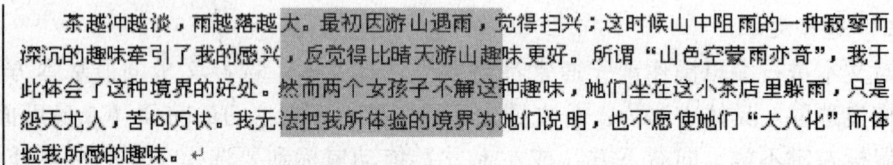

图 4 - 20　拖动时配合"Alt"键选择文本块

如果取消文本的选择，可在编辑区域任意位置处单击。

（四）编辑文本

常见编辑文本的操作主要有移动、复制等操作。例如，对重复出现的文本，不必一次次地重复输入，只要复制即可；对放置不当的文本，可移动到合适位置。

1. 移动文本

移动文本时，可先选择要移动的文本，将鼠标指针置于选择的文本上，鼠标指针形状变为"↖"时，按住鼠标左键拖曳到目标位置即可。如果源位置与目标位置距离很远，拖曳移动不方便，可以应用"剪切"和"粘帖"命令来完成文本的移动。

　　第一步：选择所需移动的内容，单击"开始"选项卡下"剪贴板"选项组中的"剪切"按钮 ✂，或按快捷键"Ctrl + X"，将选择的内容移入剪贴板。

　　第二步：将插入点置于要移动到的目标位置，然后单击"开始"选项卡"剪贴板"选项组中的"粘贴"按钮 📋，或按快捷键"Ctrl + V"，完成文本的移动。

　　剪贴板中的内容可以多次"粘贴"，直到剪贴板有新内容取代原内容为止。

　　2. 复制文本

　　复制文本的操作与移动文本的操作相类似，在拖曳移动文本时按住"Ctrl"键再拖曳，就可以将文本复制到目标位置。如果源位置与目标位置距离很远，拖曳复制不方便，可以应用"复制"和"粘帖"命令来完成文本的移动，其操作过程与移动文本一样，只是用"复制"按钮 🗐 复制 替换"剪切"按钮 ✂ 将文本复制到剪贴板，然后"粘贴"即可。"复制"的快捷键是"Ctrl + C"。

　　3. 查找和替换文本

　　利用 Word 2007 提供的查找和替换功能，不仅可以在文档中迅速查找到相关内容，还可以将查找到的内容替换成其他内容。这使得在整个文档范围内进行的枯燥的修改工作变得十分的迅速和有效。

　　(1) 查找

　　第一步：单击"开始"选项卡下"编辑"选项组中的"查找"按钮。打开"查找和替换"对话框，在"查找内容"文本框中输入需要查找的内容（如"上海"），如图 4 - 21 所示。

图 4 - 21　"查找和替换"对话框

　　第二步：单击"查找下一处"按钮，系统将从当前光标开始查找，找到后停在出现的文字位置上（如"上海"），并且查找到的内容会呈选中状态（蓝底黑字显示），如图 4 - 22 所示

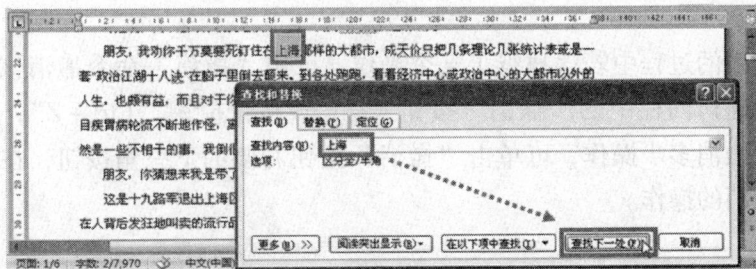

图 4 - 22　查找内容"上海"

第三步：继续单击"查找下一处"按钮，系统将继续查找相关的内容，并停留在下一个找到的文本上。对整篇文档查找完毕后，会出现一个提示对话框，如图 4 - 23 所示。单击"确定"按钮，结束查找操作，并返回"查找和替换"对话框，再单击"取消"按钮，退出"查找和替换"对话框。

图 4 - 23 提示对话框

（2）替换

在编辑文档时，有时需要统一对整个文档中的某一单词或词组进行修改，这时可以使用"替换"命令，这样既加快了修改文档的速度，又可避免重复操作。

第一步：单击"开始"选项卡下"编辑"选项组中的"替换"按钮，打开"查找和替换"对话框。在"查找内容"文本框中输入要查找的内容（如"医生"），在"替换为"文本框中输入替换为的内容（如"大夫"）。单击"替换"或"查找下一处"按钮，系统将自开始查找，然后停留在查找到的文字上，文字处于选中状态，单击"替换"按钮，选中的文本将被替换，如"医生"将被替换成"大夫"，同时，下一个要被替换的内容被选中。如图 4 - 24 所示

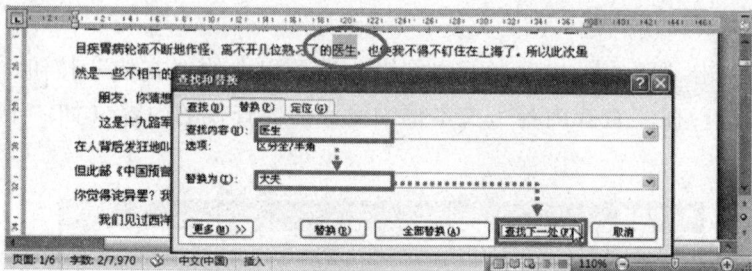

图 4 - 24 "查找和替换"对话框

第二步：单击"查找下一处"按钮，选中的内容不被替换，系统也将继续查找，并停在下一个查找到的文字上。单击"全部替换"按钮，文档中的全部查找到的文本将被"替换为"中的文本替换（如"医生"都被替换为"大夫"）。替换完成后，在显示的提示对话框中单击"确定"按钮即可。

4. 撤消和恢复

在编辑文档的过程中，Word 会自动记录用户执行的操作，这使得撤消错误操作和恢复被撤消的操作非常容易实现。

（1）撤消

在编辑文档的过程中若误执行了某个操作，可用"撤消"命令撤消该操作。具体方法为单击快速访问栏中的"撤消"按钮 ，或按快捷键"Ctrl + Z"，撤消最近一步的操作。要撤消多步操作，可单击"撤消"按钮右侧的下三角按钮，在打开的列表框中选择要撤消的操作。

（2）恢复

单击快速访问工具栏的"恢复"按钮 ，或按快捷键"Ctrl + Y"，可恢复被撤消

的操作。要恢复被撤消的多步操作，可连续单击"恢复"按钮 ￼ 。

（3）重复

"恢复"按钮是个可变按钮，当用户撤消了某些操作时该按钮变为"恢复"按钮 ￼ ；当用户进行诸如录入文本、编辑文档等操作时，该按钮变为"重复"按钮 ￼ ，允许用户重复执行最近所做的操作。

例如，假设用户刚刚改变了某一段落的格式，另外几个段落也要进行同样的格式设置，那么，就可以选择这些段落，并单击"重复"按钮 ￼ 重复操作。

§4-3　页面布局

本节学习内容：

1. 页面设置。

2. 页面和页脚设置。

3. 页面背景及稿纸设置。

4. 分栏。

本节学习目标：

1. 了解 Word 2007 中有关页面版面的知识。

2. 掌握页面设置、页面和页脚设置、页面背景及稿纸设置、分栏等内容的操作。

页面布局设置文档所有页面的外观，包括页面的大小、方向、页边距、页面背景等内容。

一、页面设置

页面设置是文档基本的排版操作，是页面格式化的主要任务，它反映的是文档中具有相同内容、格式的设置，它应当在段落、字符等其它排版之前进行设置。用户可以使用 Word 默认的页面设置，也可以根据需要重新设置。

1. 纸张大小

默认情况下，Word 文档使用的是 A4 幅面纸张。常用的纸张大小是 16 开或 A4，杂志、书刊一般使用的纸张大小就是 16 开或 A4 纸张。

① 单击"页面布局"选项卡上"页面设置"选项组中的"纸张大小"按钮 ￼ ，在打开的下拉列表中选择需要的纸张大小选项，如图 4-25 所示。

② 如果在"纸张大小"下拉列表中没有用户需要的选项，可以选择"其他页面大小"选项，此时会打开"页面设置"对话框，如图 4-26 所示。

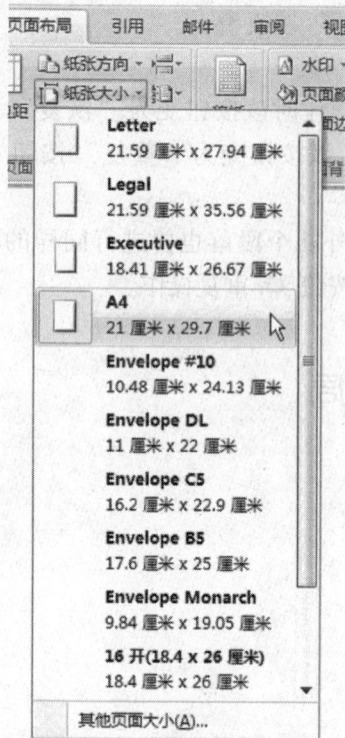

图 4-25 设置纸张大小   图 4-26 "页面设置"对话框

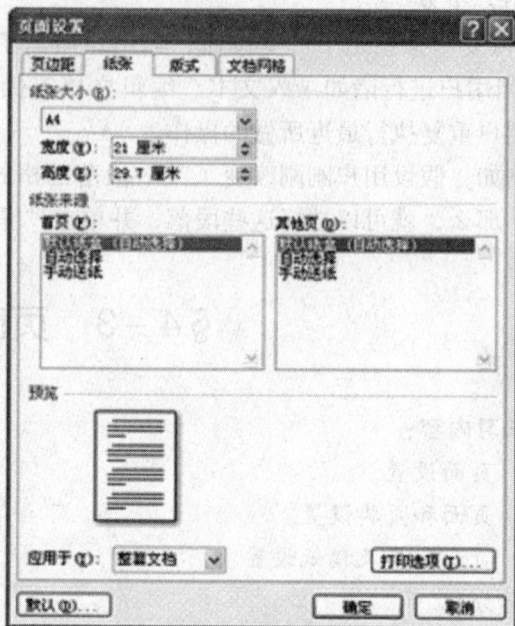

③ 在"纸张大小"下拉列表中可选择纸张的类型。如果要自定义纸张大小，可在"宽度"和"高度"文本框中分别输入纸张的宽度和高度值。

④ 在"应用于"下拉列表中选择页面设置的应用范围，设置完后单击"确定"按钮，关闭"页面设置"对话框。

2. 页边距和纸张方向

（1）设置页边距

页边距是指页面四周的空白区域，即文档内容与页边界的距离。默认情况下，Word 文档的上端和下端各有 2.54 厘米，左边和右边各有 3.17 厘米的页边距。用户可根据需要修改页边距，也可以在页边距内增加额外的空间，以留出装订位置。

第一步：单击"页面布局"选项卡上"页面设置"选项组中的"页边距"按钮，在弹出的下拉列表中选择预设的页边距选项，如图 4-27 所示。若预设的页边距选项不能满足需要，可以单击列表框最下面的"自定义边距"选项，打开如图 4-28 所示的"页面设置"对话框。

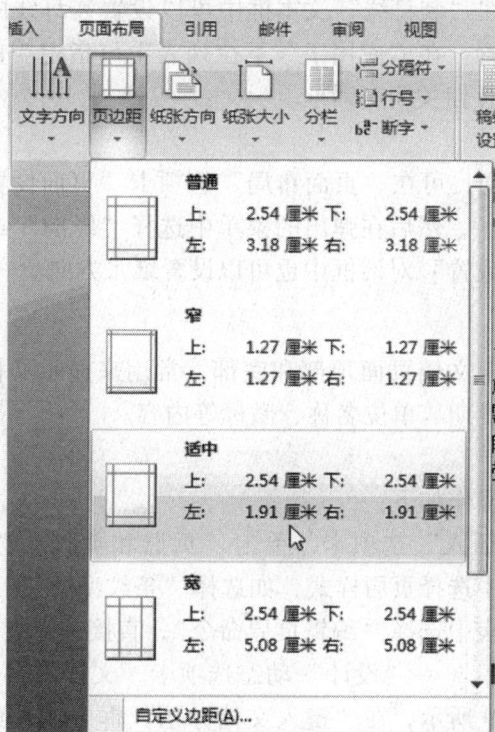

图 4 - 27

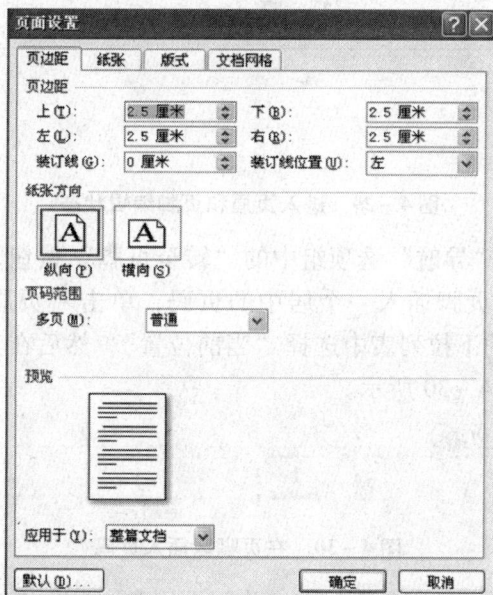

图 4 - 28 "页面设置"对话框

第二步:在"页边距"栏下的"上"、"下"、"左"、"右"文本框中分别输入上、下、左、右页边距值。在"装订线"文本框中可以设置装订线的宽度。在"装订线位置"选项区选择装订位置。在"应用于"下拉列表中可指定当前设置的应用范围。设置完毕，单击"确定"按钮关闭对话框。

（2）设置纸张方向

如果要设置纸张方向，可在"页面布局"选项卡"页面设置"选项组中单击"纸张方向"按钮 ，然后在弹出的菜单中选择"纵向"或"横向"命令。在如图4-28所示的"页面设置"对话框中也可以设置纸张方向。

二、页眉和页脚

页眉和页脚分别位于文档页面顶部和底部，常用来显示文档的附加信息，插入文档标题、页码、时间、日期、单位名称、徽标等内容。

1. 插入页眉和页脚

插入页眉和页脚的操作如下：

第一步：切换到"插入"选项卡，单击"页眉和页脚"选项组中的"页眉"按钮，在打开的下拉列表中选择页眉样式，如选择"条纹型"。如果用户不希望在页眉中使用样式，可在下拉列表中选择"编辑页眉命令"，直接进入页眉编辑状态。同时功能区显示"页眉和页脚工具"→"设计"动态选项卡，文档内容以淡灰色显示，处于不可编辑状态。如图4-29所示，在"键入文档标题"框中输入页眉文本（如"中国经典故事"）。

图4-29 进入页眉和页脚编辑状态

第二步：单击"导航"选项组中的"转至页脚"按钮，插入点自动置于当前页的页脚区域。下面在页脚插入一个居中的页码，单击"页眉和页脚"选项组中的"页码"按钮，在打开的下拉列表中选择"当前位置"，然后在其下级列表中选择"双线条"样式，结果如图4-30所示。

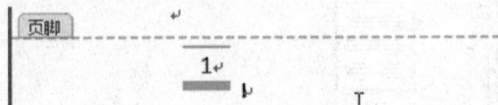

图4-30 在页脚区插入页码

第三步：单击"关闭"选项组中的"关闭页眉和页脚"按钮，退出页眉和页脚编辑状态，返回正文编辑区。

2. 修改与删除页眉和页脚

用户不仅可以方便地修改或删除页眉和页脚中的内容，还可以修改或删除页眉中的横线。

（1）修改或删除页眉和页脚

要修改页眉和页脚内容，只需在页眉或页脚位置双击鼠标，即可进入页眉或页脚编辑状态。要更改页眉或页脚样式，可在进入编辑状态后，在页眉或页脚下拉列表中重新选择一个样式。

若要删除页眉或页脚，可在页眉或页脚下拉列表中选择"删除页眉"或"删除页脚"命令。

（2）修改或删除页眉中的横线

默认情况下，页眉中有一条横线。用户可以删除该横线或重新设置横线线型，具体操作如下：

第一步：在页眉区双击鼠标，进入页眉和页脚编辑状态。按"Ctrl + A"组合键选中页眉区的所有内容。

第二步：单击"开始"选项卡下"段落"选项组右下角边框样式右侧的三角形按钮，在打开的下拉列表中选择"无框线"命令，就可清除页眉或页脚中的横线，如图4-31所示。如果要重新设置横线样式，可选择下拉列表中的"边框和底纹"命令，打开"边框和底纹"对话框，然后设置框线类型和样式，如图4-32所示。

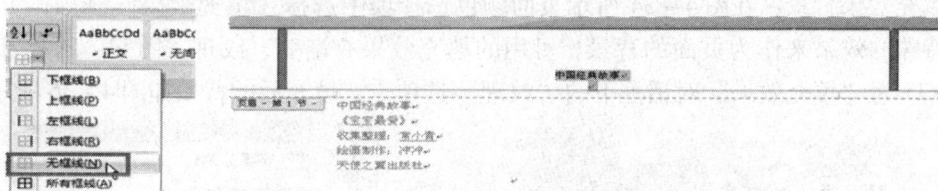

图 4 - 31　清除页眉或页脚中的横线

图 4 - 32　"边框和底纹"对话框

（3）设置首页不同或奇偶页不同的页眉和页脚

设置页眉、页脚后，每页出现的页眉、页脚内容都相同。如果要设置首页不同或奇偶页不同的页眉和页脚，可以在页眉或页脚区双击鼠标，进入页眉和页脚编辑状态，然后在"设计"选项卡下"选项"选项组中，按需要选择"首页不同"和"奇偶页不同"复选框，如图 4－33 所示。由于首页为空，故无需设置。用户只需分别为奇数页和偶数页设置页眉和页脚即可。

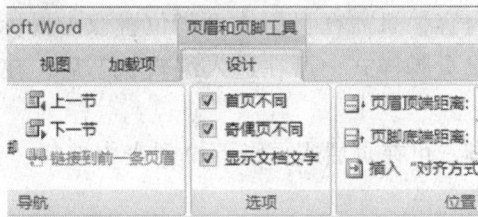

图 4－33　选中"首页不同"和"奇偶页不同"复选框

三、页面背景及稿纸设置

1. 页面背景设置

页面背景是指显示于 Word 文档最底层的颜色或图案，用于丰富 Word 文档的页面显示效果。在 Word 2007 文档中设置页面背景的步骤如下：

颜色背景：将 Word 2007 主窗口切换到"页面布局"选项卡，在"页面背景"选项组中单击"页面颜色"按钮，然后在打开的页面颜色面板中选择"主题颜色"或"标准色"中的一种颜色，则页面背景将用选中的颜色填充，如图 4－34 所示。

填充效果背景：在图 4－34 所示页面颜色选择项中选择"填充效果"选项，可以用一些特殊的效果来作为页面的背景，可用的填充效果有渐变、纹理、图案、图片等。如图 4－35 为"填充效果"对话框下的"纹理"选项卡，填充后的背景如图 4－36 所示。

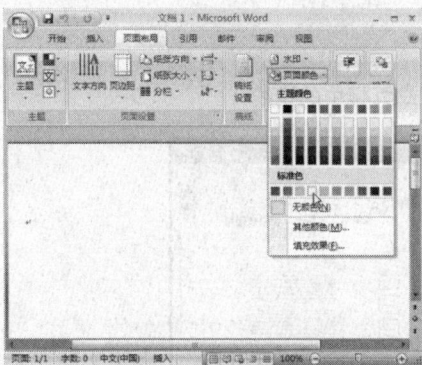

图 4－34　设置页面背景

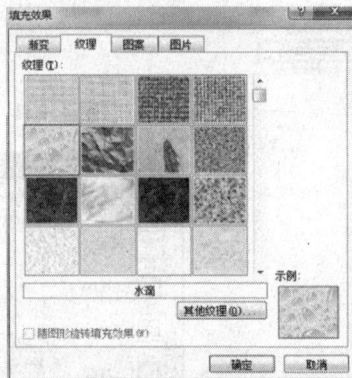

图 4－35

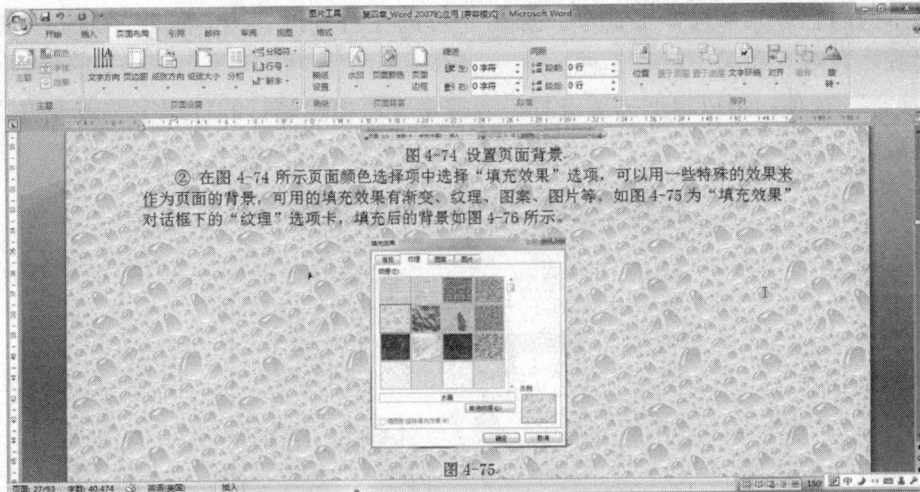

图 4 - 36

2. 稿纸设置

这是 Word 2007 的新功能。在 Word 2007 中可以创建由方格、横线等组成的稿纸，非常适合大家使用稿纸格式书写汉字的习惯。创建稿纸的具体操作如下：

第一步：启动 Word 2007，切换到功能区中的"页面布局"选项卡，在"稿纸"选项组中单击"稿纸设置"按钮，打开"稿纸设置"对话框，在"格式"下拉列表中默认项为"非稿纸文档"，因此其它选项不可用，如图 4 - 37 所示。

第二步：要想使用稿纸功能，需要单击"格式"下拉按钮 ⌄ ，在弹出的下拉列表中选择"方格式稿纸"、"行线式稿纸"或"外框式稿纸"选项中的一种稿纸类型。选择一种稿纸类型后，"稿纸设置"对话框中的设置选项将被激活，如图 4 - 38 所示为选择"方格式稿纸"后的"稿纸设置"对话框。

"稿纸设置"对话框中各选项的说明如下：

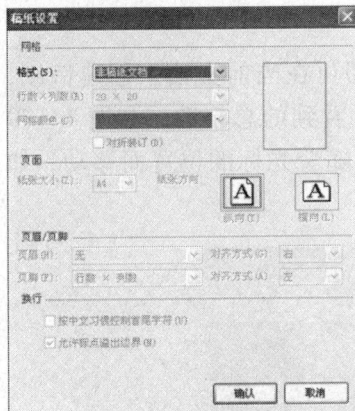

图 4 - 37 　默认的"稿纸
设置"对话框

"格式"选项：用于选择稿纸类型：非稿纸文档、方格式稿纸、行线式稿纸、外框式稿纸。

"行数×列数"选项：在该下拉列表中包含 5 个选项，分别为 10×20、15×20、20×20、20×25 和 24×25，用于设置每页的字符数量。

"网格颜色"选项：在该下拉列表中可通过颜色列表选择稿纸网格的颜色。

"纸张大小"选项：在该下拉列表中包含 4 个选项，分别为 A3、A4、B4 和 B5，用于选择稿纸所在页面的纸张大小。

"纸张方向"选项：在此处可以选择纸张方向。该设置默认与 Word 页面布局中的页面方向一致。

"页眉"和"页脚"选项：在这两个下拉列表中可以选择在稿纸的页眉和页脚区

域中显示的内容。如果选择了选项，那么还可以在右侧设置内容的水平对齐方式，包括左对齐、右对齐和居中对齐3种。

"换行"选项：可以根据需要选择是否按中文习惯控制行的首尾字符或允许文档中的标点溢出边界。

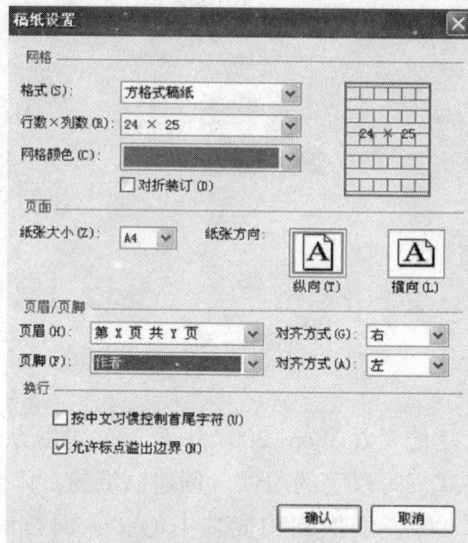

图4－38　选择稿纸类型后的"稿纸设置"对话框

第三步：根据需要进行设置后单击"确定"按钮，即可在当前文档中创建稿纸，在页面的页眉区域可看到自动添加的日期，在页脚区域可看到的总格数，如图4－39所示。在稿纸的方格中将出现闪烁的光标，输入的文字将随着光标的位置而移动。如果需要在下一行输入文字，只需按Enter键即可。

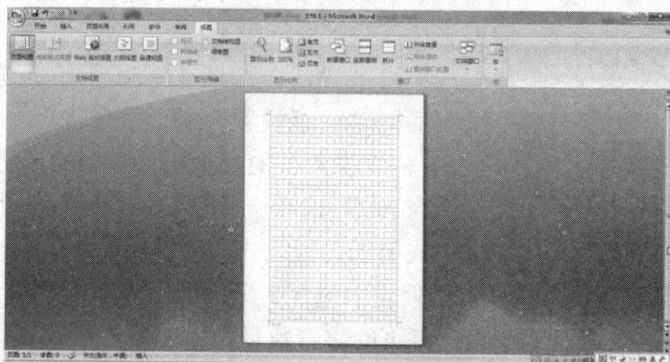

图4－39　方格式稿纸

四、分栏

分栏是将文档中的文本分成若干栏。默认创建的文档只有一栏，为使文档更加美观，我们可对文档进行多栏排版。例如报刊、杂志的内页通常采用多栏排版。

设置分栏后，文档中的内容将逐栏排列。这些内容的排列顺序是从最左边的一栏开始，自上而下地填满一栏后，再自动从一栏的底部接续到右边相邻一栏的顶端，并开始新的一栏，文档内容在多栏间的流动方式如图4-40所示。

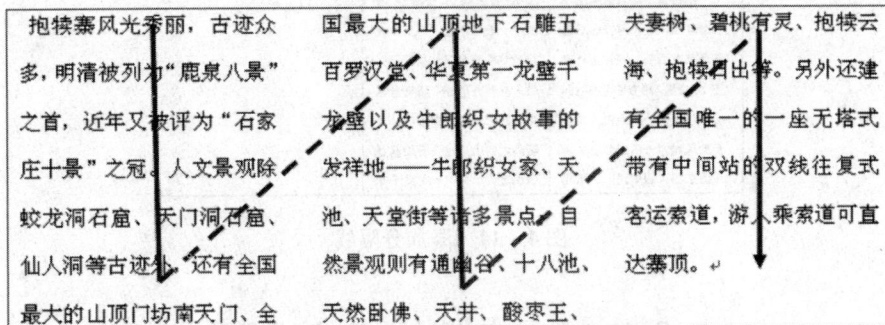

图4-40　文档内容在多栏间的流动方式

1. 设置分栏

选择要进行分栏的文本，功能区切换至"页面布局"选项卡，单击"页面设置"选项组中的"分栏按钮" ▤ 分栏，在打开的下拉列表中选择分栏方式（如"三栏"），如图4-41所示。得到如图4-42所示的效果。

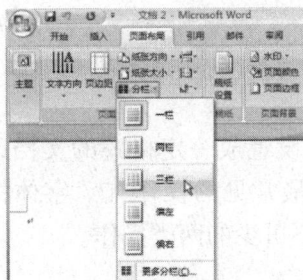

图4-41

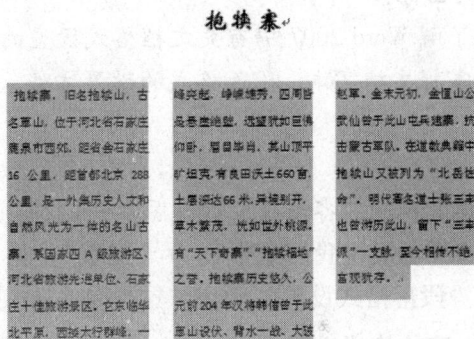

图4-42　设置分栏

2. 设置栏宽和栏间距

用户可根据需要自定义栏间距和各栏宽度，具体设置方法如下：

在"页面布局"选项卡下的"页面设置"选项组中单击"分栏"按钮 ▤ 分栏，在打开的下拉列表中选择"更多分栏"命令，打开如图4-43所示的"分栏"对话框。在"宽度和间距"栏下的"宽度"文本框中输入栏宽数（如12字符），其后的"间距"值系统会自动调整。选择"分栏"对话框中的"分隔线"复选框，将在各个分栏之间添加分隔线。完成各项设置后，单击"确定"按钮。效果如图4-44所示。

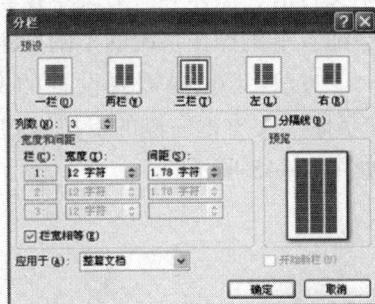

图4-43　"分栏"对话框

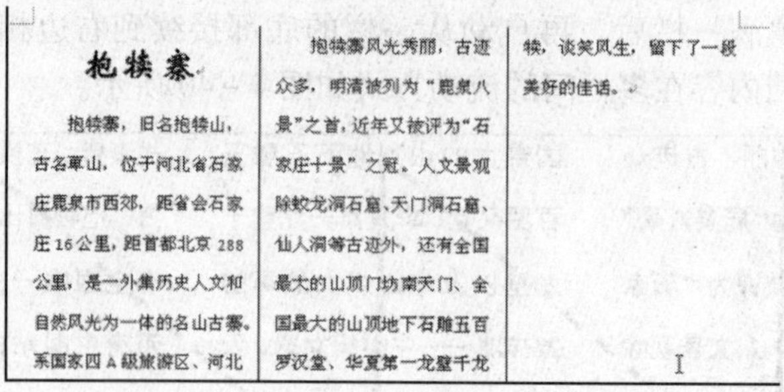

图 4－44　添加分隔线

§4－4　文档的格式设置

本节学习内容：

  1. 字体格式设置。

  2. 段落格式设置。

本节学习目标：

  1. 了解 Word 2007 中有关文档格式设置的基本知识。

  2. 掌握文档字体、段落格式的设置方法。

  一篇文档的内容输入编辑好后，我们往往希望将其设置成一定格式的文档以方便阅读，这样的设置我们通常称为"排版"。格式设置中最常见的操作有"字体格式设置"和"段落格式设置"两类，这也是 Word 操作中必不可少的两类操作。

一、字体格式设置

  文本的字体格式设置主要包括字体、字号、字形和字体颜色等操作，该操作是以文本为操作单位的，所以在操作前需要先选择好操作的文本。

  1. 字体

  字体，又称书体，是指文字的风格式样，即文字的标准外观形状，如宋体、楷体、华文行楷、黑体等。对文本设置不同的字体，其效果也不一样，而且字体种类的多少会随着本机操作系统的不同而稍有不同。设置字体的操作如下：

  方法 1：选择需要设置的文本，在"开始"选项卡的"字体"选项组中，单击"字体"文本框右侧的下拉按钮。在弹出的下拉列表中，选择需要的字体，单击即可，如图 4－45 所示。

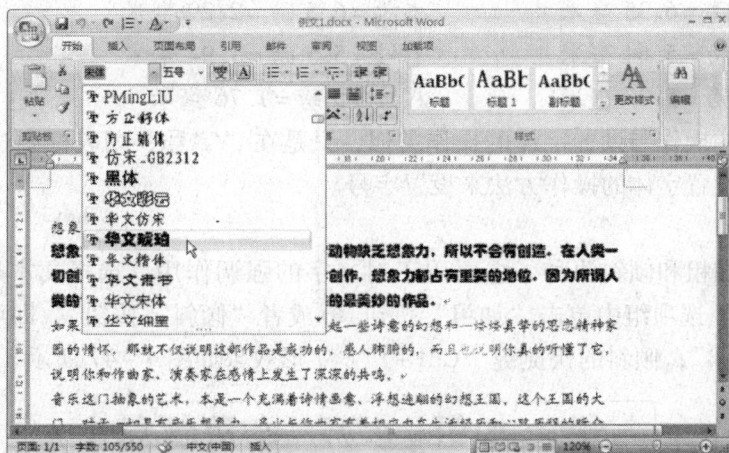

图 4 - 45　字体设置

方法 2：选择需要设置的文本，即可在光标处附近出现半透明的菜单工具栏。如图 4 - 46 所示。将鼠标移向半透明的菜单工具栏上，当清晰地显示出工具栏后，再选择需要的字体。

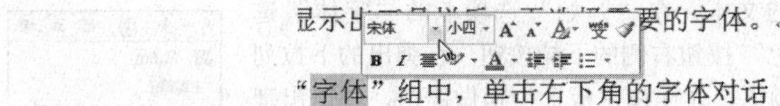

图 4 - 46

虽然可以设置非常多的字体样式，但系统默认的是"宋体"，而且在正式文书（如：合同、报告等）中多用"宋体"或者"黑体"等比较清晰的字体作为行文的字体。"TrueType"字体是打印机字体，设置这样的字体打印输出时与屏幕显示的一致，字体列表中有"**T**"符号的都是打印机字体。一般情况下，西文名字的字体只对西文字符起作用，中文名字的字体对中文和西文字符都起作用。

2. 字号

字号指文字的大小。在 Word 中，文字的大小有两种表达单位，一种以"号"为单位，一种以"磅"为单位。换算单位为 1 磅 = 1/72 英寸；1 英寸 = 25.4 毫米。若字号太小，将会影响阅读，若字号太大，又会影响文档的美观。默认情况下，文档正文采用五号（即 10.5 磅）的字体大小。

字体的磅值大小是指从字母笔划的最顶到字母笔划的最底端。"号"与"磅"的对应关系是：

初号 = 42 磅 = 14.82 毫米　　　　四号 = 14 磅 = 4.94 毫米

小初 = 36 磅 = 12.70 毫米　　　　小四 = 12 磅 = 4.23 毫米

一号 = 26 磅 = 9.17 毫米　　　　　五号 = 10.5 磅 = 3.70 毫米

小一 = 24 磅 = 8.47 毫米　　　　　小五 = 9 磅 = 3.18 毫米

二号 = 22 磅 = 7.76 毫米	六号 = 7.5 磅 = 2.56 毫米
小二 = 18 磅 = 6.35 毫米	小六 = 6.5 磅 = 2.29 毫米
三号 = 16 磅 = 5.64 毫米	七号 = 5.5 磅 = 1.94 毫米
小三 = 15 磅 = 5.29 毫米	八号 = 5 磅 = 1.76 毫米

设置字号的操作与设置字体的操作类似，只是在"字号"列表框中选择或输入字号值，请参照设置字体的操作方法来设置字号。

3. 字形

字形包括加粗和倾斜两种，主要用于对文字的强调作用。选择文本后在"开始"选项卡"字体"选项组中单击"加粗"按钮 **B** 或者"倾斜"按钮 *I* 即可。加粗的快捷键是"Ctrl + B"；倾斜的快捷键"Ctrl + I"。字形效果如图 4 – 47 所示。

图 4 – 47　字形效果

4. 字体颜色

字体颜色指文字的显示色彩，如红色、紫色、蓝色等。Word 默认的颜色是黑色。为了丰富文本的表达效果，用户可以设置不同的字体颜色。

选择需要设置颜色的文本，在"开始"选项卡的"字体"选项组中，单击"字体颜色"按钮右侧的下拉按钮。在弹出的下拉列表中，指向需要的文本颜色。光标在色板上少稍做停留，可以出现该颜色的详细名称信息。同时，可以预览其效果，单击即可选择该颜色。如图 4 – 48 所示。

也可以在选择需要设置颜色的文本后，在光标处附近出现半透明的菜单工具栏，将鼠标移向半透明的菜单工具栏上，当清晰地显示出工具栏后，单击颜色按钮 **A** ，选择需要的颜色。

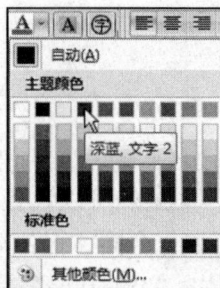

图 4 – 48　字体颜色

5. 特殊效果

为了增加文本的外形的多样性，以满足实际的需要。Word 还增加了文本的特殊效果。包括下划线、着重号、删除线、上下标等操作。

（1）下划线

选择需要设置下划线的文本，在"开始"选项卡的"字体"选项组中，单击"下划线"按钮 **U** 右侧的下拉按钮。在弹出的下拉列表中，指向需要的线型。同时，可以预览其效果，单击即可使用该线型，如图 4 – 49 所示。重复以上操作，选择"下划线颜色"，可以给已经设置好下划线的文本设置线的颜色。

图 4-49　设置下划线

图 4-50　"字体"对话框

（2）其它效果

其它不同的字体效果，可以在如图 4-50 所示"字体"对话框中，选择"效果"选项组中各选项设置。如图 4-51 是不同效果的实例。单删除线和上、下标可以在"开始"选项卡中的"字体"选项组中快速设置。

单删除线　　两删除线　　上标　　　下标　　阴影 空心

图 4-51　不同效果的实例

6. 字符间距

默认情况下，字符的水平缩放为 100%，字符的间距为标准状态，字符在文档中的位置为标准的垂直居中。用户也可以根据不同的需要进行设置。在如图 4-50 所示"字体"对话框中，单击"字符间距"选项卡，切换到如图 4-52 所示的对话框。

（1）字符缩放

字符缩放指字符宽度与高度之间的比例。默认为 100%，即字符宽度和高度一样，没有缩放；大于 100% 是放大，即字符宽度大于高度，字符宽扁；小于 100% 是缩小，即字符宽度小于高度，字符瘦高。

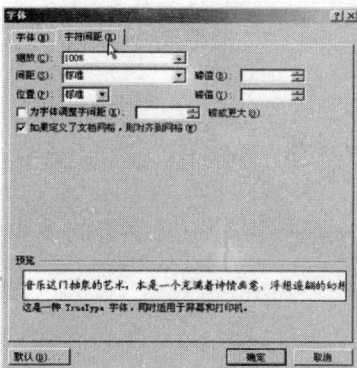

图 4-52　"字符间距"选项卡

选择需要设置缩放的文本，在图 4-52 所示的"字符间距"选项卡"缩放"列表框中选择或输入需要的缩放比例（用户可以输入百分比数在 1·和 600 之间），单击"确定"按钮即可。如图 4-53 为几种比例缩放效果比较。

（2）字符间距

字符间距是字符与字符之间的距离。Word 主要提供了"标准"、"加宽"和"紧缩"三种字符间距调整类型。"标准"间距为系统的默认值；"加宽"增大字符的间距；"紧缩"减小字符的间距，甚至可以将一行

字符100%缩放　　字符 150%缩放　　字符50%缩放

图 4 - 53　字符缩放效果比较

字符重叠在一起。

选择需要设置间距的文本，在图 4 - 52 所示的"字符间距"选项卡"间距"列表框中选择间距类型（"标准"、"加宽"或"紧缩"），在右则"磅值"文本框中输入"加宽"或"紧缩"的磅数值。单击"确定"按钮即可。图 4 - 54 为不同间距类型效果比较。

标准间距　　加 宽 2 磅　　紧宿2磅

图 4 - 54　不同间距类型效果比较

（3）字符位置

字符位置是指文本在文档中所处的水平位置，Word 主要提供了"标准"、"提升"和"降低"三种类型。具体操作如下：

在图 4 - 52 所示的"字符间距"选项卡"位置"列表框中选择间距类型（"标准"、"提升"或"降低"），在右则"磅值"文本框中输入"提升"或"降低"的磅数值。单击"确定"按钮即可。图 4 - 55 为不同位置类型效果比较。

提升 5 磅　　标准位置　　降低 5 磅

图 4 - 55　不同位置类型效果比较

二、段落格式设置

段落是文档组成的重要部分，对其进行相关设置，可以使文档结构清晰，层次分明。段落需要设置的格式有对齐、缩进、间距、特殊格式以及边框和底纹的设置等。

1. 对齐方式

对齐方式是指文本内容在页面中的位置关系。通常有以下几种对齐方式：

段落对齐：是指段落在页面中相对位置，包括水平对齐，垂直对齐方式。

水平对齐：水平对齐包括左对齐、居中对齐、右对齐、两端对齐和分散对齐等方式。

左对齐：段落文字以页面左边对齐。

居中：段落的文字居中显示，以文档中间为中心向两边排列。

右对齐：段落文字以页面右边对齐。

两端对齐：段落文字向页面两边对齐，字与字之间的距离根据每一行字符的多少自动分配。

分散对齐：段落以左右两边作为对齐点进行分散对齐。

（1）水平对齐方式

设置水平对齐方式的操作如下：

选择需要设置的段落内容，在"开始"选项卡的"段落"选项组中，单击需要的对齐方式按钮，如图 4-56 所示。

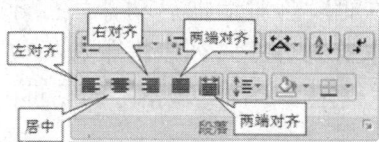

图 4-56　对齐方式选项

对齐方式也可以通过"段落"对话框进行设置。选择需要设置的段落内容，在"开始"选项卡中的"段落"选项组中，单击右下角的段落对话框启动器。在弹出的"段落"对话框"缩进和间距"选项卡中，单击"常规"栏下的"对齐方式"列表框，从下拉列表中选择需要的对齐方式，并在预览区中可以对设置的效果进行预览，如图 4-57 所示。

对齐方式还可以通过快捷键快速完成：

左对齐：Ctrl + L。

居中对齐：Ctrl + E。

右对齐：Ctrl + R。

两端对齐：Ctrl + J。

分散对齐：Ctrl + Shift + J。

在对齐方式中，左对齐与两端对齐在效果上基本相同，但两者之间又有区别。当行尾输入英文单词而被迫换行时，若使用左对齐，则文字会按照不满页宽的方式排列如图 4-58；若使用两端对齐，文字的距离将被拉开，从而自动填满页宽如图 4-59。

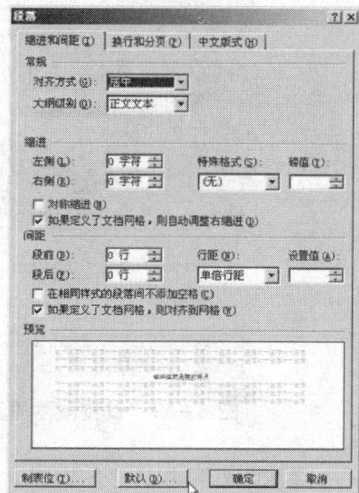

图 4-57　段落对齐对话框

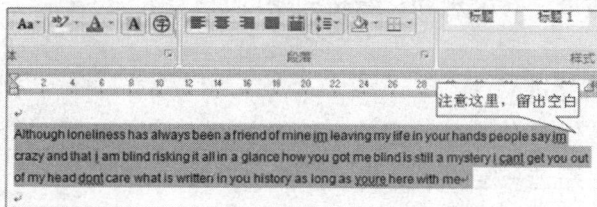

图 4-58　英文段落"左对齐"效果

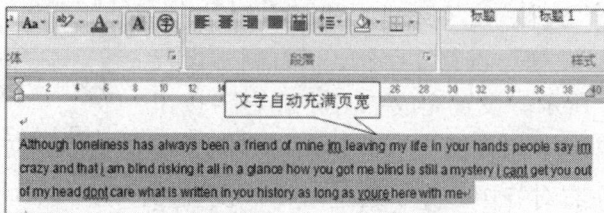

图 4-59　段落英文两端对齐

（2）段落垂直对齐

一般针对段落中有嵌入式图片或字号不同的文字时，使用垂直对齐方式可以很好的控制排列的位置，也就是说只有在段落中存在不同字号大小的文字时，段落的垂直对齐方式才起作用。

选择需要设置的段落内容，单击"段落"选项组中的段落对话框启动器。打开"段落"对话框，切换到"中文版式"选项卡，在"文本对齐方式"列表框中选择应用的垂直对齐方式，如图4-60所示。设置完成后单击"确定"退出"段落"对话框。段落垂直对齐效果如图4-61所示。

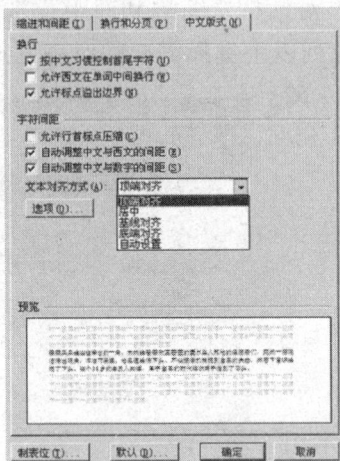

图4-60　设置段落垂直对齐

图4-61　段落垂直对齐效果

2. 段落缩进

段落缩进可以使文章更有层次感，方便阅读。段落的缩进方式包括左缩进、右缩进和特殊格式中的首行缩进与悬挂缩进。

（1）设置左、右缩进

左缩进指段落整体向左缩进一定的字符量。而右缩进是指段落整体向右缩进一定的字符量。

选择需要设置的段落内容，单击"段落"选项组中的段落对话框启动器。在"缩进和间距"选项卡中的"缩进"栏处，设置"左侧"（左缩进）或"右侧"（右缩进）缩进量，如"左侧"设置2字符，"右侧"设置1字符，如图4-62所示。设置完成单击"确定"按钮退出"段落"对话框。效果如图4-63所示。

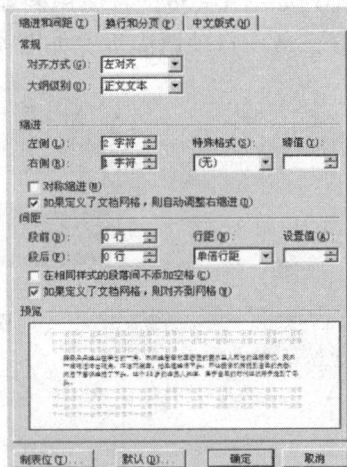

图4-62　段落缩进对话框

在设置段落的左右对齐中，除了通过对话框设置外，还可以通过功能区设置。选择需要设置的段落内容，单击"页面布局"选项卡，在"段落"选项组中的"缩进"栏中，输入"左"（左缩进）、"右"（右缩进）缩进量即可。

（2）段落的特殊格式

段落的特殊格式包括"首行缩进"和"悬挂缩进"。首行缩进指段落的第一行向右缩进的字符量。悬挂缩进指段落中除了第一行外其它各行向右缩进的字符量。

段落缩进可以使文章更有层次感，方便阅读。段落的缩进方式包括左缩进、右缩进和特殊格式中的首行缩进与悬挂缩进。

（1）设置左、右缩进。

左缩进指段落整体向左缩进一定的字符量。而右缩进是指段落整体向右缩进一定的字符量。

选定需要设置的段落内容，单击"段落"选项组中的段落对话框启动器。在"缩进和间距"选项卡中的"缩进"栏处，设置"左侧"（左缩进）或"右侧"（右缩进）的字符值。如左缩进 2 字符，右侧设置 2 字符，"右侧"设置 1 字符，如图 4-103 所示。设置完成单击"确定"按钮退出"段落"对话框。效果如图 4-104 所示。

右缩进 1 字符
左缩进 2 字符

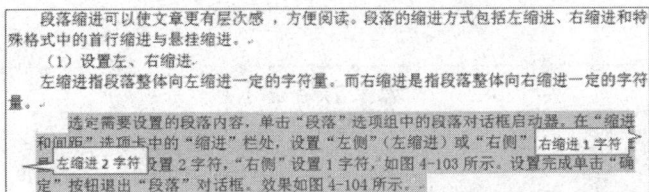

图 4-63　段落缩进效果

图 4-64　段落特殊格式设置

选择需要设置的段落内容，单击"段落"选项组中的段落对话框启动器。在"缩进和间距"选项卡中单击"特殊格式"列表框，在弹出的列表中选择"首行缩进"或"悬挂缩进"，并在右侧的"磅值"文本框中输入需要缩进的字符量值。如图 4-64 所示。设置完成单击"确定"按钮退出"段落"对话框。效果如图 4-65 所示。

在段落的缩进设置中，如单位不想使用默认的"字符"而用其它单位，则在文本框中将"字符"改成其它单位（如厘米）即可。

3. 段落间距

要使整个文档看起来疏密有致，层次比较分明，则可以通过设置段间距和行距来实现。段间距是指相邻两个段落之间的距离；行距是指段落中行与行之间的距离。

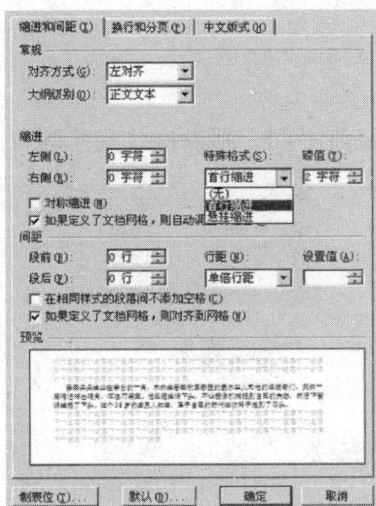

（1）段间距

段间距包括段前和段后两种间距，其中段前是指本段与前一段的距离；段后是指本段与后一段的距离。设置方法如下：

选择需要设置间距的段落内容。将当前状态切换到"开始"选项卡，在"段落"选项组中，单击右下角的段落对话框启动器按钮，打开"段落"对话框。在"段落"对话框"间距"栏中，输入"段前"或"段后"间距数值。如图 4-66 所示，设置"段前"为一行间距，最后单击"确定"按钮即可。结果如图 4-67 所示。

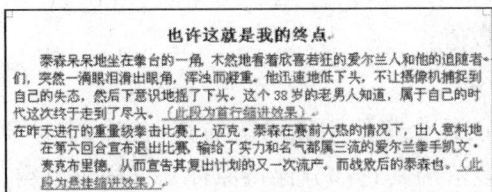

图 4-65　段落特殊缩进效果

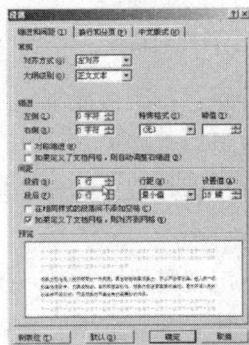

图 4-66　段落间距对话框

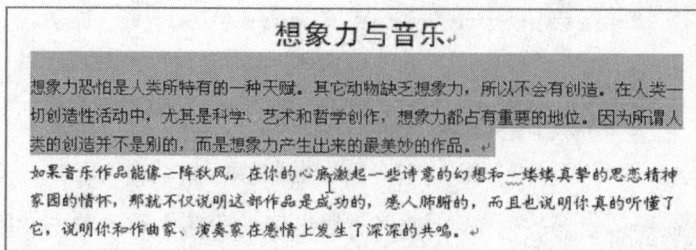

图 4 - 67　段落间距效果

如果在相邻的两个段落中分别设置的段前或段后间距值不同，则以这些段落间设置数值大的为准。

切换到"页面布局"选项卡下的"段落"选项组中，在"间距"栏"段前"或"段后"文本框中输入数值可直接设定段前、段后间距。如图 4 - 68 所示。

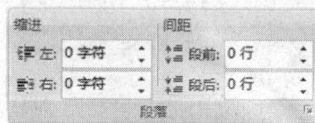

图 4 - 68

（2）行距

行距是指段落中行与行之间的距离，设置方法如下：

选择需要设置行距的段落内容，在图 4 - 66 所示的"段落"对话框"间距"栏下，

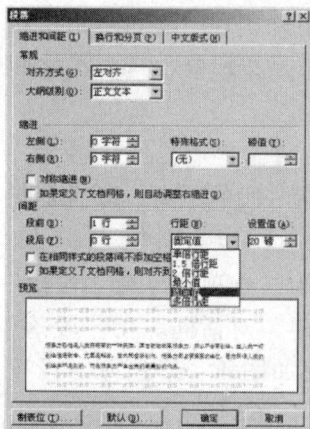

图 4 - 69　行距对话框

单击"行距"列表框，在弹出的列表中选择相应的行距类型，并在右边的"设置值"文本框中输入精确的行距值，如图 4 - 69 所示。最后单击"确定"按钮即可。

在"行距"下拉列表中的行距类型有如下几种：

单倍行距：表示该行最大字体的高度加上一小段额外间距，额外间距的大小取决于所用的字体。默认情况下，5 号字的行距为 15.6 磅。

1.5 倍行距：是单倍行距的 1.5 倍。

2 倍行距：是单倍行距的 2 倍。

最小值：适应于该行最大字体或图形所需要的最小行距。

固定值：固定的行距，Word 不对指定的间距数值进行调节。

多倍行距：行距按照指定的百分比增大或缩小，即是单倍行距的多倍行距。

行距也可以直接通过"开始"选项卡的"段落"选项组中，单击"行距"按钮，在弹出的列表中选择相应的行距数值。

4. 首字下沉

首字下沉就是段落的第一个字，或前几个字使用比段落的其它字的字号要大，或者不同的字体，并且向下一定的距离，段落的其它部分保持原样。这样可以突出段落，更能引起读者的注意。

将插入点光标定位到需要设置首字下沉的段落中或选择需要下沉的前几个字（要

求是词组)。然后切换到"插入"选项卡,在"文本"选项组中单击"首字下沉"按钮,如图 4-70 所示。在打开的下拉菜单中选择"下沉"或"悬挂"选项设置首字下沉或首字悬挂效果。

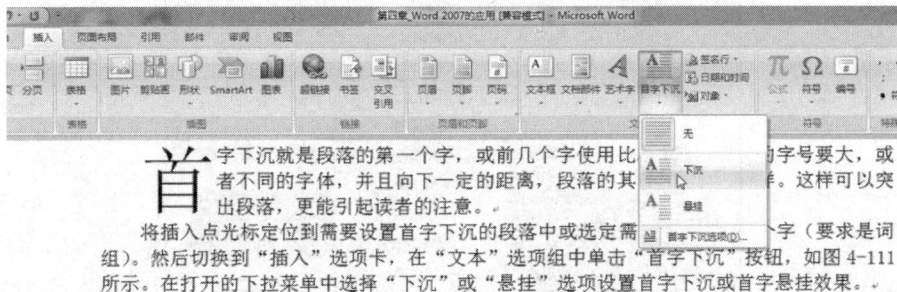

图 4-70 设置首字下沉

如果需要设置下沉文字的字体或下沉行数等选项,可以在下沉菜单中单击"首字下沉选项",打开"首字下沉"对话框。选中"下沉"或"悬挂"选项,并选择字体或设置下沉行数。完成设置后单击"确定"按钮即可,如图 4-71 所示。

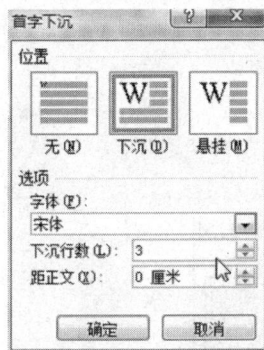

图 4-71 "首字下沉"对话框

5. 边框和底纹

在段落设置中,除了通过改变字体格式,段落格式来美化文本外,还可以对文本添加边框与底纹的效果。

(1)边框

第一步:选择需要设置边框的段落内容,将当前功能区切换到"开始"选项卡,在"段落"选项组中,单击"边框"右侧的下拉按钮。在弹出的列表中,选择"边框和底纹"选项。如图 4-72 所示。

第二步:弹出如图 4-73 所示的"边框和底纹"对话框,在"设置"栏选择边框的类型,在"样式"列表框选择边框线样式,在"颜色"列表框选择边框线的颜色,在"宽度"列表框选择框线的宽度。右边的"预览"栏有四个按钮,分别代表边框的四条边,单击这些按钮可以设定或取消边框的某条线,直接单击预览图形上的线有相同的效果。下方的"应用于"列表框可以设定边框是应用于整个段落还是应用于所选的文字。最后单击"确定"按钮结束设置,边框效果如图 4-74 所示。

(2)底纹

选择需要设置底纹的段落内容,在图 4-73 所示的"边框和底纹"对话框中单击"底纹"选项卡,打开如图 4-75 所示的对话框。在"填充"列表框中选择底纹的颜色,如要填充图案,则可以单击"图案"栏下"样式"列表框,在列表框中选择需要的图案。最后单击"确定"按钮。结果如图 4-76 所示。"应用于"列表中的选项内容与边框中的"应用于"相同。

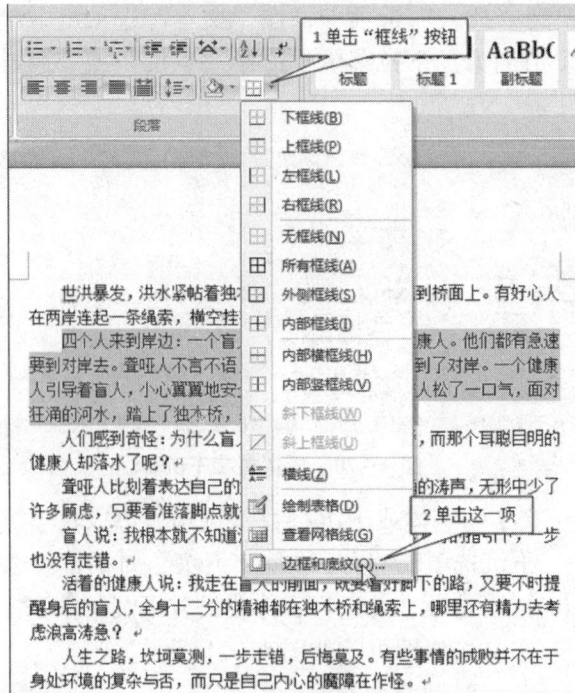

图 4 – 72　边框按钮

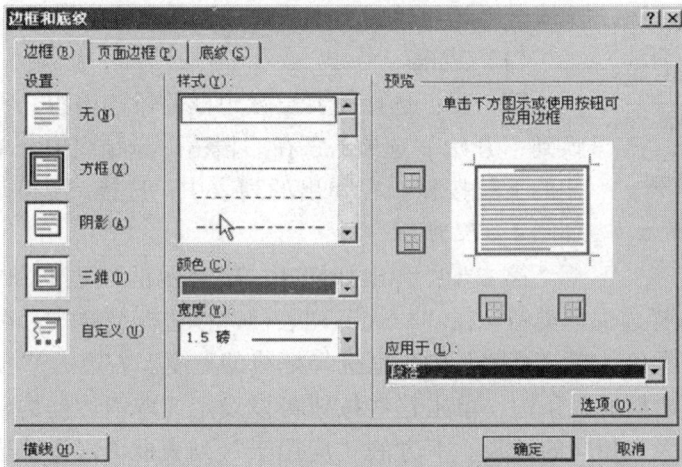

图 4 – 73　"边框和底纹"对话框

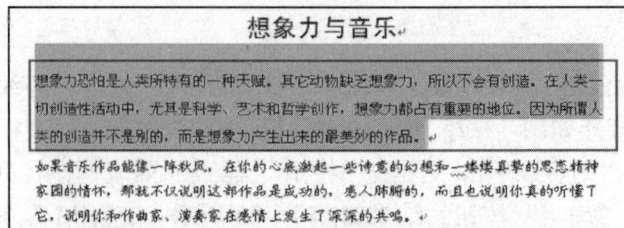

图 4 – 74　边框设置效果

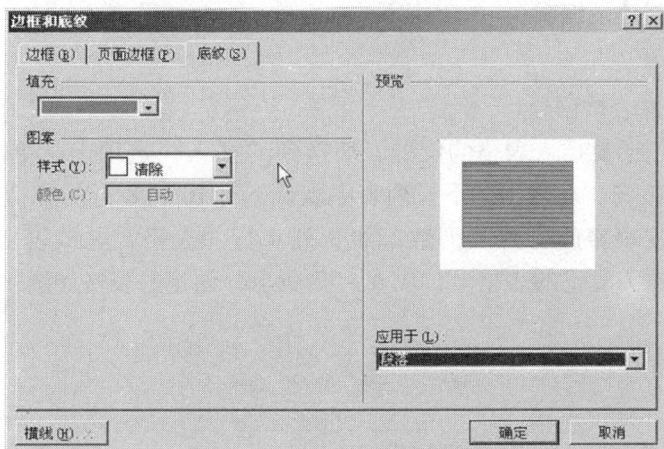

图 4－75　"底纹"选项卡对话框

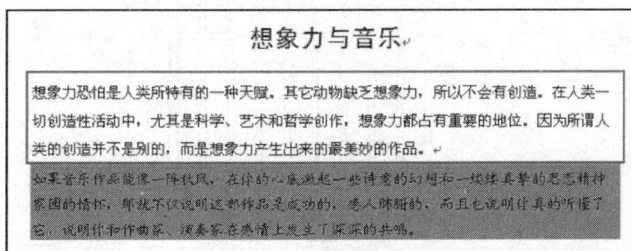

图 4－76　底纹设置效果

§4－5　表格操作

本节学习内容：

1. 表格的创建及编辑。

2. 表格格式设置。

本节学习目标：

1. 了解 Word 2007 中有关表格的基本知识。

2. 掌握 Word 2007 中表格的创建、编辑格式设置等操作。

　　表格是一种简明、概要的表意方式。其结构严谨，效果直观，是办公管理不可缺少的版式之一。表格由一行或多行单元格组成，用于显示数字和其它项以便快速引用和分析。表格中的项被组织为行和列。在 Word 中，通过表格应用可以使一些比较繁杂的内容简单明了化。

一、表格的创建及编辑

1. 表格的创建

（1）通过虚拟表格创建

将插入点定位于要插入表格的位置，切换到"插入"选项卡，单击"表格"选项组中的"表格"按钮。在弹出的下拉列表中默认下有 10 列 8 行的虚拟表格，只要用鼠标移动到需要创建表格的行数及列数，如 8 列 4 行的表格，虚拟表格即显示为橙色，单击鼠标即可创建为真正的表格。如图 4-77 所示，创建的表格如图 4-78 所示。

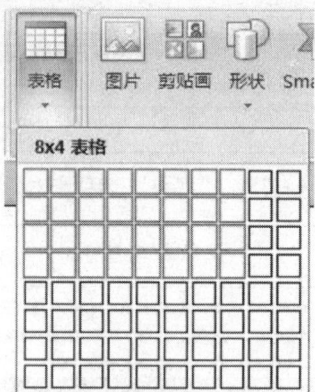

图 4-77　表格的创建

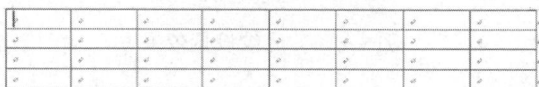

图 4-78　简单表格

在虚拟表格按钮中，最大只能创建 10 列 8 行的表格，如超过此范围的，则只能通过"插入表格"对话框来实现了。

（2）通过"插入表格"对话框创建

将插入点定位于要插入表格的位置，切换到"插入"选项卡，单击"表格"选项组中的"表格"按钮。单击下拉列表中的"插入表格"按钮。在弹出的"插入表格"对话框中，分别在"表格尺寸"栏中输入创建表格的行数列数。如图 4-79 所示。单击"确定"按钮即可创建表格

在"插入表格"对话框中，新建的表格还可以设置下列属性：

固定列宽：选该项，表示表格的宽度是固定的，当单元格中的内容过多时，会自动进行换行。

根据内容调整表格：选该项，表示表格会缩小至最

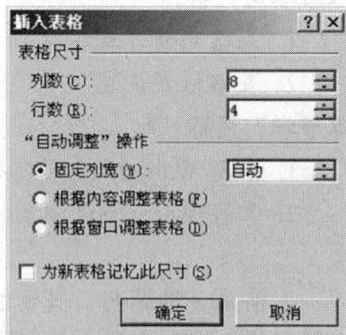

图 4-79　"插入表格"
对话框

小状态。在单元格输入内容时，表格会根据输入的内容自动调整列宽。

根据窗口调整表格：插入的表格会根据文档窗口的大小自动进行调整。

为新表格记忆此尺寸：以后创建的表格按该表格尺寸创建。

（3）通过手动绘制作表格

把当前状态切换到"插入"选项卡，单击"表格"选项组中的"表格"按钮，在弹出的下拉列表中单击"绘制表格"选项。当鼠标显示为"🖉"形状时，在需要绘制表格处单击并按左键不放拖动鼠标，此时将得到一个虚线外框，到合适表格大小的位置放开即可。然后在框内以同样方法拖动鼠标绘制内框横线及竖线。如图 4－80 所示。

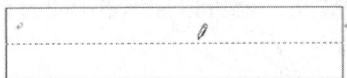

图 4－80　手动绘表格图

2. 编辑表格

表格创建后，都是一些常规的表格，如需要改变为非常规类型的，则要对表格进行编辑，首先要对表格进行选取。

（1）选择单元格

① 选择单个单元格：将鼠标指向某单元格的左侧，当鼠标指针为黑色箭头"➡"时，单击即可选中；或将光标定位在需要选择的单元格中，把当前状态切换到"表格工具/布局"选项卡，单击"表"选项组中的"选择"从下拉列表中单击"选择单元格"选项即可。注意必须要把光标定位在表格中，表格浮动选项卡才会显示，否则将看不到表格工具栏。

② 选择连续的单元格操作方法：将鼠标移至需要选择单元格的左侧，当指针为"➡"时，按着左键不放沿对角线拖动，则起点与终点的相连单元格将被选择。如图 4－81 所示。

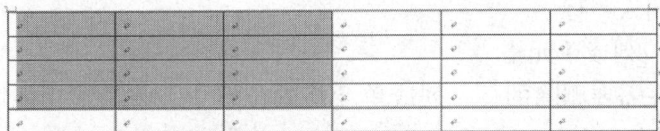

图 4－81　选择连续单元格

③ 选择不连续的单元格：用选择一个单元格的方法选择一个单元格后，按住"Ctrl"键不放，再以同样的方法选择其他单元格即可。

（2）选择行或列

① 将鼠标指向某行单元格的左侧，当鼠标指针为"↗"状态时，单击左键即可选择一行；将鼠标指向某列单元格的顶端，当鼠标指针变为"↓"状态时，单击左键即可选对一列。

② 将光标定位在需要选择的行或列上的某个单元格中，把当前状态切换到"表格工具/布局"选项卡，单击"表"选项组中的"选择"从下拉列表中单击"选择行"或"选择列"选项即可。

（3）选择整个表格

将鼠标移到表格上，在表格左上角会出现"⊞"图标按钮，单击它即可选择整个表格。

（4）插入行、列或单元格

当制作的表格无法满足数据的录入时，可以通过插入行、列或单元格的操作来解决。

① 把光标定位在需要插入行、列或单元格的位置中。把当前功能区切换到"表格工具/布局"选项卡，在"行和列"选项组中，单击相应的按钮，就可以插入相应的行和列。如图 4 - 82 所示。

② 如需要插入单个单元格，则单击"行和列"选项组中的启动器按钮，选择插入单元格的类型，最后单击"确定"按钮即可。如图 4 - 83 所示。

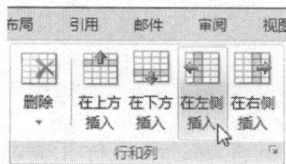

图 4 - 82　插入行和列按钮　　　　　图 4 - 83

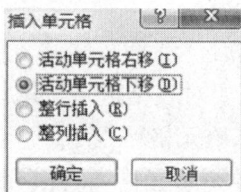

在插入行、列操作中，如果是选择一定的范围插入，如选择了若干行或若干列，则插入的行、列或单元格数会与选择行或列数相同。插入单元格时，"活动单元格右移"表示插入后，原单元格及内容都会向右边移动；"活动单元格下移"表示插入后，原单元格及内容都会向下移动，并且是移动行的位置，相当于插入行数。将光标定位在某行的结束位置，按"Enter"键，可以在当前行的下方插入一行；将光标定位在表格最后一个单元格内（若该单元格有内容，则将光标定位在文字后面），按"Tab"键，可以在表格底部插入一行。

（5）删除行、列或单元格

把光标定位在需要删除的行、列或单元格的位置中。将当前功能区切换到"表格工具/布局"选项卡，在"行和列"选项组中，单击"删除"按钮，在下拉列表中单击相应的按钮即可将光标所在行或列删除。

如需要删除单个单元格，则在弹出的对话框中选择相应的删除类型，最后单击"确定"按钮即可。

（6）删除表格

删除表格非常简单，选中整个表格后，按"Backspace"键即可删除整个表格。也可以将光标定位在要删除的表格中，切换到"表格工具/布局"选项卡，在"行和列"选项组中，单击"删除"按钮，在下拉列表中单击"删除表格"即可。

（7）合并和拆分单元格

合并单元格就是把表格中相连的多个单元格合并成一个单元格。拆分单元格就是把一个或多个单元格拆分成更多个相连的单元格。

① 选择需要合并的单元格范围，切换到"表格工具/布局"选项卡，在"合并"选项组中，单击"合并单元格"按钮即可。如图 4 - 84 所示。

② 选择需要拆分的单元格范围，在图 4 - 84 所示的"合并"选项组中单击"拆分

单元格"按钮。这时弹出如图 4 - 85 所示的"拆分单元格"对话框。在该对话框中输入拆分后想要的列数及行数，最后单击"确定"按钮即可。

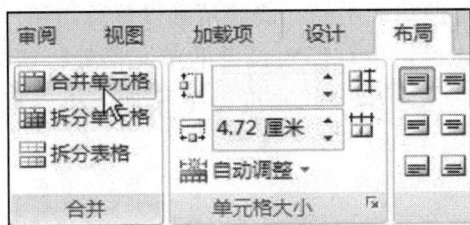

图 4 - 84

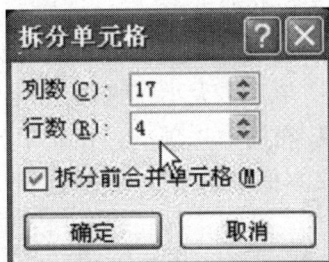

图 4 - 85　"拆分单元格"对话框

在拆分对话框中，若取消"拆分前合并单元格"复选框的勾选，则会将选择的多个单元格视为各自独立的单元格，将每个单元格按照设置的列数和行数进行拆分。

（8）拆分和合并表格

合并表格是将两个或两个以上的表格合并成一个表格；而拆分表格则是将一个表格拆分为多个独立的表格。

① 合并表格：若要合并相邻的两个表格，只要把两个表格间的内容或回车符删除掉即可。

② 拆分表格：要把表格分成多个表格，先把光标定位在需要拆分的位置，然后单击"表格工具/布局"选项卡中的"合并"选项组"拆分表格"按钮即可。或按"Ctrl + Shift + Enter"快捷键快速拆分表格。

（9）手工编辑表格

在"表格工具/布局"选项卡的在"绘图边框"选项组中，有两个工具用于手工编辑表格，当要添加一两根线或删除一两根线时，这两个工具非常有用。这两个工具如图 4 - 86 所示，其中"绘制表格"工具 可以绘制表格线，而"擦除"工具 则可以删除表格线。

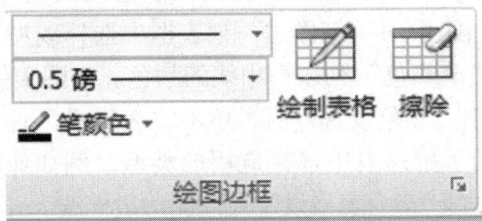

图 4 - 86

二、设置表格格式

表格格式设置主要是针对表格的美观度，通过对表格格式的设置，使表格更为美观，更能吸引读者的眼球。

1. 设置行高和列宽

① 将鼠标指针指向需要改变行的上或下边框线处，当鼠标显示为上下箭头时，按

着鼠标左键不放并拖动，到合适位置放开即可。如要调整列宽，也是将鼠标指针指向需要改变宽的左或右边框线处，当鼠标显示为左右箭头时，按着鼠标左键不放并拖动，到合适位置放开即可。

②用鼠标拖动调整行高和列宽，虽然简单但精度不高，要想精确设置行高和列宽，就得通过"单元格大小"选项组来设置。将光标定位在需要设置的单元格处，切换到"表格工具/布局"选项卡，在"单元格大小"选项组中"高度"（行高）和"宽度"（列宽）文本框中输入行高和列宽的数值，如图 4 – 87 所示。

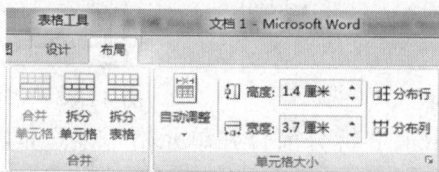

图 4 – 87　"单元格大小"选项组

2. 平均分布行高和列宽

在编辑时，总会遇到一些表格中的单元格参差不齐，如要统一化，则可以通过分布行或分布列进行设置。

把光标定位在需要设置的行或列的单元格中，在图 4 – 87 所示的"单元格大小"选项组中单击"分布行"按钮 分布行 就可以平均分布各行，单击"分布列"按钮 分布列 就可以平均分布各列。

在分布过程中，如果只是把光标定位在表格中，则对整个表格进行分布；如果是选择一个范围，则只对选择的范围进行分布。

3. 设置表格边框和底纹

表格边框是指表格四周以及中间用来间隔单元格的线。底纹则是单元格的背景，用于衬托单元格，使单元格更加突出、美观。

（1）设置表格边框

①选择需要改变边框的单元格范围，把当前状态切换到"表格工具/设计"选项卡，在"绘图边框"选项组中的"笔样式"列表框中选择线型，在"笔划粗细"列表框选择笔划的粗细，在"笔颜色"列表框中线的颜色。如图 4 – 88 所示。

②边框的线型、粗细、颜色设置好后，单击"表样式"选项组右侧"边框"按钮旁的下拉按钮，在弹出的下拉列表中选择应用的类型，例如如图 4 – 89 所示为表格边框应用设置中的"外侧框线"，为表格设置最外侧的边框线。

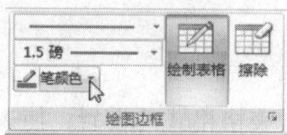

图 4 – 88

图 4 – 89　表格边框应用设置

（2）为表格添加底纹

选择需要添加底纹的单元格范围，把当前状态切换到"表格工具/设计"选项卡，在"表样式"选项组中单击"底纹"按钮右侧的下拉按钮 ▼ ，在弹出的颜色框中单击需要添加作为底纹的颜色即可。如图 4 - 90 所示。

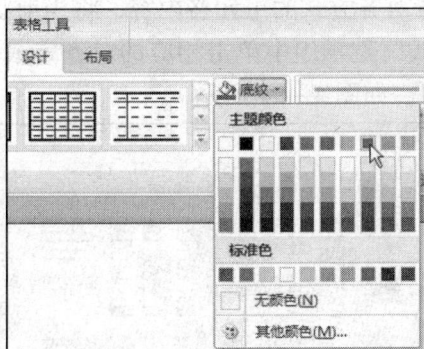

图 4 - 90　表格底纹按钮

4. 绘制斜线表头

斜线表头是表格中比较常见的一种表头方式，用于说明表格中行与列所表达的内容。斜线表头的绘制操作如下：

第一步：将光标定位在表格的第一个单元格，将当前状态切换到"表格工具/布局"选项卡，单击"表"选项组中的"绘制斜线表头"按钮。如图 4 - 91 所示。

第二步：在弹出的对话框中，从"表头样式"中选择相应的表头样式，然后分别在"行标题"和"列标题"中输入标题内容，如图 4 - 92 所示。设定完成后单击"确定"按钮，结果如图 4 - 93 所示。

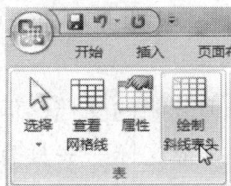

图 4 - 91

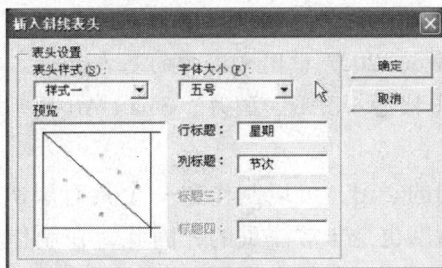

图 4 - 92　表格斜线表头对话框

图 4 - 93　表格斜线表头效果

5. 单元格文本对齐方式

为了使用表格中的文本摆放更整齐，可以文本设置对齐方式，操作方法如下：

在表格中选择需要设置对齐方式的单元格内容，将当前状态切换到"表格工具/布局"选项卡，在"对齐方式"选项组中单击相应的对齐方式按钮即可。例如单击"水平居中"（中部居中）按钮，如图4－94所示。

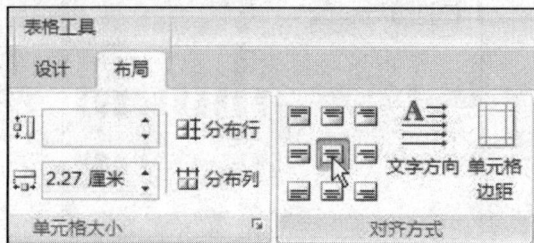

图4－94　表格对齐按钮

§4－6　图文混排

本节学习内容：

1. 插入图片、艺术字。

2. 插入 Smart Art 图形。

3. 绘制自选图形。

本节学习目标：

1. 了解 Word 2007 中图文混排的基本知识。

2. 掌握文档插入图形、图片、Smart Art 图形、艺术字和文本框等元素的基本方法。

通过前面的学习，可以制作出一个具有层次感、条理分明的文档，但是现在人们对事物的美观度也是非常注重的，因此，在制作像宣传海报这样一些具有特殊要求的文档时，就需要使用各种方法来增强文档的美观程度。在 Word2007 中，可以向文档插入图形、图片、Smart Art 图形、艺术字和文本框等元素来美化文档外观。

一、插入图片、艺术字

在文档的适当位置插入图片，可以使文档更加生动形象。在 Word 中插入的图片可以是剪贴画或各种格式的外部图片。

1. 插入剪贴画

剪贴画是由 Office 系统提供的，保存到剪辑库中，在 Word 中排版时可以随时插入这些剪贴画。具体操作如下：

第一步：将插入点置于要插入剪贴画的位置，将当前状态切换至"插入"选项卡。单击"插图"选项组中的"剪贴画"按钮 ，在编辑区右侧自动显示"剪贴画"任务窗格，单击"剪贴画"任务窗格下方的"管理剪辑"超链接，如图 4-95 所示。

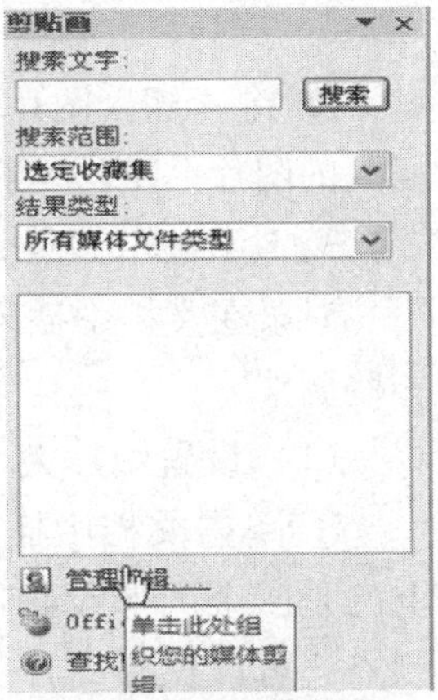

第二步：打开剪辑管理器，单击"Office 收藏集"左侧的"＋"按钮展开"Office 收藏集"，进一步展开其下的各个类别查找需要的剪贴画，如在"季节"类别中的"秋季"分类，如图 4-96 所示。

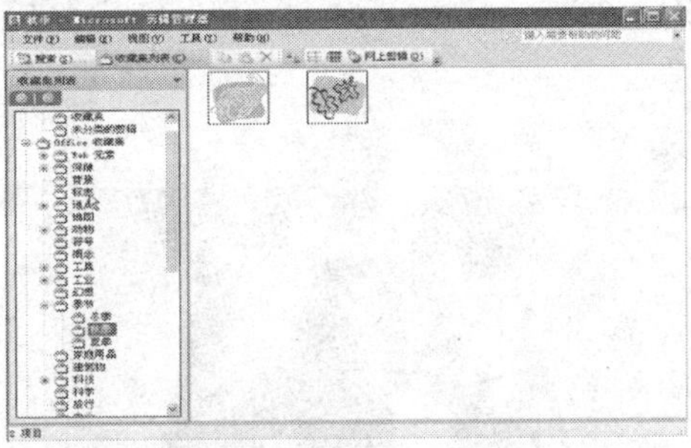

图 4-95 单击"管理剪辑"选项

图 4-97

图 4-96 选择剪辑管理中的分类

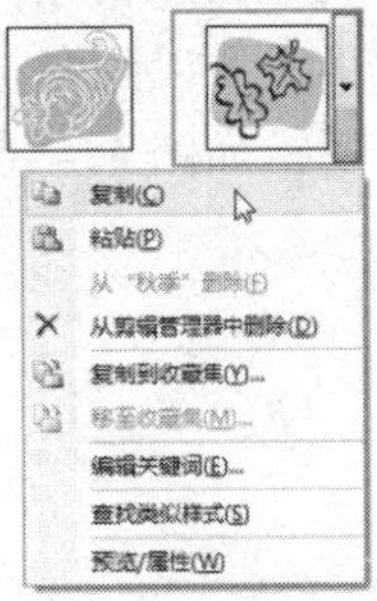

第三步：将光标移至要插入的图片上，单击其右侧的三角按钮，在弹出的快捷菜单中选择"复制"命令，如图 4-97 所示。

第四步：关闭"剪辑管理器"，在编辑窗口中单击鼠标右键，在弹出的快捷菜单中选择"粘贴"命令，将从剪辑库中复制的图片粘贴到文档中。

2. 插入图片

① 将当前状态切换到"插入"选项卡，在"插图"选项组中单击"图片"按钮 ，打开"插入图片"对话框，如图 4-98 所示。

图 4-98 "插入图片"对话框

② 在"插入图片"对话框左侧的"查找范围"栏下找到图片存储的位置，选择要插入的图片，单击"插入"按钮，就可以将图片插入到当前插入点下。

3. 设置图片属性

对于在文档中插入的图片，往往不是我们想要的效果，这就需要我们对图片进行一些调整。

（1）设置图片大小

① 单击文档中插入的图片，会看到图片四周有九个点如图 4 – 99。其中四个角上的是四个圆形空心点，四条边的中心上是四个方形空心点，这八个点是图片的控制点，可以调整图片的大小，在图片上方正中还有一个圆形绿色点，这是图片的旋转控制点。将光标移至控制点上，当光标变为双向箭头时，单击并拖曳鼠标，即可调整图片大小。方形点只能控制单个方向的大小，圆形点可以两个方向同时控制大小，所以用鼠标拖曳调整大小时，尽量采用四个角的圆形控制点，这样图形不会变形，如图 4 – 100 所示。

图 4 – 99   图形控制点

图 4 – 100   拖曳控制点调整图片大小

② 拖曳鼠标只能大概调整图片的大小，要想精确设置图片的大小，可以利用"大小"选项组或图片"大小"对话框。选中图片后将功能区切换到"图片工具/格式"

选项卡，在"大小"选项组的"形状高度"和"形状宽度"文本框中输入图片的高度和宽度值，如图 4 – 101 所示。

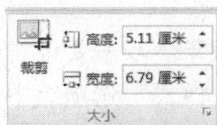

③ 单击"大小"选项组右下角的对话框启动器，打开"大小"，对话框，如图 4 – 102 所示。在"尺寸和旋转"选项组中设置图片的高度与宽度，以及旋转角度；在"缩放比例"选项组中的"高度"和"宽度"文本框中可以按百分比设置图片大小。选中"锁定纵横比"，可以使图形宽高等比缩放，保证图形不变形。

图 4 – 101

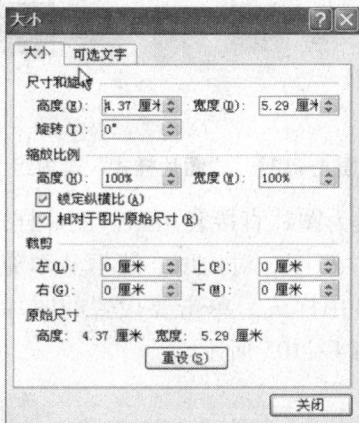

图 4 – 102　"大小"对话框

（2）旋转图片

选中图片后，将鼠标移到绿色旋转控制点上，当鼠标指针变成" ↻ "形状时，按下鼠标左键并拖动就可以旋转图形，如图 4 – 103 所示。如果要设置图片的精确旋转角度，可以在图 4 – 102 所示的"大小"对话框的"旋转"文本框中输入角度值。用户也可以在"图片工具/格式"选项卡中，单击"排列"选项组中的按钮，在弹出的菜单中选择旋转的 4 种角度。如果选择"其他旋转选项"命令，则又会打开"大小"对话框。

（3）设置图片色彩及艺术效果

在 Word 2007 中，可以对插入的图片进行色彩上的调整，并应用默认的样式为图形添加艺术效果，使图片具有专

图 4 – 103　旋转图形

业化的水准。另外，如果对 Word 2007 的默认样式不满意，还可以自定义图片的边框、填充色、阴影、三维等多种效果。设置图片色彩及艺术效果的具体操作步骤如下：

第一步：双击要设置的图片，自动切换到"图片工具/格式"选项卡，在"调整"选项组中可以单击相应的按钮，然后在弹出的菜单中选择具体的设置项。这些选项有：

亮度：设置图片的明亮度，相当于设置照射在图片上灯光的强度。

对比度：图片明暗对比程度。

重新着色：设置图片的颜色模式及颜色风格，如彩色模式、灰度模式、黑白模式、冲蚀模式等。

压缩图片：压缩文档中的图片，以减小图片的大小。

更改图片：打开"插入图片"对话框，插入新图片，替换正在编辑的图片。

重设图片：取消对图片所做的所有设置内容。

第二步：除了设置图片的色彩模式外，还可以为图片添加艺术效果。双击要设置的图片，自动切换到功能区中的"图片工具格式"选项卡，在"图片样式"选项组中即可设置图片的样式。如图4-104所示。

图4-104　"图片样式"选项组

第三步：最方便快速的是为图片直接套用默认图片样式。在默认图片样式列表中，Word已经将不同的图形剪裁、亮度、对比度、边框和填充样式、阴影以及三维效果进行优化组合，形成了现成的可用样式。单击要设置的图片，然后在默认图片样式列表中选择所需的样式即可，如图4-105所示。

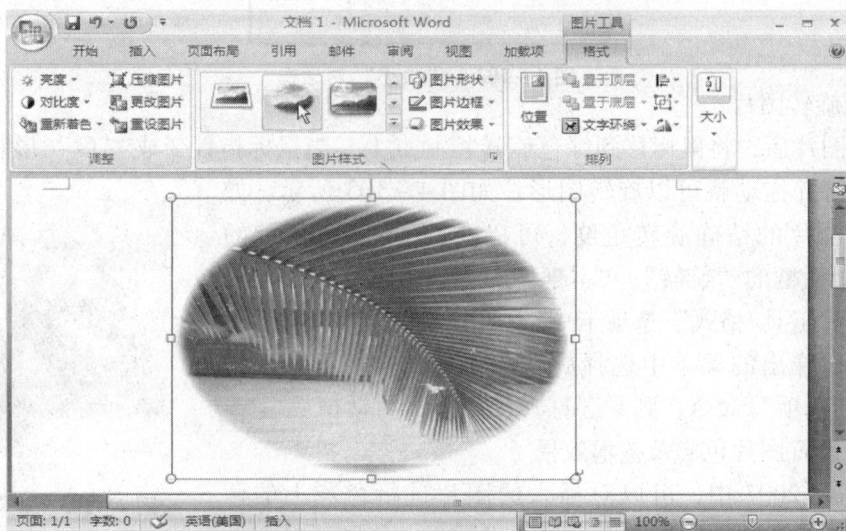

图4-105　选择图片样式

（4）设置图片的文字环绕方式

大多数情况下，制作的文档中不只有图片，通常还有很多文字内容。这时，就要充分考虑版面的美观，设置好图片与文字的位置关系，即环绕方式。设置图文环绕方式需要先双击要设置的图片，然后在"图片工具格式"选项卡"排列"选项组中，单击"文字环绕"按钮，在弹出的菜单中选择环绕方式即可。各环绕方式与效果对应情况如图4-106所示，具体说明如下：

嵌入型：Word将嵌入的图片当做文本中的一个普通字符来对待，图片将跟随文本的变动而变动。

四周型环绕：文字环绕的四周，图片四周留出一定的空间。此时的图片具有浮动性，可以在文档中自由移动，

紧密型环绕：文字紧密环绕在实际图片的边缘（按实际的环绕顶点环绕图片），而不是环绕于图片边界。

衬于文字下方：图片在文字的下方。此时的图片就像文字的背景图案。

衬于文字上方：图片覆盖在文字的上方。

上下型环绕：文字环绕在图片的上下方。图片和文字泾渭分明，显得版面很整洁。

穿越型环绕：文字沿着图片的环绕顶点环绕图片，且穿越凹进的图形区域。

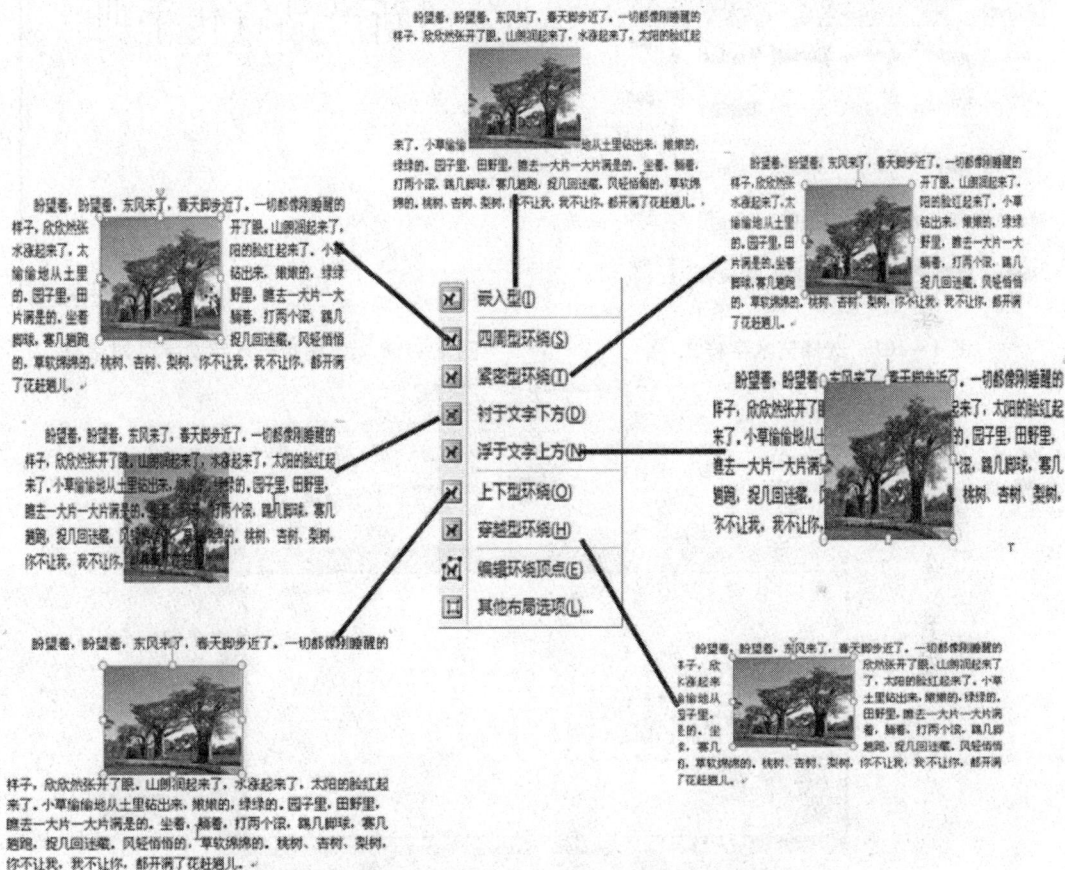

图 4 - 106　环绕方式与环绕效果

4. 插入艺术字与文本框

在文档中插入艺术字，可以使文档的某些内容，如标题更加突出醒目。如果需要在文档的任意位置添加文字，例如，需要对插入的图形添加一些注释，那么就需要使用文本框，也可根据需要对其中的内容进行修改。

（1）插入艺术字

第一步：将插入点置于需要插入艺术字的位置，然后切换到"插入"选项卡，在

"文本"选项组中单击"艺术字"按钮 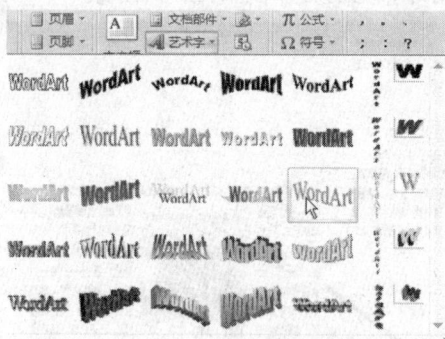艺术字，在弹出的列表中选择一种艺术字样式，如艺术字样式，如图 4 – 107 所示。

第二步：打开"编辑艺术字文字"对话框，在"字体"，和"字号"列表框中设置艺术字的字体和字号，然后在"文本"文本框中输入艺术字的内容，如图 4 – 108 所示。然后单击"确定"按钮返回文档窗口，艺术字在当前插入点插入，如图 4 – 109 所示。

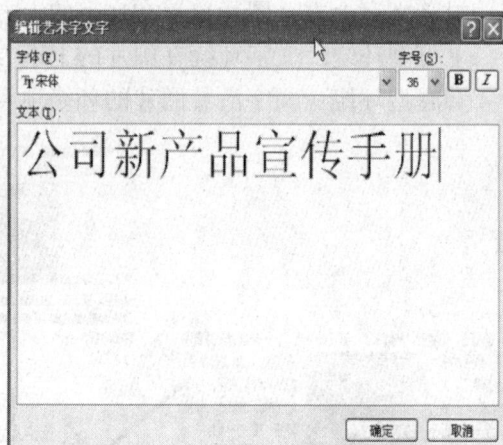

图 4 – 107　选择艺术字样式　　　　　图 4 – 108　　"编辑艺术字文字"对话框

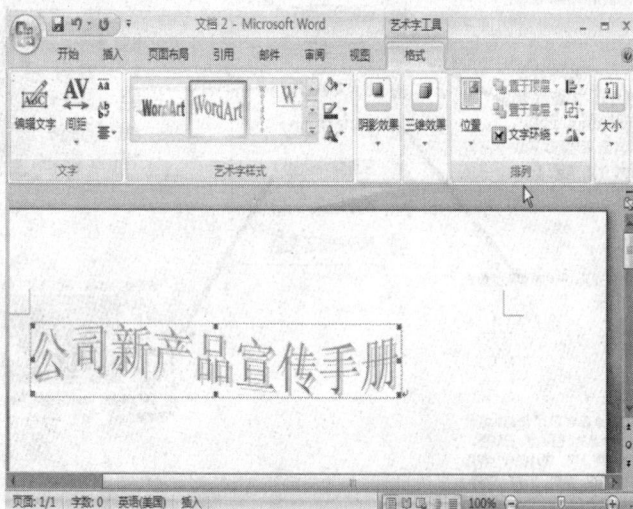

图 4 – 109　插入艺术字

第三步：用户可以根据需要修改艺术字的内容和格式。双击要修改的艺术字，此时自动切换到"艺术字工具格式"选项卡，在"文字"选项组中单击"编辑文字"按钮，直接在打开的"编辑艺术字文字"对话框的"文本"文本框输入新的内容，单击"确定按钮即可。

也可以鼠标右键单击要修改的艺术字，然后在弹出的快捷菜单中选择"编辑文字"，在随后打开的"编辑艺术字文字"对话框中修改艺术字。

（2）设置艺术字格式

在文档中插入艺术后，可以重新设置艺术字的大小、样式、文字方向和对齐方式、环绕方式等。

1）设置艺术字的大小与文字间距

① 选择要设置的艺术字，然后拖动其边框上的控制点，调整艺术字的高度、宽度或等比例缩放艺术字，这些操作与调整图片的大小相类似。在"艺术字工具/格式"选项卡下的"大小"选项组中可以精确设置艺术字的大小。

② 双击要设置的艺术字，在"文字"选项组中单击"间距"按钮 ，在弹出的菜单中选择所需的间距，如"很松"选项，即可调整艺术的间距，如图 4 – 110 所示。

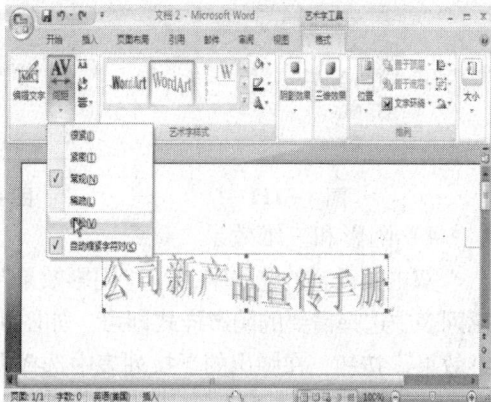

2）文字环绕方式

艺术字的文字环绕方式设置与图片相似。双击艺术字，在"排列"选项组中单击"文字环绕"按钮，在弹出的菜单中选择需要的文字环绕方式。

图 4 – 110 设置艺术间距

3）艺术字样式设置

双击要设置的艺术字，在"艺术字样式"选项组中选择需要的艺术字样式即可。如图 4 – 111 所示。

图 4 – 111 "艺术字样式"选项组

在图 4 – 111 所示的"艺术字样式"选项组中，单击"形状填充"按钮 ，在弹出的列表框中选择一种颜色或填充类型，可以对艺术字进行填充，如图 4 – 112 所示。单击"形状轮廓"按钮 ，在弹出的列表框中选择一种颜色，可以设置艺术字的轮廓颜色，如图 4 – 113 所示。单击"更改形状"按钮 ，在弹出的列表框中选择一种艺术字形状，可以设置艺术字外形，如图 4 – 114 所示。

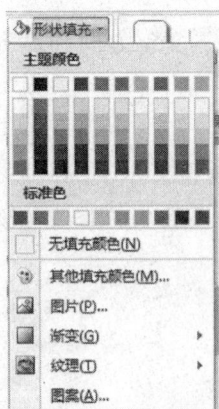
图 4 – 112

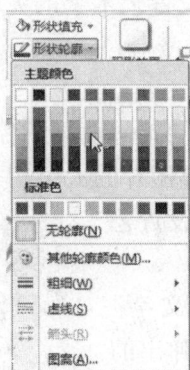
图 4 – 113

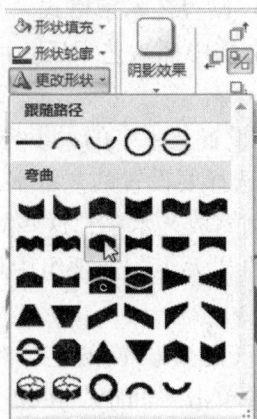
图 4 – 114

4）阴影和三维效果

双击要设置的艺术字，在"阴影效果"选项组中单击"阴影效果"按钮，在弹出的下拉列表中选择需要的阴影样式即可。如图 4 – 115 所示。在"三维效果"选项组中单击"三维效果"按钮，在弹出的下拉列表中选择需要的三维样式即可。如图 4 – 116 所示。

（3）插入文本框

在文档中可以插入的文本框分为横排文本框和竖排文本框，用户根据文字显示方向的要求来插入不同排列方式的文本框。在文档中插入文本框的具体操作步骤如下：

第一步：打开要插入文本框的 Word 文档，切换到功能区中的"插入"选项卡，然后在"文本"选项组中单击"文本框"按钮 ，在弹出的列表中可以在"内置"区域中选择 Word 默认的文本框样式，也可以创建新的文本框，如选择"绘制文本框"命令，如图 4 – 117 所示。

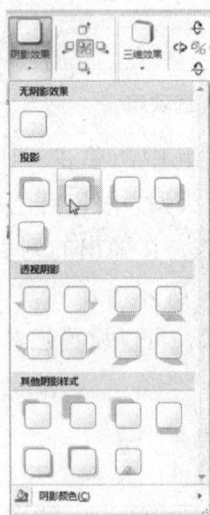
图 4 – 115

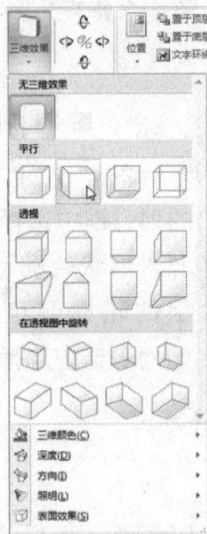
图 4 – 116

第二步：此时光标变为十字型，在文档中拖动光标绘制一个空白文本框。在文本框中的闪烁光标处可输入内容，并可为其设置字体、字号以及字体颜色等格式。如图 4 – 118 所示。

图 4 – 117

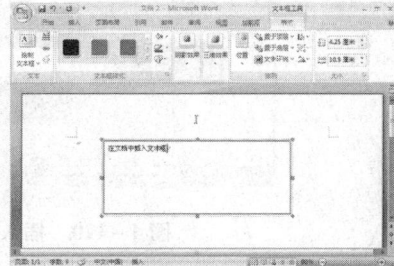

图 4 – 118　插入文本框

二、插入 SmartArt 图形

在 Word 2007 中，新加入了 SmartArt 图形。通过创建 SmartArt 图形，使得在文档中制作组织结构图和流程图等各种类型的图示变得非常方便快捷。

1. Smart Art 图形类型

在 Word 中可插入 Smart Art 库中的图示，其中包括列表图、流程图、循环图、层次结构图、关系图、矩阵图和棱锥图等 7 大类。

2. 插入 Smart Art 图形

在 Word2007 中插入 Smart Art 图形很方便，选择好一种 Smart Art 图形布局即可其插入到文档中。插入 Smart Art 图形的操作步骤如下：

新建一个 Word 文档，切换到"插入"选项卡，然后在"插图"选项组中单击"Smart Art"按钮，打开"选择 Smart Art 图形"对话框。在该对话框的左侧列中选择 Smart Art 图形的类型，然后在中间列表中选择该类型中的具体一种布局，选择的同时将右侧显示该布局的具体信息。如图 4 – 119 所示。设置好后单击"确定"按钮，返回 Word 主窗口，即可在文档中插入选择的 Smart Art 图形如图 4 – 120。

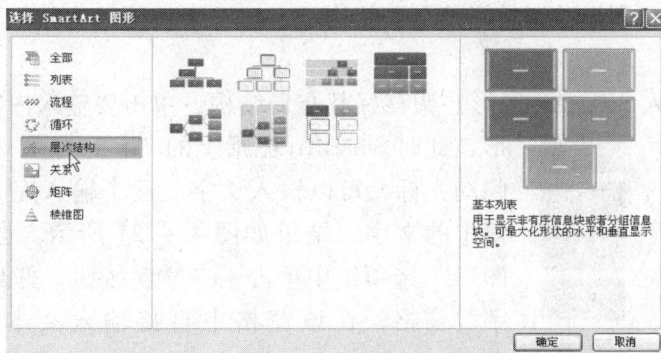

图 4 – 119

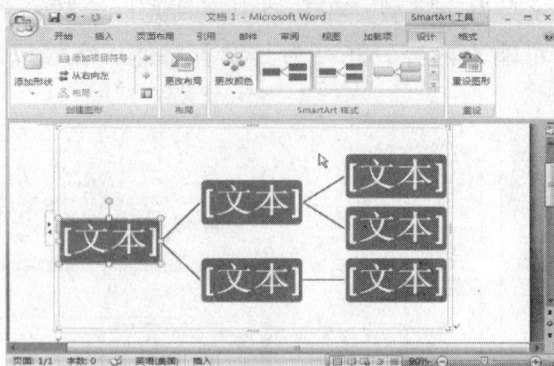

图 4 -120　插入 Smart Art 图形

3. 调整 Smart Art 图形的布局结构

Smart Art 图形库中提供的只是基本的图形样式，通常将 SmartArt 图形插入到文档后，都不能完全适合具体的需要，这时就应该对其布局结构重新调整，以便达到使用要求。调整 Smart Art 图形的布局结构分为以下几种：

更改整体布局：对于插入的 SmartArt 图形，可以重新改变其整体布局结构，方法是双击 SmartArt 图形区域内的空白处，然后切换到功能区中的"设计"选项卡，在"布局"选项组中重新选择布局，单击"其他"按钮则可以显示全部布局。

对图形升降级：在 Smart Art 图形的某些类型中，其内部图形有着级别之分，如层结构图形类型中的布局。要升级或降级某个图形，只需单击这个图形元素（单击内部或边框均可），然后在"设计"选项卡"创建图形"选项组中单击" ← 升级 "或" → 降级 "按钮即可。

添加图形元素：除了在插入 Smart Art 图形时默认的图形个数外，还可以根据需要添加图形元素，但是需要先选择一个基准图形。单击 Smart Art 图形中的一个基准图元素，然后在"设计"选项卡"创建图形"选项组中，单击"添加形状"按钮，在弹出的菜单中选择添加图形所处的位置即可。

4. 添加 SmartArt 图形的内容

插入 Smart Art 图形并调整好其布局结构后，接下来就可以为其添加内容了。具体操作步骤如下：

在文档中插入 SmartArt 图形并调整好其布局结构，单击要输入内容的 SmartArt 图形，此时 SmartArt 图形上的"［文本］"字样消失，出现闪动光标，可以输入文字。逐个输入完 SmartArt 图形元素中的文字，结果如图 4 – 121 所示。也可以在"创建图形"选项组中单击 文本窗格 按钮，打开"在此键入文字"窗格，在该窗格中直接输入文本，如图 4 – 122 所示。

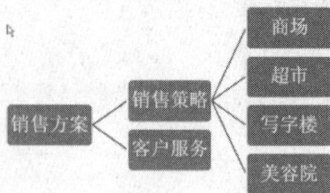

图 4 –121

5. 美化 SmartArt 图形的外观。

与设置图片外观的类型及方法一样，在 Word2007

中，可以为 SmartArt 图形设置丰富多彩的外观，达到专业的美化效果。操作步骤如下：

第一步：设置的 SmartArt 图形，切换到功能区中的"Smart Art 工具/设计"选项卡，在"SmartArt 样式"选项组中选择 SmartArt 图形的整体效果，如图 4 – 123 所示。

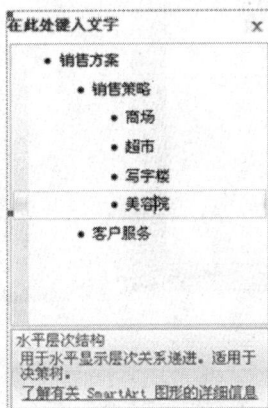

图 4 – 122　使用文本窗格
输入 Smart Art 图形内容

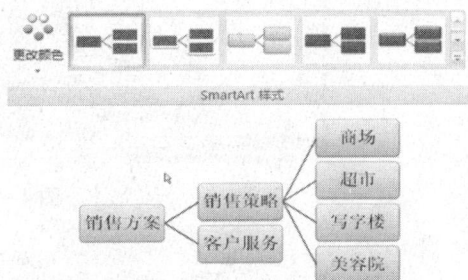

图 4 – 123　选择 Smart Art 样式

第二步：单击"更改颜色"按钮 ，在弹出的菜单中可以为 SmartArt 图形选择一种主题颜色。在 Word 2007 中，用户可以根据需要随时改变主题颜色，方法是切换到功能区的"页面布局"选项卡，然后在"主题"选项组中单击按钮 ，在弹出的菜单中选择 Word 内置的主题颜色。

三、绘制自选图形

1. 绘制图形

在 Word 2007 中，可以直接在文档中插入默认提供的基本图形，如线条、基本形状、箭头、流程图等。通过绘制多个基本图形，还可以组成更多的复杂图形。具体操作步骤如下：

第一步：将功能区切换到"插入"选项卡，在"插入"选项组中单击"形状"按钮，在弹出的菜单中选择要绘制的基本形状。如图 4 – 124 所示选择矩形。

第二步：根据选择的图形，在文档中单击图形绘制的起始位置，然后拖动鼠标左键至终止位置，即可绘制所需的图形。图形绘制好后，将自动为选中状态，并在图形边框上显示蓝色的控制点，如图 4 – 125 所示。

2. 改变图形的形状

对于已经在文档中绘制好的图形，还可以根据需要改变它的形状。具体操作步骤如下：

单击要改变形状的图形，在功能区中将显示出"绘图工具/格式"选项卡。切换到"绘图工具/格式"选项卡，然后在"形状样式"选项组中单击"更改形状"按钮，在弹出的菜单中选择改变后的形状即可。

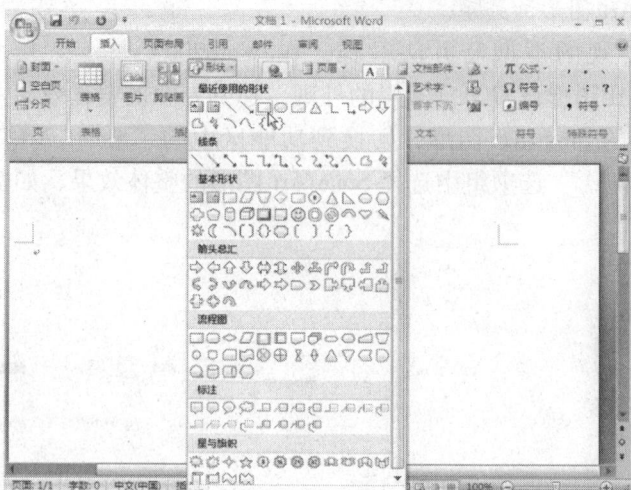

图 4 - 124

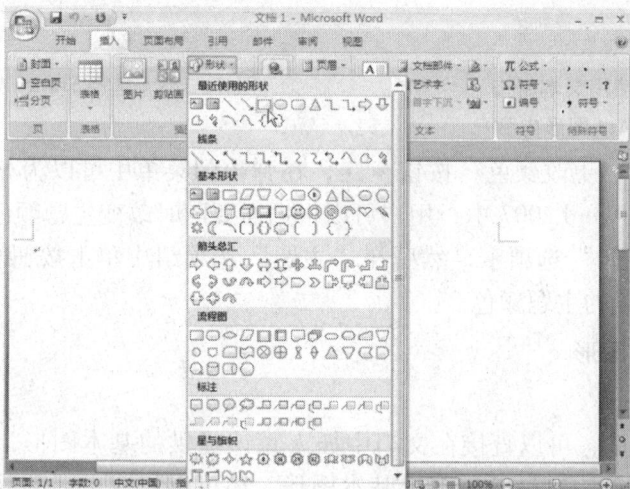

图 4 - 125　绘制图形

3. 组合图形

如果要对多个图形进行一些统一的操作，例如，需要将几个图形在保持其相对位置的情况下，一起移动到文档中的某处，这时就可以先将这些图形组合为一个整体，然后再同时进行移动。对于需要单独编辑的图形，则可以在取消组合后进行个别设置。组合图形的具体操作步骤如下：

第一步：如果要组合多个图形，则需要先同时选中这些图形。在按住 Shift 或 Ctrl 键的同时，依次单击要选择的多个图形，还可以切换到功能区中的"开始"选项卡，在"编辑"选项组中单击 选择 按钮，在弹出的菜单中选择"选择对象"命令。然后拖动鼠标将要选择的图形包括在虚线框内，如图 4 - 126 所示。

第二步：切换到"绘图工具/格式"选项卡，在"排列"选项组中单击"组合"按钮，在弹出的菜单中选择"组合"命令，即可将多个图形组合为一个整体；也可以右键单击选择图形区域，在弹出的快捷菜单中选择"组合"→"组合"命令，如图 4-127 所示。

图 4-126　拖动鼠标选择多个图形　　　　　图 4-127　使用右键菜单组合图形

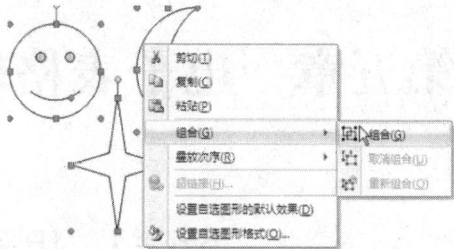

　　第三步：当要对组合图形的单个图形进行操作时，需要先取消组合再进行操作。选择要拆分的图形，然后切换到功能区中的"绘图工具/格式"选项卡，在"排列"选项组中单击"组合"按钮 ，在弹出的菜单中选择"取消组合"命令，即可将组合图形拆分为组合前的多个图形。当然，也可以用鼠标右键单击组合的图形，在弹出的快捷菜单中选择"组合"→"取消组合"命令来拆分图形。

本章练习和思考：

1. 简述 Word 2007 操作界面的组成。
2. 文档的权限管理内容有哪些？
3. 选择文本有哪些方法？
4. 什么是页眉、页脚？
5. 文档字体格式设置有哪些具体内容？
6. 文档段落格式设置有哪些具体内容？
7. 样式有何作用？
8. 如何设置表格行高和列款均匀相等？
9. 如何让为表格添加边框？
10. 图片与文本的环绕方式有哪几种？
11. 什么是 SmartArt 图形？

第五章　电子表格软件 Excel 2007 的应用

§5-1　电子表格的基本操作

本节学习内容：

1. Excel 2007 的操作界面。

2. 工作簿、工作表、单元格等有关 Excel 的基本概念。

3. 工作簿的基本操作。

4. 表格数据的输入与编辑。

本节学习目标：

1. 了解 Excel 2007 的操作界面及工作簿、工作表、单元格等有关 Excel 的基本概念。

2. 了解工作簿的基本操作。

3. 掌握表格数据的输入与编辑操作。

一、Excel 2007 的操作界面

Excel 2007 与 Excel 的以往版本相比，其操作界面发生了很大的变化，所以，要熟练操作 Excel 2007，首先需要了解 Excel 2007 的全新的操作界面。

启动 Excel 2007 后，会出现如图 5-1 所示的 Excel 2007 的操作界面。从图 5-1 中可以看出，很多工具或按钮与 Word 2007 相同，其含义也与 Word 2007 相同，可以参照 §4-1 相关内容介绍。下面简单介绍 Excel 2007 界面组成部分及相应的功能。

1. 标题栏

标题栏用于显示程序的名称和当前正在编辑的工作簿文件名，如"Book1 - Microsoft Excel"，其右侧有三个窗口控制按钮，即"最小化"、"最大化/向下还原"、"关闭"按钮。

2. Office 按钮

Office 按钮位于 Excel 2007 操作界面的左上角，其功能与早期版本的 Excel 菜单栏中的"文件"菜单相似。单击该按钮，会出现包括"新建"、"打开"、"保存"、"另存为"、"打印"、"准备"、"发送"、"发布"、"关闭"常用的操作命令，并且其右侧列出了最近使用过的文档。

3. 快速访问工具栏

在默认情况下，快速访问工具栏位于 Office 按钮的右侧，使用该工具栏中的按钮可

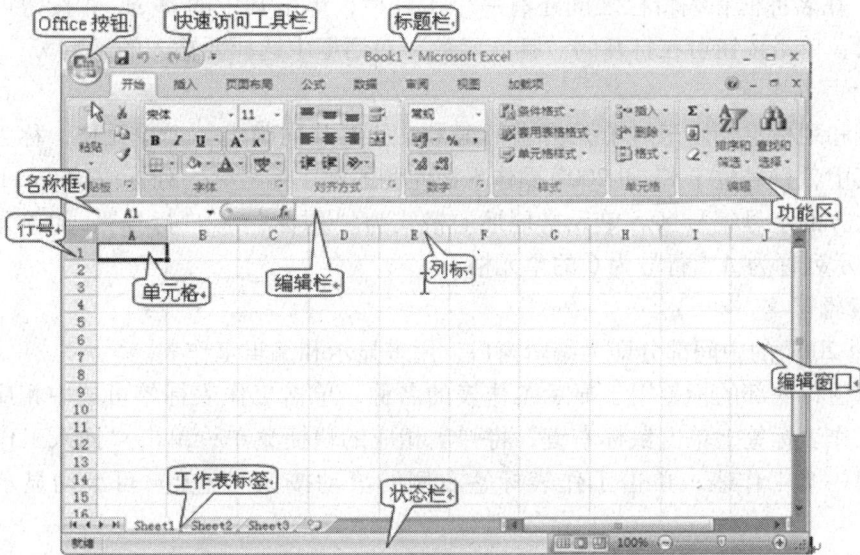

图 5-1 Excel 2007 操作界面

以快速执行最常用的操作，如"保存"按钮 、"撤销"按钮 、"恢复"按钮 等。

4. 功能区

Excel 2007 操作界面的最大改变就是使用简单明了的功能区取代了传统 Windows 应用程序中的菜单、工具栏和任务窗口。功能区将各种 Excel 操作命令集成于功能组中，功能组又分别集成在选项卡下，如图 5-2 所示。

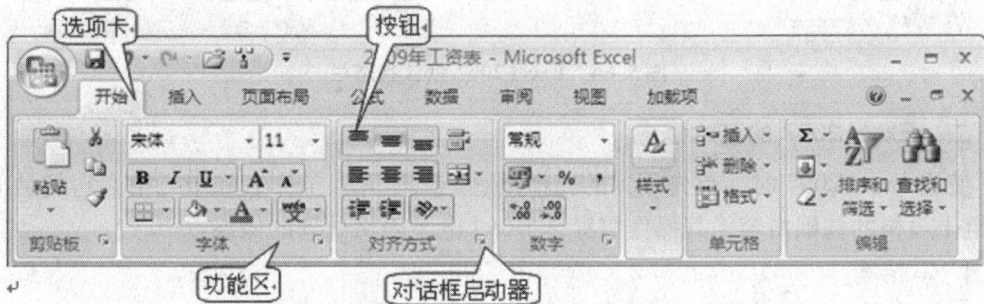

图 5-2 Excel 2007 的功能区

5. 名称框和编辑栏

在 Excel 2007 操作界面的功能区下方有一个名称框和编辑栏，如图 5-3 所示。

图 5-3 名称框和编辑栏

（1）名称框：用来显示当前选中的单元格、图表项或绘图对象的名称。

（2）编辑栏：用来显示单元格中输入或编辑的内容，也可直接输入或编辑。

（3）在名称框和编辑栏之间还有一个工具栏，单击其中的 ✖ 或 ✔ 按钮可取消或确认编辑，单击按钮可在打开的"插入函数"对话框中选择要输入的函数。

6．行号和列标

行号和列标主要用于对单元格进行编号，从而共同确定一个单元格，称为单元格地址。其中，行号位于 Excel 2007 操作界面左侧的数字编号区，列标位于 Excel 2007 操作界面上方的字母编号区。单元格地址的格式为"列标"＋"行号"，如单元格地址"A6"表示列标为 A、行号为 6 的单元格。

7．编辑窗口

Excel 2007 的中间部分即为编辑窗口，用来显示和编辑工作表。

编辑窗口底部的标签用于显示工作表的名称，单击工作表标签可选中相应的工作表；在工作表标签上单击鼠标右键，将弹出相应的快捷菜单；单击"插入工作表"按钮可新建一个工作表；单击工作表标签右侧的滚动按钮 ◄◄ ◄ ► ►► 可滚动显示工作表标签。

8．单元格

单元格是 Excel 2007 操作界面的矩形小方格，是组成 Excel 表格的基本单位，同时也是存储数据的最小单元。用户输入的所有内容都将存储和显示在单元格内，所有单元格组合在一起即构成一个工作表。

9．状态栏

Excel 2007 操作界面的底部有一个状态栏，其中显示了 Excel 2007 的当前状态，包括"视图方式"按钮、"显示比例"按钮和缩放滑块等，如图 5 - 4 所示。

图 5 - 4　Excel 2007 默认状态栏

二、Excel 2007 的基本概念

使用 Excel 2007 时，首先用到的三个概念是工作簿、工作表和单元格，它们是 Excel 电子表格的基础内容，其操作贯穿于 Excel 电子表格处理的始终。

1．工作簿

工作簿即通常所说的 Excel 文件，Excel 2007 默认的文件格式为 . xlsx。

默认情况下，启动 Excel 2007 时系统将自动生成一个名为 Book1 的工作簿，其中包含 Sheet1. Sheet2 和 Sheet3 三个工作表，用户可以在该工作簿中同时处理或存储多种类型的数据，如图 5 - 5 所示。

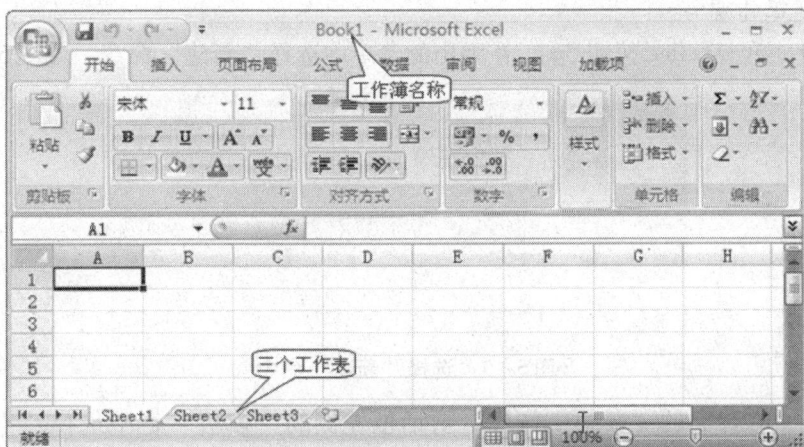

图 5-5　包含三个工作表的工作簿

2. 工作表

工作表是用于存储和处理数据的具体文档，即电子表格，它由多个单元格构成。工作表保存在工作簿中，启动 Excel 2007 时，系统将默认创建三个工作表，如图 5-5 所示。

工作表中行号的范围是 1~1048576，列标的范围是 A（即第 1 列）~ XFD（即第 16384 列），由此可以计算出，一个工作表中最多可以有 1048576 × 16384 = 17179869184 个单元格。

3. 单元格

在前面的"Excel 2007 操作界面"中已经介绍了单元格的定义和命名方式，这里主要介绍活动单元格的概念。活动单元格的指处于选中状态的单元格，其周围会出现黑色边框线，并且名称框中将显示该单元格的名称，该单元格对应的列标和行号以黄色显示，如图 5-6 所示。

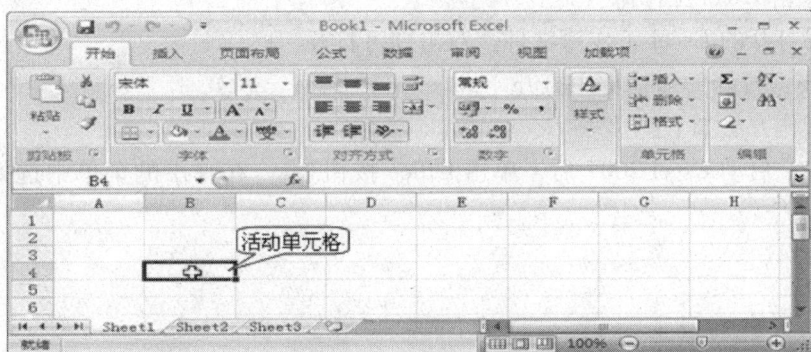

图 5-6　激动单元格

三、Excel 2007 工作簿的基本操作

工作簿是存储和处理数据的文件，包含一个或多个工作表，掌握对工作簿的操作是有效完成电子表格处理工作的前提。

1. 创建工作簿

第一步：单击 Office 按钮 ，在弹出的菜单中选择"新建"命令，如图 5-7 所示。

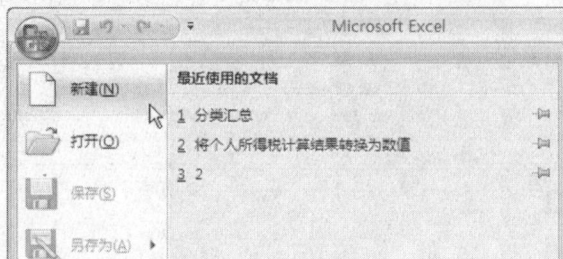

图 5-7 选择"新建"命令

第二步：在弹出的"新建工作簿"对话框左侧的"模板"栏中选择"空白文档和最近使用的文档"选项，中间部分此时显示"空白文档和最近使用的文档"窗格，选择"空工作簿"选项，然后单击右下角的 创建 按钮。

2. 保存工作簿

保存工作簿的具体操作方法与保存 Word 方档操作方法想同，请参阅 §4-2 有关内容。

第一步：单击 Office 按钮 ，在弹出的菜单中选择"保存"命令。

第二步：弹出"另存为"对话框，设置好保存的路径和文件名后，单击 保存(S) 按钮，即可保存工作簿。

注意：只有保存新建的工作簿（第一次保存），才会自动打开"另存为"对话框；若是已保存过的工作簿，则会用原来的路径和文件名直接保存，不会打开"另存为"对话框。

3. 打开工作簿

打开 Excel 工作簿的方法有多种。下面介绍常用的二种方法。

（1）双击 Excel 工作簿打开

找到要打开的 Excel 工作簿文件，双击即可打开。

（2）在"打开"对话框中打开

具体操作方法如下：

第一步：启动 Excel 2007 后，单击 Office 按钮 ，在弹出的菜单中选择"打开"命令。

第二步：弹出"打开"对话框，选择要打开的工作簿文件，如选择"员工档案"，然后单击 打开(O) 按钮。此时，工作簿已经被打开并显示在 Excel 2007 编辑窗口中，如图 5 - 8 所示。

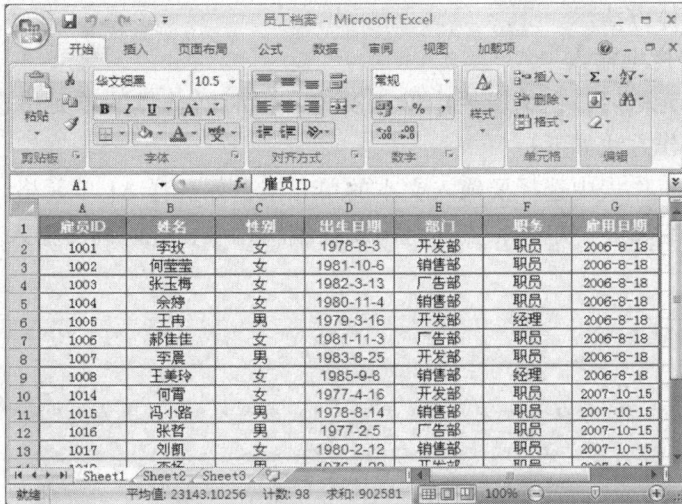

图 5 - 8 打开的"员工档案"工作簿

4. 关闭工作簿

当完成对工作簿的编辑并保存后，可以关闭工作簿。单击标题栏右侧的关闭按钮"   X   "即可将工作簿关闭。也可以单击 Office 按钮，在弹出的菜单中选择"关闭"命令，将工作簿关闭。

如果要关闭的工作簿编辑过但未保存，将弹出如图 5 - 9 所示的对话框提示是否保存工作簿，单击 是(Y) 按钮，保存并关闭工作簿；单击 否(N) 按钮，不保存工作簿并关闭；单击 取消 按钮，返回工作簿继续进行编辑。

图 5 - 9

四、表格数据的输入和编辑

Excel 的主要功能是存储和处理数据，用户可以在 Excel 2007 中方便地对数据进行格式化、查找、修改和填充等操作，进行这些操作的前提是正确输入数据。下面将详细讲解在 Excel 2007 中输入和编辑数据的方法。

1. 输入文本数据

在使用 Excel 2007 制作表格时，经常需要输入文本数据。文本数据是不能参加计算的字符数据，如单位、部门、姓名、地址、编号等等。文本数据包括所有的中英文字符、数字字符和各种符号字符。当数字字符被设置为文本类型后，就不能参加计算仅作为字符串操作了。在 Excel 单元格中，系统默认文本类型数据采用左对齐。下面介绍输入文本的具体方法。

（1）在编辑栏中输入

选择某个单元格后，在编辑栏中输入文本，同时所选择的单元格也会随之自动输入文本。具体操作方法如下：

第一步：在工作表中选择要输入文本的单元格，如选择 A1 单元格。

第二步：在编辑栏中单击，光标将出现在编辑栏中，此时即可输入文本，如图 5 - 10 所示。

图 5 - 10　激活编辑栏

第三步：在编辑栏中输入文本，如"欢迎学习 Excel 2007！"，此时，单元格中也随之输入了相同的文本内容，如图 5 - 11 所示。然后按 Enter 键确认，完成输入。

图 5 - 11　在编辑栏中输入文本

（2）直接输入到单元格

可以直接在单元格中输入文本。双击需要输入文本的单元格，可以看到鼠标光标在单元格中闪烁，此时即可在单元格中输入文本，然后按 Enter 键确认，完成输入。

当要输入由纯数字组成的数据时，系统会将其作为数值型数据处理，如数据编号"20100001"，会自动右对齐，作为编号，是不能计算的，因此要将其设为文本类型，在输入时只要先输入一个英文的"'"号，再接着输入编号数字，即输入"'20100001"，如图 5 - 12 所示，即可作为文本类型数据，自动左对齐。

2. 输入数值数据

数值是 Excel 2007 工作表中的重要数据，确保准确地输入数值对保证工作表数据的正确性十分重要。数值数据是指可以进行计算的数据，如工资表中的工资项，成绩表中的各科成绩等。数值数据由 0～9、小数点"."、千位分隔符","、正号"+"、负号"-"、百分号"%"、各种货币符号（如￥、$ 等）、日期时间等组成。在 Excel 单元格中，系统默认数值类型数据采用右对齐。在单元格输入数值型数据的方法与输入文本的方法相同，即选择要输入数值的单元格后，在编辑栏或者单元格中输入数值，然后按 Enter 键确认即可。

在单元格中要显示分数格式，如"1/2"，可以先输入数字"0"，再按空格键，接着输入"1/2"即可，如图 5 - 13 所示。

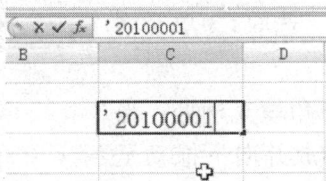

图 5 - 12

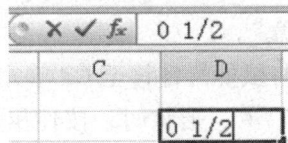

图 5 - 13

3. 输入日期和时间数据

日期和时间是日常生活中最常用的数值之一。日期和时间的输入可以直接键入。

工作表中的日期和时间的显示方式取决于所在单元格对日期和时间显示格式的设置，按习惯日期可采用"年/月/日"或"年 - 月 - 日"格式，时间采用"时：分：秒"格式，图 5 - 14 列出了常用的几种日期和时间的格式。

在 Excel 2007 中，系统将输入的日期和时间当作数值来处理，也就是说日期和时间型数据与另一数值相加得到另一日期和时间型数据。

如果需要在同一个单元格中输入日期和时间，应在日期和时间之间插入一个空格。

如果要输入当天日期，请按"Ctrl + ;"组合键，系统会自动输入当天的日期。如果要输入当前时间，请按"Ctrl + Shift + ;"组合键，系统会自动输入当前时间。

4. 自动填充输入

在制作电子表格时，经常需要输入一些相同的数据或者有规律的数据，如单位、日期和编号等，若手工逐个输入，既费时又费力。Excel 2007 提供的数据自动填充功能可以很好地解决这个问题，不仅可以提高工作效率，而且能够有效地减少输入错误。

使用填充柄填充有规律的数据更加方便快捷。选中单元格时，在单元格右下角有

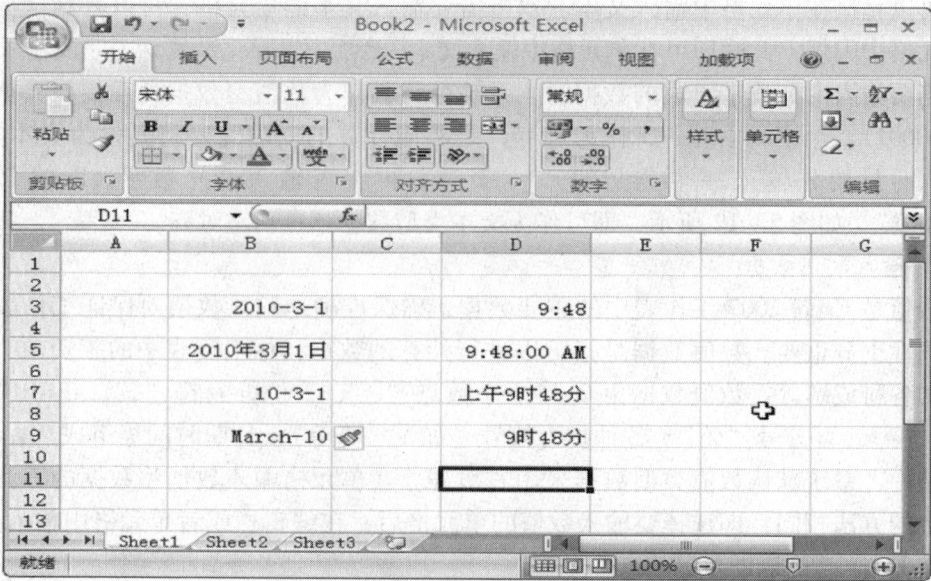

图 5 - 14　常用的几种日期和时间的格式

个小黑点，这就是填充柄，如图 5 - 15 所示。具体操作方法如下：

第一步：打开"产品价目表"工作簿，选取 C3 单元格并输入文本"盒"。

第二步：将鼠标指针移至 C3 单元格的右下角填充柄处，当鼠标指针变为"+"形状时，按住鼠标左键不放并向下拖动至 C8 单元格，如图 5 - 16 所示。

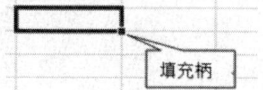

图 5 - 15

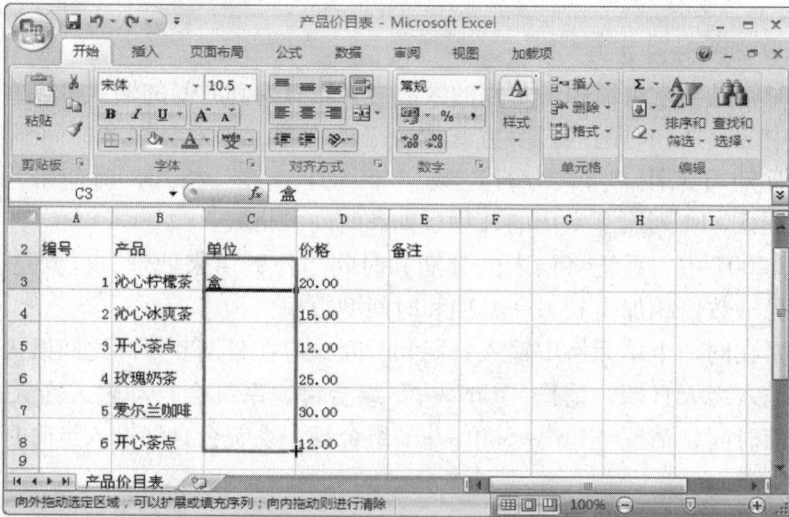

图 5 - 16　使用控制柄填充数据

第三步：释放鼠标后，C3： C8 单元格区域中即填充了相同的数据，如图 5 - 17 所示。

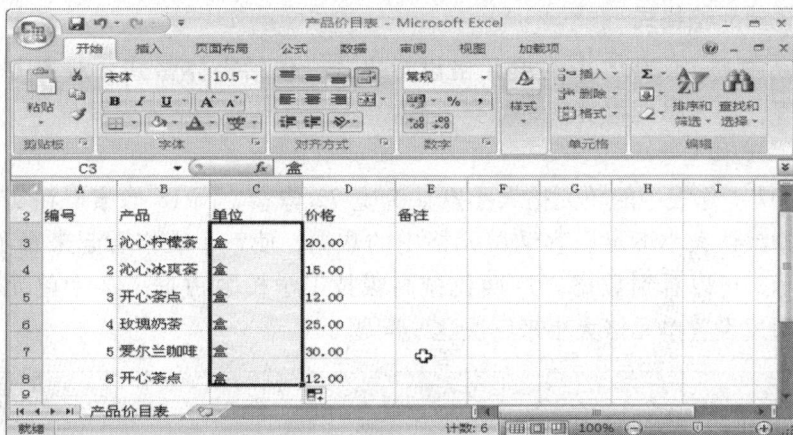

图 5 – 17 自动填充数据的效果

使用填充柄填充数据时，若数据有变化规律，则按变化规律填充，如"星期一"，填充后得到"星期二、星期三、……星期日"；若数据无变化规律，则填充重复的数据。利用 2 个单元格指定变化规律再填充，可以更快捷填充数据，例如要输入"1、2、3、……、9、10"序列，若输入"1"就填充，得到的是 10 个"1"，这时可以在第一个单元格输入"1"相邻的第二个单元格输入"2"，然后同时选中这两个单元格，拖动填充柄填充即可，如图 5 – 18 所示。

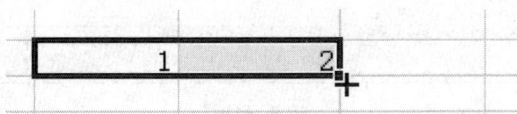

图 5 – 18

§5 – 2　表格格式设置与美化

本节学习内容：

1. 设置单元格格式。

2. 自动套用条件格式。

3. 插入和删除单元格。

本节学习目标：

1. 了解表格格式设置与美化的有关基础知识。

2. 了解样式的基本知识。

3. 掌握设置单元格格式方法及插入和删除单元格操作。

一、设置单元格格式

用户可以在 Excel 2007 中为单元格设置格式，包括字体格式、对齐方式、边框、背景和图案等，使表格变得美观、漂亮。

1. 设置单元格大小

Excel 2007 工作表中的单元格大小默认为宽 72 像素、高 18 像素。在实际应用中，有时单元格的默认大小不足以容纳单元格中的数据，使整个表格看起来很不美观，如图 5－19 所示，可以看到数据"广西机械高级技工学校"占据了 2 个单元格的位置，此时便可以通过设置单元格大小来解决这一问题。

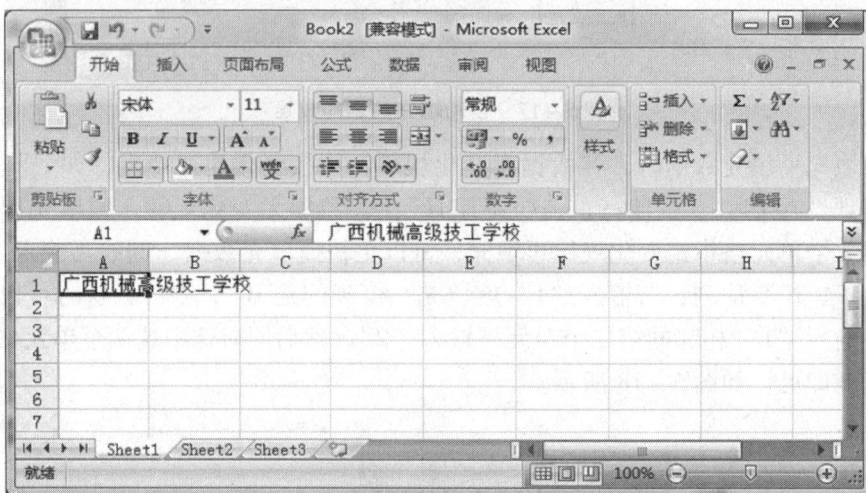

图 5－19

（1）鼠标拖动调整

将鼠标指针移至行号或列号的交界处，当鼠标指针变为"➕"或"➕"形状时，单击拖动即可调整行高或列宽，如图 5－20 所示为调整行高，图 5－21 为调整列宽。

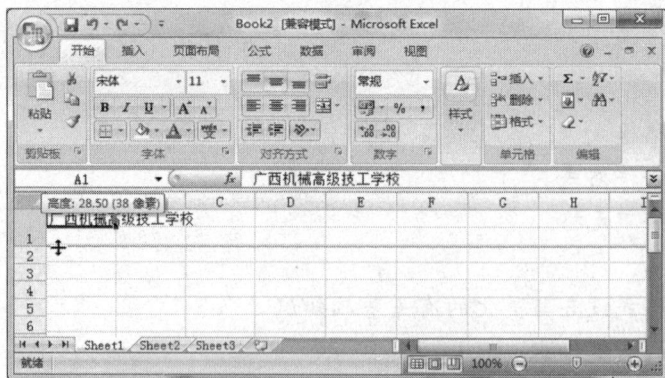

图 5－20　调整行高

图 5 - 21　调整列宽

（2）自动调整行高和列宽

选择需要调整大小的单元格，在功能区中选择"开始"选项卡，单击"单元格"组中"格式"按钮，在弹出的列表中选择"自动调整列宽"选项，如图 5 - 22 所示。单元格中将自动调整为合适的列宽，以足够容纳单元格中的数据，如图 5 - 23 所示。行高的调整与列宽调整相同，只是在图 5 - 22 中选择"自动调整行高"选项即可。

图 5 - 22　选择"自动调整列宽"选项

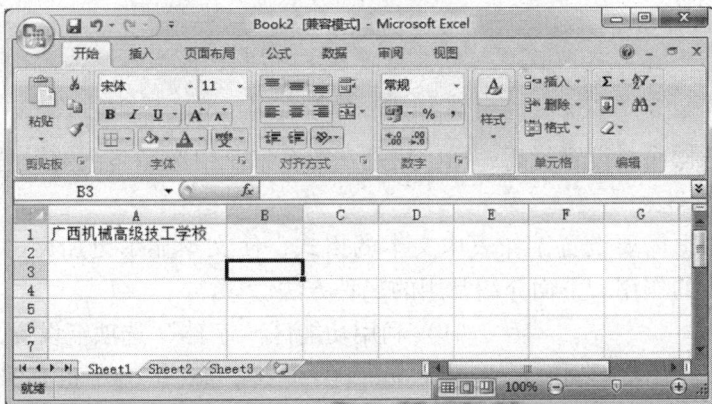

图 5 - 23　调整单元格宽度后的效果

（3）精确设置行高和列宽

如果知道所需要的单元格大小的精确值，可以通过以下方法来设置：

第一步：选择要调整大小的单元格，如选择 A2 单元格，在功能区中选择"开始"选项卡，单击"单元格"组中"格式"按钮，在弹出的列表中选择"行高"选项，如图 5-24 所示。

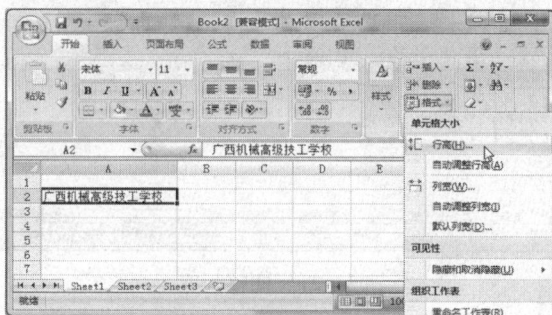

图 5-24　选择"行高"选项

第二步：打开"行高"对话框，在"行高"文本框中输入要设置的单元格行高的精确值，如输入"50"，然后单击 ▭确定▭ 按钮，如图 5-25 所示。此时，单元格的行高已经改变，如图 5-26 所示。

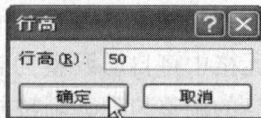

图 5-25　"行高"对话框

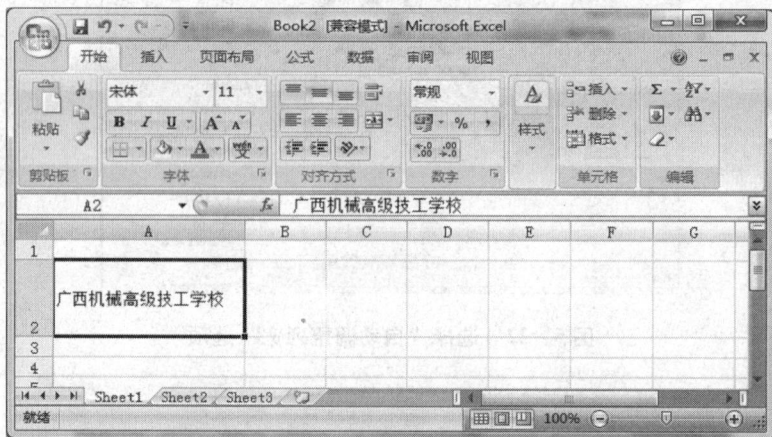

图 5-26　设置行高

精确设置列宽的操作与设置行高一样，只是在图 5-24 中选择"列宽"选项即可。

2. 设置文本格式

用户可以根据需要设置工作表中文本的格式，使文本显示更加突出、醒目，也可起到美化工作表的作用。下面介绍常用的二种方法。

图 5-27

（1）利用功能区"字体"选项卡设置文本格式

与 Word 2007 一样，Excel 2007 也有用于设置文本格式的"字体"工具，如图 5-27 所示，各按钮作用与 Word 2007 相同，具体内容及操作请参阅 §4-4 相关的内容。

（2）利用"字体"对话框设置文本格式

用户也可以通过"设置单元格格式"对话框设置文本格式，其具体操作方法如下：

选择需要设置格式的单元格区域。单击"开始"选项卡下"字体"选项组中的"对话框启动器"按钮，打开"设置单元格格式"对话框，如图 5 - 28 所示。在该对话框中根据需要设置文本的字体、字形、字号、颜色、下划线、特殊效果等内容，设置完成后单击 确定 按钮，完成文本字体格式的设置。

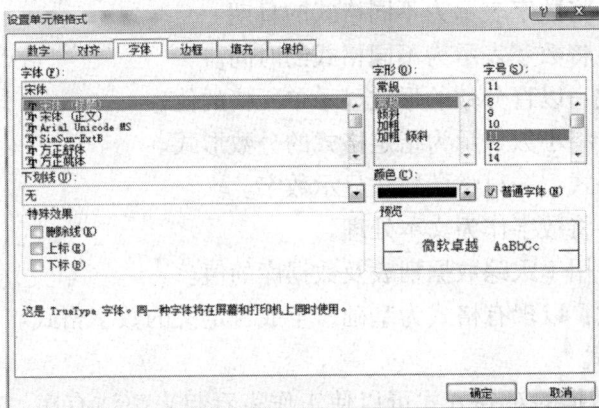

图 5 - 28　"设置单元格格式"对话框

3. 设置数字格式

数字是 Excel 2007 工作表中的重要数据，Excel 中大部分数据是由数字组成的，经常需要根据实际情况设置数字的格式。

选择需要设置数字格式的单元格区域。单击"开始"选项卡下"数字"选项组中的对话框启动器按钮，打开"设置单元格格式"对话框，如图 5 - 29 所示。选择"数字"选项卡，可以看到 Excel 中将数字格式分为 12 种，根据需要选择一种数字格式，设置相应的参数，然后单击 确定 按钮即可设置好数字格式。

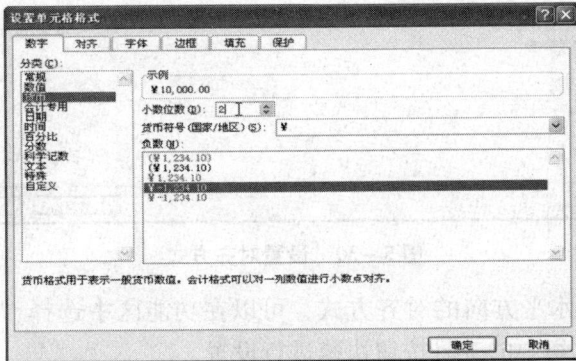

图 5 - 29

Excel 2007 中的数字格式简要说明如下：

"常规"格式：系统默认格式。不包含任何特定的数字格式。当单元格宽度不足时，以科学计数法的形式显示。

"数值"格式：一般数字的表示方式。可以设定小数位数及千位分隔符参数。如"23.46"

"货币"格式：表示一般货币数值。可以设定小数位数及货币符号，这种格式必须使用千位分隔符。如"￥56，745.65"。

"会计专用"格式：会计专用数字格式，对一列数值进行货币符号和小数点对齐。

"日期"格式：将数字表示为不同格式的日期。

"时间"格式：将数字表示为不同格式的时间。

"百分比"格式：以百分数的形式显示单元格的值。

"分数"格式：将小数显示为指定格式的分数形式。

"科学计数"格式：一科学计数法显示数字。

"文本"格式：将数字作为文本处理。

"特殊"格式：用于跟踪数据列表及数据库的值。

"自定义"格式：以现有格式为基础，生成自定义的数字格式。

4. 设置对齐方式

设置工作表中数据的对齐方式可以使工作表看起来整洁有序，有利于查看和修改工作表中的数据。下面介绍设置对齐方式的具体操作方法。

选择需要设置对齐方式的单元格区域。按前面介绍的方法打开"设置单元格格式"对话框，选择"对齐"选项卡，在"水平对齐"下拉列表框中选择水平对齐方式；在"垂直对齐"下拉列表框中选择垂直对齐方式，然后单击 确定 按钮即可，如图5-30所示。

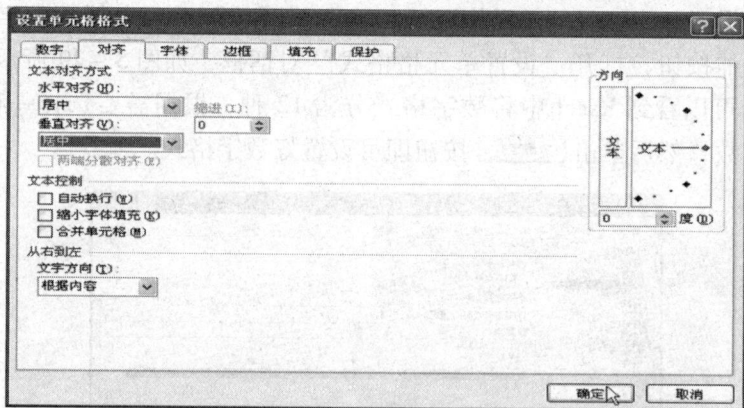

图5-30　设置对齐方式

如果只需要设置水平方向的对齐方式，可以在功能区中选择"开始"选项卡，然后利用"对齐方式"组中的工具按钮快速进行设置。

二、条件格式

条件格式是当指定的条件成立时，Excel 2007自动套用到单元格的格式。根据指定条件为工作表中的数据添加不同的样式，不仅能够使数据更直观清晰，而且能够使工作表看上去更加美观。其具体操作方法如下：

第一步：打开需要套用条件格式的工作簿，选择数据区域。例如打开"产品销售表"工作簿，选择 E3：E8 单元格区域。

第二步：在功能区中选择"开始"选项卡，单击"样式"组中的"条件格式"按钮，在弹出的列表中选择"突出显示单元格规则"，在弹出的列表中选择需要的条件项，如选择"大于"选项，如图 5－31 所示。可共选择的条件选项有"大于"、"小于"、"介于"、"等于"、"文本包含"、"发生日期"和"重复值"等条件。

图 5－31　选择"大于"选项

第三步：打开"大于"对话框，在"为大于以下值的单元格设置格式"文本框中输入条件判断值，例如本例中的"300"，在"设置为"下拉列表框中选择一种样式，如选择"红色边框"，单击 确定 按钮，如图 5－32 所示。

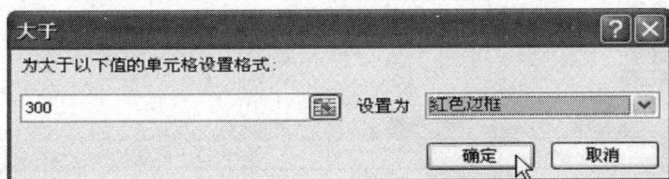

图 5－32　"大于"对话框

第四步：所选单元格区域中所有大于 300 的数据被添加了红色边框，即按照指定的条件格式显示，如图 5－33 所示。

图 5－33　设置条件格式效果

三、插入与删除单元格

在使用 Excel 2007 处理数据时，有时需要对单元格进行插入与删除，以适应工作表中编辑数据的要求。下面详细介绍插入与删除的具体方法。

1. 插入单元格

在编辑数据的过程中，有时会遗漏个别数据，这时就需要插入一个新的单元格。其具体操作方法如下：

第一步：选择要插入单元格位置上的单元格，例如本例选择"D8"单元格。

第二步：选择"开始"选项卡，单击"单元格"组中的"插入"按钮，在弹出的列表中选择"插入单元格"选项，如图 5-34 所示。

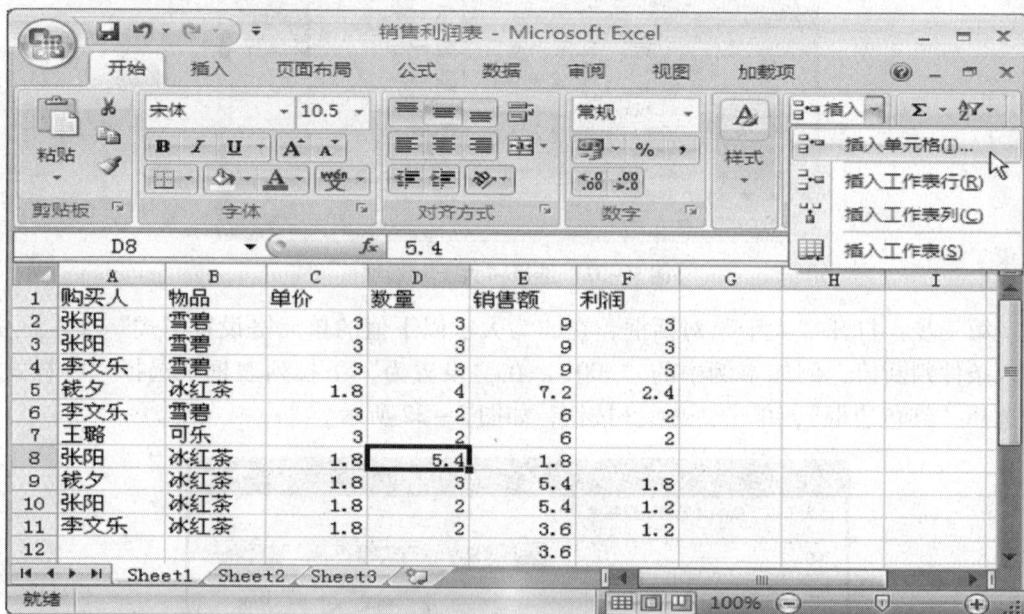

图 5-34 选择"插入单元格"选项

第三步：打开"插入"对话框，选中所需的活动单元格移动方式的选项，如选中"活动单元格右移"选项，然后单击 确定 按钮，如图 5-35 所示。

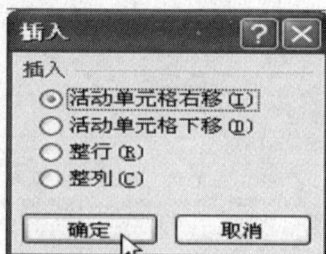

图 5-35 "插入"对话框

第四步：在插入的新单元格中输入遗漏数据"3"，效果如图 5-36 所示。

图 5－36　插入单元格的效果

2. 删除单元格

在编辑数据的过程中，有时会输入个别多余的数据，这时就需要删除这个多余的单元格。其具体操作方法如下：

第一步：选择要删除的单元格，例如本例选择 "E10" 单元格。选择 "开始" 选项卡，单击 "单元格" 组中的 "删除" 按钮，在弹出的列表中选择 "删除单元格" 选项，如图 5－37 所示。

图 5－37　选择 "删除单元格" 选项

第二步：打开 "删除" 对话框，选中所需的单元格移动方式的选项，如选中 "下方单元格上移" 选项，然后单击 [确定] 按钮，如图 5－38 所示。删除了多余单元格 E10 中的数据 "5.4"。

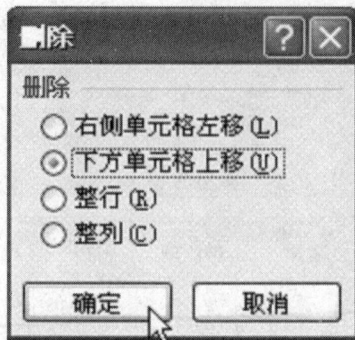

图 5 - 38　"删除"对话框

3. 插入整行或整列

在编辑数据的过程中，有时会遗漏整行或整列的数据，这时就需要插入整行或整列。其具体操作方法如下：

第一步：选择插入点位置的单元格。插入行则选择插入行下一行上的任一单元格；插入列则选择插入列右侧的任一单元格。例如本例选择"A9"单元格。

第二步：选择"开始"选项卡，单击"单元格"组中的"插入"按钮，在弹出的列表中选择"插入工作表行"或"插入工作表列"选项，这时即在原活动单元格的上方插入一行或在原活动单元格的左边插入一列。本例选择"插入工作表行"选项，效果如图 5 - 39 所示。

图 5 - 39　插入整行的效果

4. 删除整行或整列

在编辑数据的过程中，有时会输入多余的整行或整列数据，这时就需要删除整行或整列。其具体操作方法如下：

第一步：选择要删除的行或列上的任一单元格。例如本例选择"A9"单元格。

第二步：选择"开始"选项卡，单击"单元格"组中的"删除"按钮，在弹出的列表中选择"删除工作表行"或"删除工作表列"选项，这时即删除了原活动单元格所在的一行或一列。本例选择"删除工作表行"删除如图 5 - 39 所示的空行，效果如图 5 - 40 所示。

图 5 - 40　删除整行的效果

§5 - 3　数据处理

本节学习内容：

1. 使用公式处理数据。

2. 单元格的引用。

3. 使用函数处理数据。

本节学习目标：

1. 了解数据处理的基本知识。

2. 掌握单元格的引用方法。

3. 掌握使用公式和函数处理数据的操作。

作为电子表格系统，Excel 2007 除了一般的表格处理外，最主要的还是它强大的数据处理能力。在 Excel 2007 中，可以在单元格中输入公式和函数来完成工作表的计算。当引用了公式后，Excel 强大的功能才开始显现出来。

一、使用公式

1. 公式和运算符

公式是用运算符将若干个运算量（常量、单元格引用、函数等）连接起来的，能够对单元格中的数值进行计算的式子。

在 Excel 2007 中，运算符有四种：算术运算符、比较运算符、文本运算符和引用运算符。

① 算术运算符：用于完成基本的算术运算。主要有加 " + "、减 " - "、乘 " * "、除 "/"、百分号 "%"、乘方 "^"。例如 3 + 5 * 2。

② 比较运算符：用于两个数值之间的比较运算，运算的结果为逻辑值，即真值

（True）和假值（False）。比较运算符有等于"="、大于">"、小于"<"、大于等于">="、小于等于"<="、不等于"<>"。例如5>4，结果为真（True），67<=56，结果为假（False）。

③ 文本连接符：将两个文本连接起来组成新的文本串。文本连接符只有一个"&"。例如"Excel"&"2007"，结果为"Excel 2007"。注意字符串要用双引号"""括起来。

④ 引用运算符：用于将单元格区域合并计算。主要有：

冒号（":"）：区域运算符，产生包括在两个被引用单元格之间的所有单元格的引用。例如"B5：E12"，表示以B5单元格为左上角，E12单元格为右下角所构成的矩形区域的所以单元格。

逗号（","）：联合运算符，将多个引用合并为一个引用。例如"A3，B4"，表示引用了A3及B4单元格。

空格（""）：交叉运算符，产生对两个引用共有的单元格的引用。如"B5：D7 C6：C8"，等价于"C6：C7"。

在公式运算中，各运算符的优先级是不同的。对于优先级不同的运算，按从高到低的顺序进行；对于相同优先级的运算，按从左到右的顺序进行。各运算符的优先级从高到低排列为：冒号（":"）、空格（""）、逗号（","）、负号（"－"）、百分号"%"、乘方"^"、乘"*"或除"/"、"+"或减"－"、文本连接符（"&"）、比较运算符（"="、">"、"<"、">="、"<="、"<>"）。

2. 输入公式

在Excel 2007中，可以通过键盘将公式输入到单元格中。在输入时必须以等号"="开始，Excel会自动将输入的内容作为等式对待，输入完成后按回车键即可。例如在图5－41所示的表格中，单击选择F3单元格，在该单元格中输入"=20*5"，然后按回车键，则自动算出销售额为"100"。

图 5－41

要修改已输入的公式，可以单击包含有公式的单元格，然后在编辑栏修改，完成后按回车键即可。也可以直接双击包含有公式的单元格，然后在单元格中直接修改，完成后按回车键。

二、单元格引用

从图 5－41 中可以看出，单元格 F3 表示的销售额等于单元格 D3 表示的单价乘以单元格 E3 表示的数量，这时计算销售额时可以不用输入具体的单价（20）及数量（5），而用表示单价及数量的单元格地址，如图 5－42 所示将公式修改为“＝D3＊E3”，按回车键后计算出结果“100”。

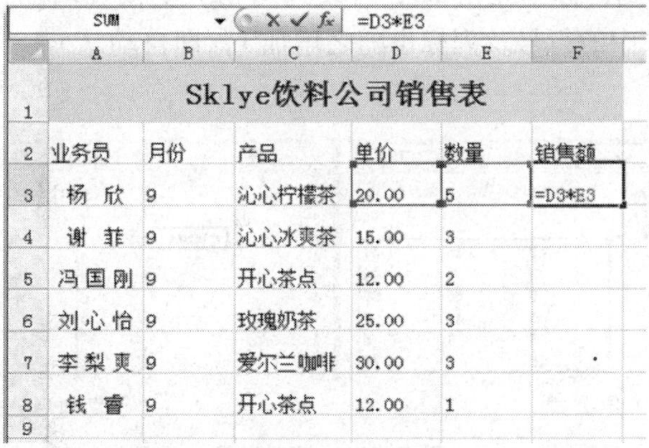

SUM　=D3*E3

	A	B	C	D	E	F
1	Sklye饮料公司销售表					
2	业务员	月份	产品	单价	数量	销售额
3	杨 欣	9	沁心柠檬茶	20.00	5	=D3*E3
4	谢 菲	9	沁心冰爽茶	15.00	3	
5	冯国刚	9	开心茶点	12.00	2	
6	刘心怡	9	玫瑰奶茶	25.00	3	
7	李梨夷	9	爱尔兰咖啡	30.00	3	
8	钱 睿	9	开心茶点	12.00	1	
9						

图 5－42

选中包含有公式的单元格 F3，单击并向下拖动填充柄，将公式填充到其它行的销售额单元格中，结果如图 5－43 所示。

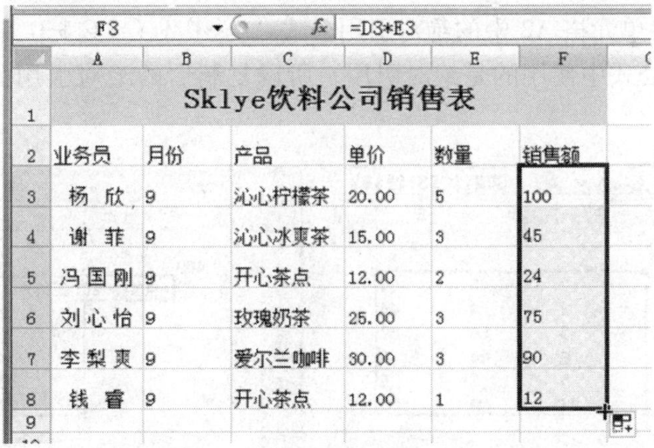

F3　=D3*E3

	A	B	C	D	E	F
1	Sklye饮料公司销售表					
2	业务员	月份	产品	单价	数量	销售额
3	杨 欣	9	沁心柠檬茶	20.00	5	100
4	谢 菲	9	沁心冰爽茶	15.00	3	45
5	冯国刚	9	开心茶点	12.00	2	24
6	刘心怡	9	玫瑰奶茶	25.00	3	75
7	李梨夷	9	爱尔兰咖啡	30.00	3	90
8	钱 睿	9	开心茶点	12.00	1	12
9						

图 5－43

在图 5－43 所示的销售额单元格中，计算公式采用了单元格地址，这种使用单元格地址来代替单元格及其中数据，称为单元格的引用。单元格引用的作用在于标识工作表上的单元格或区域，并指明公式中所使用的数据的位置。

Excel 单元格的引用根据引用的方式不同可分为绝对引用、相对引用、混合引用三种。

1. 相对引用

相对引用是指直接使用单元格地址或单元格区域地址作为公式的运算量。在输入公式时，直接用鼠标单击数据所在的单元格就是单元格的相对引用。

如果在公式中使用相对引用，当复制或移动此公式时，目标单元格公式中的引用会根据目标单元格和原单元格的相对位移自动产生变化，即公式所在单元格的位置改变，引用也随之改变。Excel 默认情况下，所有新创建的公式均使用相对引用。

例如，如果将单元格 A2 中的相对引用公式"＝SUM（C3：E8）"复制到单元格 B3，从原单元格 A2 到目标单元格 B3，行及列均相对变化（增加）1 的位置，所以复制后的相对引用公式中的行号及列标也随之增加 1，即自动从 C3：E8 调整到 D4：F9，如图 5－44 所示。

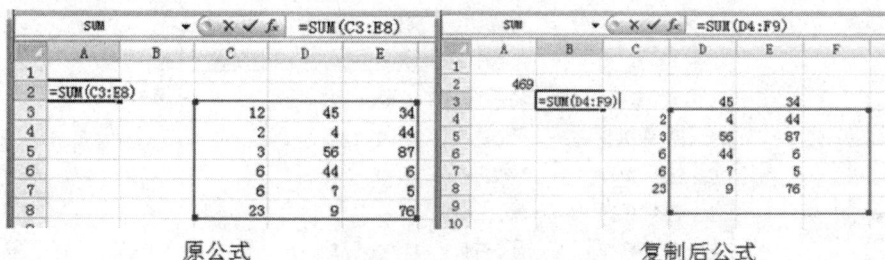

原公式 复制后公式

图 5－44 相对引用

2. 绝对引用

在列标和行号前加上符号"＄"，如 ＄B＄3，则引用就成为绝对引用。使用绝对引用，不论公式所在单元格的位置如何改变，公式中绝对引用的单元格始终保持不变。

例如，如果将单元格 A2 中的绝对引用公式"＝SUM（＄C＄3：＄E＄8）"复制到单元格 B3，由于公式中使用的是绝对引用，所以复制后的绝对引用公式保持不变，如图 5－45 所示。

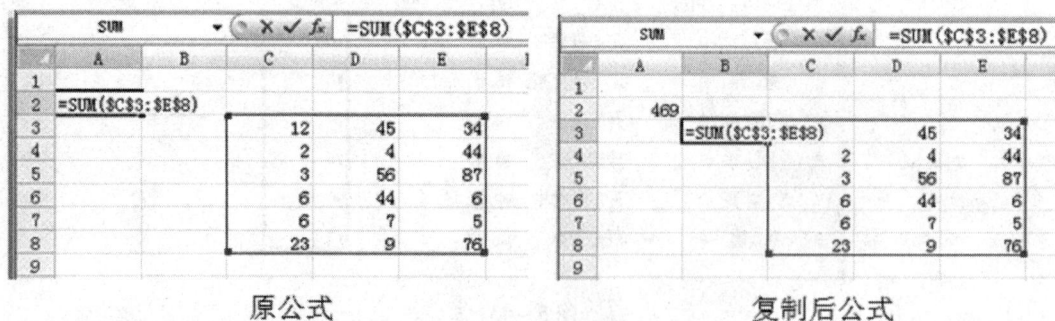

原公式 复制后公式

图 5－45 绝对引用

3. 混合引用

混合引用是具有绝对的列和相对的行，或是绝对的行和相对的列。使用混合引用，在公式中既使用绝对引用，又使用相对引用，当公式所在单元格的位置改变时，相对引用随之改变，而绝对引用不变。

例如，如果将单元格 A2 中的混合引用公式 "= SUM（$ C3：E $8）" 复制到单元格 B3，由于公式中使用的是混合引用，所以复制后的绝对引用公式保持不变，而相对引用公式随之增加 1，如图 5 - 46 所示。

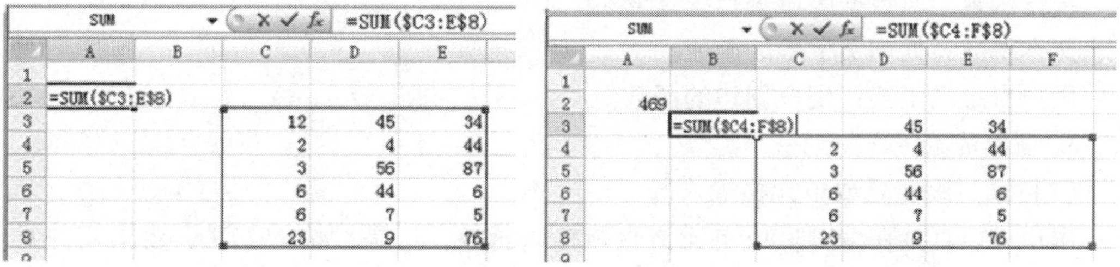

原公式　　　　　　　　　　　　　复制后公式

图 5 - 46　混合引用

三、使用函数

Excel 函数是一些预定义的公式，它们使用一些称为参数的特定数值按特定的顺序或结构进行计算。用户可以直接用它们对某个区域内的数值进行一系列运算，利用函数不仅能提高数据处理的效率，还可以减少数据处理中一些人为原因导致的错误。

1. 函数的语法

Excel 函数必须以函数名开始，后面接左括号以及逗号隔开的参数和右括号，即：

函数名（参数 1，参数 2，参数 3，……）

函数名说明函数要执行的运算；参数说明函数使用的单元格或数值，参数可以是数字、文本、逻辑值、数组、错误值、单元格或单元格区域引用，给定的参数必须能产生有效的值。

例如函数 SUM（A2，3，4，B7），函数名为 "SUM"，执行求和计算，参数为（A2，3，4，B7）四个，这个函数执行的操作是（单元格 A2 的值 +3 +4 +单元格 B7 的值）。

参数也可以是常量、公式或其它函数。当函数的参数表中又包含有其它函数时，称为函数的嵌套。

函数可以没有参数，称为无参函数，无参函数的形式为：函数名（ ）。注意函数名后面的圆括号是必须的。

2. 函数的分类

Excel 函数一共有 11 类，分别是数据库函数、日期与时间函数、工程函数、财务函数、信息函数、逻辑函数、查询和引用函数、数学和三角函数、统计函数、文本函数以及用户自定义函数。

数据库函数：用于分析数据清单中的数值是否符合特定条件。

日期与时间函数：分析和处理日期值和时间值的函数。

工程函数：用于工程分析的函数。

财务函数：进行财务计算的函数。

信息函数：用于确定存储在单元格中数据的类型。

逻辑函数：进行真假值判断，或进行符合检验。

查询和引用函数：用于查找特定值或某一单元格引用。

数学和三角函数：数学计算和三角函数计算。

统计函数：对数据区域进行统计分析。

文本函数：处理文字串的函数。

用户自定义函数：用户创建的函数。

3. 函数的输入

（1）通过编辑栏或单元格输入

用户可以直接在编辑栏或单元格直接输入函数，这是最快的方法，要求用户对函数比较熟悉。

首先选择要输入函数的单元格，输入等号" = "，接着输入函数名、左括号、参数、右括号等函数的内容，输入完成后按回车键即可。

输入函数名时，Excel 会根据用户输入的名称开头字母自动识别可能出现的应用函数，双击即可调用函数列表中选择的函数，如图 5 –47 所示。之后会出现该函数带有语法和参数的提示。如图 5 –48 所示。输入完成后按回车键结束。

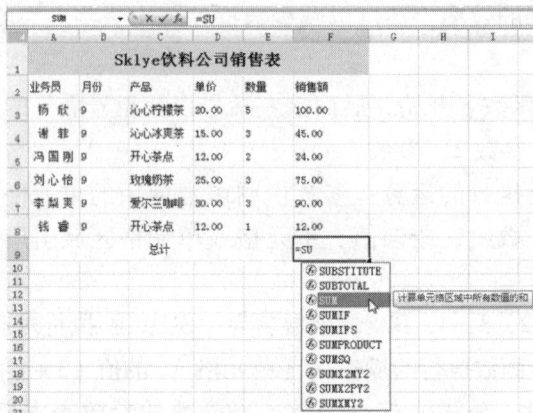

图 5 –47

图 5 –48

（2）使用"插入函数"对话框输入

若用户对函数不熟悉，可以使用"插入函数"对话框输入函数。

第一步：选择要插入函数的单元格。将功能区切换到"公式"选项卡，单击"函数库"选项组中的"插入函数"按钮；或直接单击编辑栏左侧的"插入函数"按钮 f_x，打开"插入函数"对话框，在"或选择类别"列表框中选择函数的类别，默认为"常用函数"，列举了最常用的一些函数；在选择函数列表框中找到需要的函数，单击要选择的函数后下面会有函数的语法和功能简介，这里选"SUM"。单击"确定"按钮如图 5 - 49。

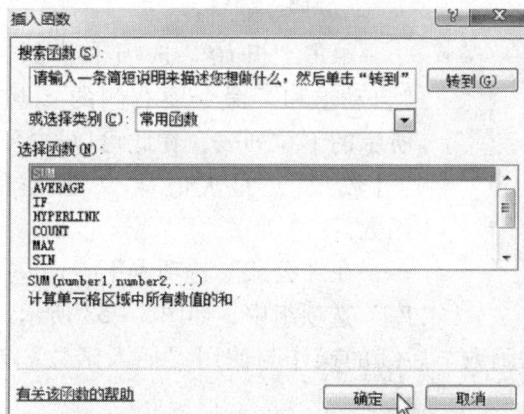

图 5 - 49

第二步：在弹出的"函数参数"对话框中，根据提示输入函数参数。如图 5 - 50 所示。然后单击"确定"按钮，结束输入。

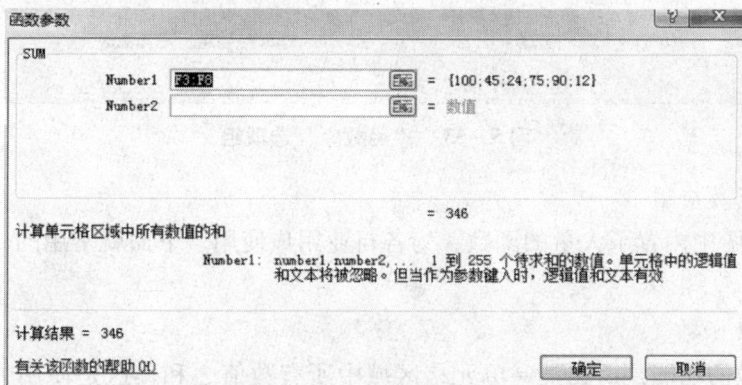

图 5 - 50

在输入参数时，可以单击参数输入框右侧的按钮，切换到数据区域，用鼠标拖动选择参加运算的数据区域，如图 5 - 51 所示。选择完后单击按钮 或直接按回车键，返回到如图 5 - 50 所示的对话框中。

（3）利用快捷命令输入

在 Excel 2007 中，为方便用户使用函数，将一些常用的函数放置于功能区中，用户直接通过功能区上的按钮，就可以直接调用这些函数。

图 5-51

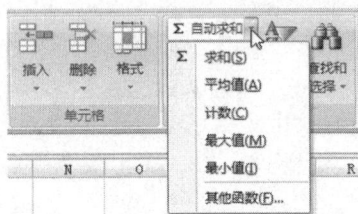

图 5-52

单击"开始"选项卡下的"编辑"选项组中的"自动求和"命令项右侧的 ▾ 按钮，打开如图 5-52 所示的下拉列表，在此可以选择"求和"、"平均值"、"计数"、"最大值"、"最小值"五项使用最多的函数。

在"公式"选项卡下，Excel 将函数放置于"函数库"选项组中，如图 5-53 所示。在函数库中，用户可以根据需要选择相应的函数。后续的操作与使用"插入函数"对话框输入函数相同，这里不再叙述。

图 5-53　"函数库"选项组

4. 常见函数应用

Excel 2007 中内置了大量的函数，为各行业用户使用。下面就常用的一些函数作简要说明。

（1）SUM 函数

SUM 函数的功能是返回某一单元格区域中所有数值之和。这是使用频率最高的数学函数之一。

格式：SUM（number1，number2……）

参数"number1，number2……"为 1~30 个需要求和的参数。

利用 SUM 函数可以计算诸如总分、总金额等各种需要求总和的计算。例如要计算如图 5-54 所示的总销售额，可以在 F9 单元格中输入"=SUM（F3：F8）"函数，按回车键即可。

（2）AVERAGE 函数

	A	B	C	D	E	F
1	Sklye饮料公司销售表					
2	业务员	月份	产品	单价	数量	销售额
3	杨 欣	9	沁心柠檬茶	20.00	5	100.00
4	谢 菲	9	沁心冰爽茶	15.00	3	45.00
5	冯国刚	9	开心茶点	12.00	2	24.00
6	刘心怡	9	玫瑰奶茶	25.00	3	75.00
7	李梨爽	9	爱尔兰咖啡	30.00	3	90.00
8	钱 睿	9	开心茶点	12.00	1	12.00
9	总销售额					

图 5-54

AVERAGE 函数的功能是返回参数的算术平均值。这也是使用频率最高的数学函数之一。

格式：AVERAGE（number1，number2……）

参数"number1，number2……"为 1～30 个需要计算平均值的参数。

利用 ANERAGE 函数可以计算诸如平均分等各种需要计算平均数的计算。例如要计算如图 5-55 所示的沈一丹的平均分，可以在 I3 单元格中输入"=AVERAGE（D3：G3）"函数，按回车键即可。

I3   fx

	A	B	C	D	E	F	G	I	J
1									
2		学号	姓名	测验1	测验2	测验3	测验4	平均分	
3		1	沈一丹	87	76	79	90		
4		2	刘力国	92	76	94	95		
5		3	王红梅	96	78	90	87		
6		4	张灵芳	84	88	87	48		
7		5	杨帆	76	68	55	87		
8		6	高浩飞	57	81	86	64		
9		7	贾铭	60	74	73	80		
10		8	吴朔源	88	75	45	42		
11		9	黄娟	80	65	70	53		

图 5-55

（3）COUNT 函数

COUNT 函数的功能是统计包含数字以及包含参数列表中的数字的单元格的个数。这也是使用频率最高的数学函数之一。

格式：COUNT（value1，value2……）

参数"value1，value2……"为 1～30 个包含或引用各种类型数据的参数，但只有数字型的数据才被计算。

利用 COUNT 函数可以统计诸如总人数等各种需要统计总数的计算。例如要计算如图 5-56 所示的测验 1 参加测验人数，可以在 D12 单元格中输入"=COUNT（D3：

D11）”函数，按回车键即可。

D12

	A	B	C	D	E	F	G	I
1								
2		学号	姓名	测验1	测验2	测验3	测验4	平均分
3		1	沈一丹	87	76	79	90	
4		2	刘力国	92	76	94	95	
5		3	王红梅	96	78	90	87	
6		4	张灵芳	84	88	87	48	
7		5	杨帆	76	68	55	87	
8		6	高浩飞	57	81	86	64	
9		7	贾铭	60	74	73	80	
10		8	吴朔源	88	75	45	42	
11		9	黄娟	80	65	70	53	
12		参加测验人数						
13								

图 5－56

（4）MAX 函数

MAX 函数的功能是返回一组数值中的最大值。

格式：MAX（number1，number2……）

参数“number1，number2……”为 1～30 个要找最大值的原数据参数。

利用 MAX 函数可以找出诸如最高分、最大销售额等各种需要返回最大值的计算。例如要计算如图 5－57 所示的测验 1 的最高分，可以在 D12 单元格中输入“＝MAX（D3：D11）”函数，按回车键即可。

D12

	A	B	C	D	E	F	G	I
1								
2		学号	姓名	测验1	测验2	测验3	测验4	平均分
3		1	沈一丹	87	76	79	90	
4		2	刘力国	92	76	94	95	
5		3	王红梅	96	78	90	87	
6		4	张灵芳	84	88	87	48	
7		5	杨帆	76	68	55	87	
8		6	高浩飞	57	81	86	64	
9		7	贾铭	60	74	73	80	
10		8	吴朔源	88	75	45	42	
11		9	黄娟	80	65	70	53	
12		参加测验人数						
13								

图 5－57

（5）MIN 函数

MIN 函数的功能是返回一组数值中的最小值。

格式：MIN（number1，number2……）

参数“number1，number2……”为 1～30 个要找最小值的原数据参数。

利用 MIN 函数可以找出诸如最低分、最小销售额等各种需要返回最小值的计算。例如要计算如图 5－58 所示的测验 1 的最低分，可以在 D12 单元格中输入“＝MIN（D3：D11）”函数，按回车键即可。

（6）IF 函数

D12

	A	B	C	D	E	F	G	I
1								
2		学号	姓名	测验1	测验2	测验3	测验4	平均分
3		1	沈一丹	87	76	79	90	
4		2	刘力国	92	76	94	95	
5		3	王红梅	96	78	90	87	
6		4	张灵芳	84	88	87	48	
7		5	杨帆	76	68	55	87	
8		6	高浩飞	57	81	86	64	
9		7	贾铭	60	74	73	80	
10		8	吴朔源	88	75	45	42	
11		9	黄娟	80	65	70	53	
12		最低分						

图 5－58

IF 函数的功能是判断条件表达式的值，根据表达式值的真假，返回不同的结果。这也是使用频率较高的函数之一。

格式：IF（logical_ test，value_ if_ true，value_ if_ false）

参数“logical_ test”为判断条件，是一个逻辑值，或逻辑表达式。

“value_ if_ true”为数值，表示“logical_ test”为真则函数返回该值。

“value_ if_ false”为数值，表示“logical_ test”为假则函数返回该值。

利用 IF 函数智能判断单元格的取值。例如要计算如图 5－59 所示的津贴取值，可以在 D2 单元格中输入“＝IF（C2＝”高级讲师”，900，750）”函数，按回车键即可。这样可以根据职称确定津贴，高级讲师为 900 元，讲师为 750 元，从而避免了手工输入时高级讲师津贴输入 750 或讲师津贴输入 900 的错误发生。

D2

	A	B	C	D
1	编号	姓名	职称	津贴
2	1	沈一丹	高级讲师	
3	2	刘力国	讲师	
4	3	王红梅	讲师	
5	4	张灵芳	讲师	
6	5	杨帆	高级讲师	
7	6	高浩飞	高级讲师	
8	7	贾铭	讲师	
9	8	吴朔源	高级讲师	
10	9	黄娟	讲师	

图 5－59

（7）NOW 函数

NOW 函数的功能是返回当前的日期和时间。

格式：NOW（）

NOW 函数没有参数。

§5-4　数据分析

本节学习内容：

　　1. 数据排序。

　　2. 数据筛选。

　　3. 分类汇总。

　　4. 插入图表。

本节学习目标：

　　1. 了解数据分析的基本知识。

　　2. 掌握数据排序、筛选、分类汇总的分析操作。

　　3. 掌握图表的操作。

　　Excel 除了强大的数据处理功能外，另一个突出的特点就是具有快速方便的数据分析功能。本节将介绍数据排序、筛选、分类汇总等数据分析功能操作。

一、数据排序

　　排序是指按照一种特定的顺序，将工作表中的数据重新排列的操作。这是数据分析中常规性的工作，经过排序的数据，可以满足不同数据分析的要求。

　　1. 排序原则

　　排序有两种方式，一种是升序排序，将数据按从小到大的顺序排列；另一种是降序，将数据按从大到小的顺序排列。

　　数据升序或降序排列的原则是：

　　① 数字优先，顺序是从 1~9 为升序，从负数到正数升序。

　　② 文本字符，先排数字文本，再排符号文本，接着排英文字符，最后为中文字符。即：

　　数字（空格）　 ！　 "　 # 　$ 　% 　& 　' 　(　)　 * 　+ 　, 　- 　. 　/

　　:　 ;　 < 　= 　> 　@ 　[　] 　^ 　_ 　' 　| 　~ 　英文字符 　中文字符。

　　数字按 0~9 升序，英文字符按 A~Z 升序，默认状态下中文字符按拼音字符升序。排序时从左到右一个字符一个字符地进行比较排序。系统默认不区分全角/半角字符和大小写字符。

　　③ 逻辑值，False 排在 True 之前。

　　④ 日期为数字类型按折合天数的数值排序，即从最远日期到最近日期为升序。

　　⑤ 公式按其计算结果排序。

　　⑥ 错误值，所有的错误值都是相等的。按出现的先后次序排。

　　⑦ 空白（不是空格）单元格总是排在最后。

2. 单条件排序

单条件排序是指按某列数据的规则对数据表进行升序或降序排序。操作如下：

第一步：选择要排序的列的任意单元格。例如如图 5－60 所示要按总分排序，则可以选择"总分"列（G 列）上的任意单元格。

第二步：按图 5－60 所示单击"开始"选项卡下的"编辑"组中的"排序和筛选"按钮。在弹出的下拉菜单中选择一种排序方式（"升序"或"降序"）即可，这里选择"升序"。排序后的结果如图 5－61 所示。

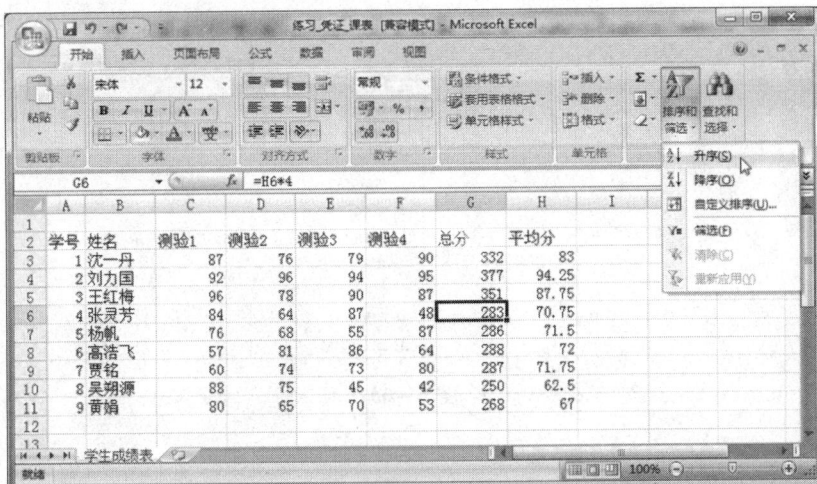

图 5－60

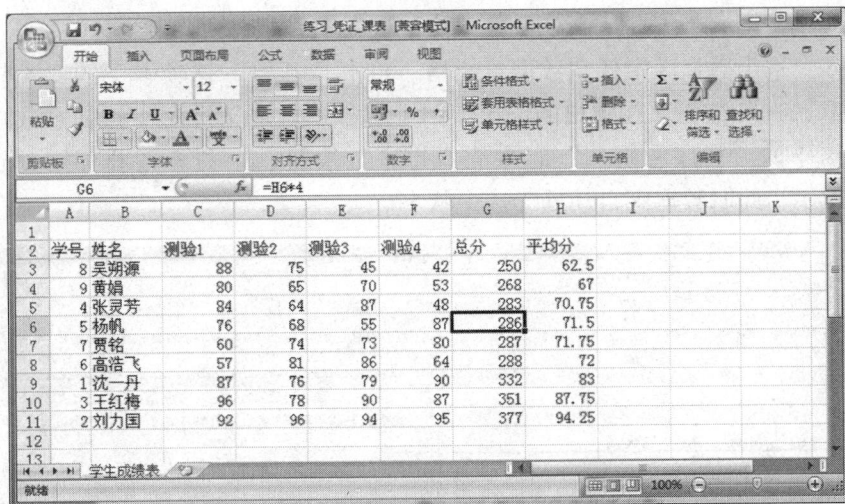

图 5－61　按总分升序排序结果

在第二步中也可以单击"数据"选项卡下的"排序和筛选"组中的"升序"按钮 或"降序"按钮 ，实现相同的操作，如图 5－62 所示。或者选择数据后单击鼠标右键，在弹出的快捷菜单中选择"排序"→"升序"或"降序"选项即可，如图 5－63 所示。

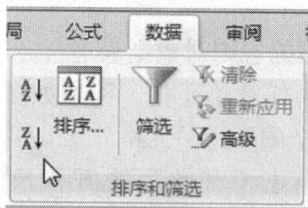

图 5 - 62

图 5 - 63

3. 多条件排序

多条件排序是指依据多列数据的规则对数据表进行排序操作。下面以"学生成绩表"排序为例，介绍多条件排序的操作。排序要求为先按总分从高到低（降序）排，若总分相同则按测验 1 成绩从高到低（降序）排。具体操作如下：

第一步：选中数据区中任意数据单元格。单击"开始"选项卡下的"编辑"组中的"排序和筛选"按钮，在弹出的下拉菜单中选择"自定义排序"按钮。或单击"数据"选项卡下的"排序和筛选"组中的"排序"按钮 ▦ 。打开"排序"对话框，如图 5 - 64 所示，此时数据区自动处于选中状态。

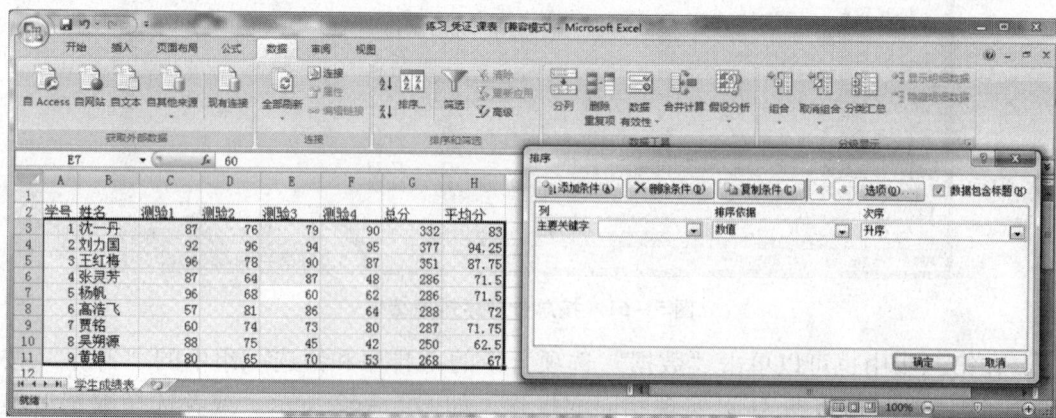

图 5 - 64

第二步：在"排序"对话框中"列"区域下的"主要关键字"列表框中选择最先要排序的字段，这里选"总分"选项；在"排序依据"下列表框中选择"数值"选项；在"次序"下列表框中选择"降序"选项。

第三步：单击"添加条件"按钮，添加一行"次要关键字"，按图 5-65 所示设置好次要关键字的内容，然后单击"确定"按钮，完成排序操作，结果如图 5-66 所示。

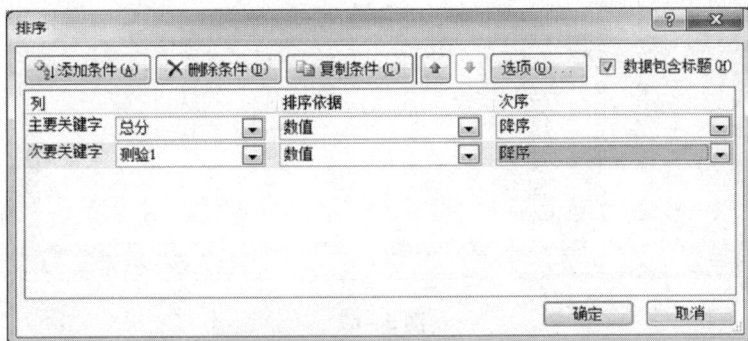

图 5-65

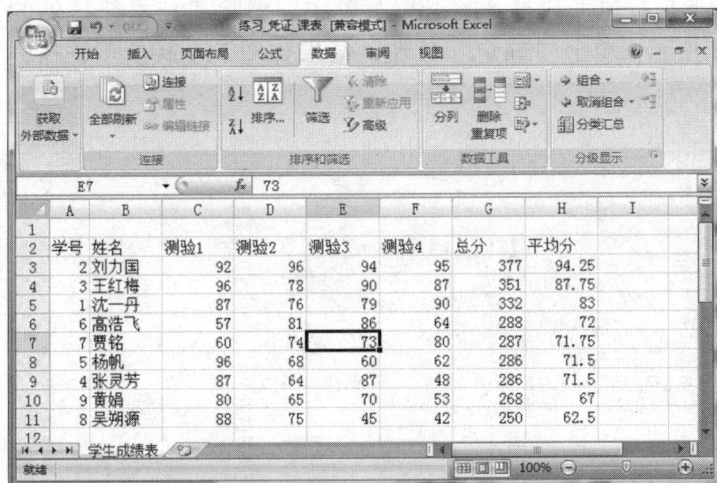

图 5-66

二、数据筛选

筛选是指在工作表中找出符合要求的一个或多个记录并显示出来，其它不满足要求的记录则隐藏起来。

1. 自动筛选

自动筛选是对单一字段进行的筛选，具体操作如下：

第一步：选中数据区域中的任一单元格。单击"数据"选项卡下"排序和筛选"组中的"筛选"按钮 。这是进入筛选状态，在每个列标题右侧会出现一个下拉按钮，如图 5-67 所示。

第二步：单击需要进行数据筛选的列标题右侧的下拉按钮，在打开的下拉菜单中，

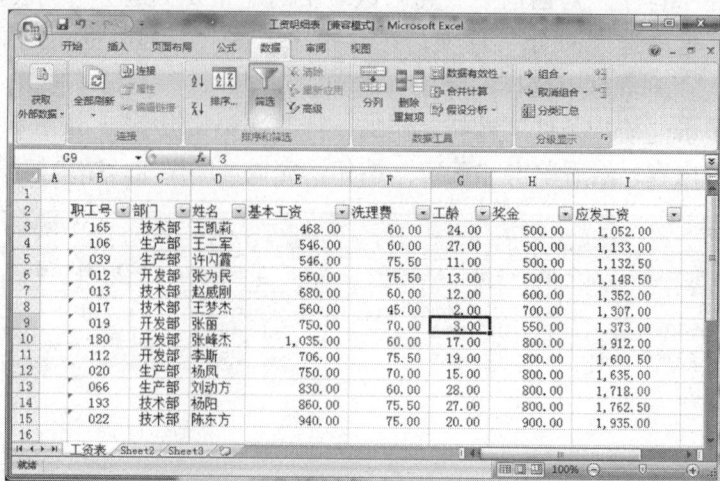

图 5－67

取消选中需要隐藏的数据前面的复选框。例如这里要筛选出技术部的员工，可以单击"部门"右侧的下拉按钮，在打开的下拉菜单中取消除"技术部"外的其它部门复选框，如图 5－68 所示。单击"确定"按钮，结果如图 5－69 所示，这样，就筛选出技术部的数据。

图 5－68

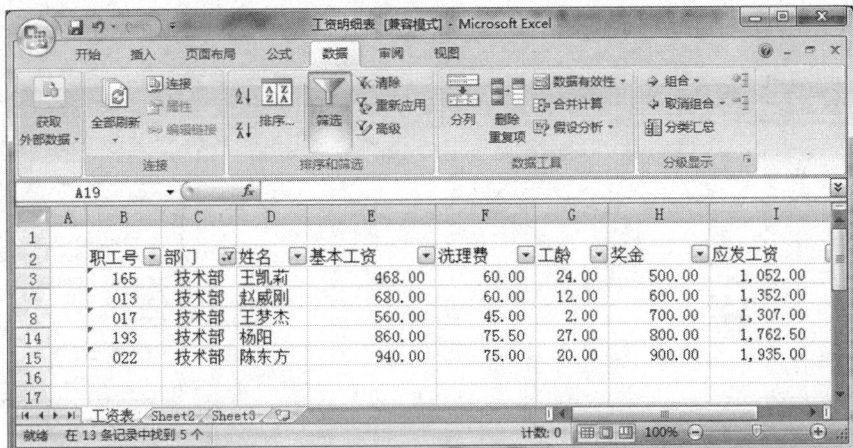

图 5－69

要取消数据筛选状态，可以再次单击"数据"选项卡下"排序和筛选"组中的"筛选"按钮 即可。

2. 高级筛选

高级筛选是指可以筛选出同时满足两个或两个以上条件的数据。要实现高级筛选，必须先创建一个筛选条件区，并在该区域内设置相应的筛选条件。高级筛选的具体操作如下：

第一步：建立筛选条件区，并输入列标题和筛选的条件。如图 5－70 所示。

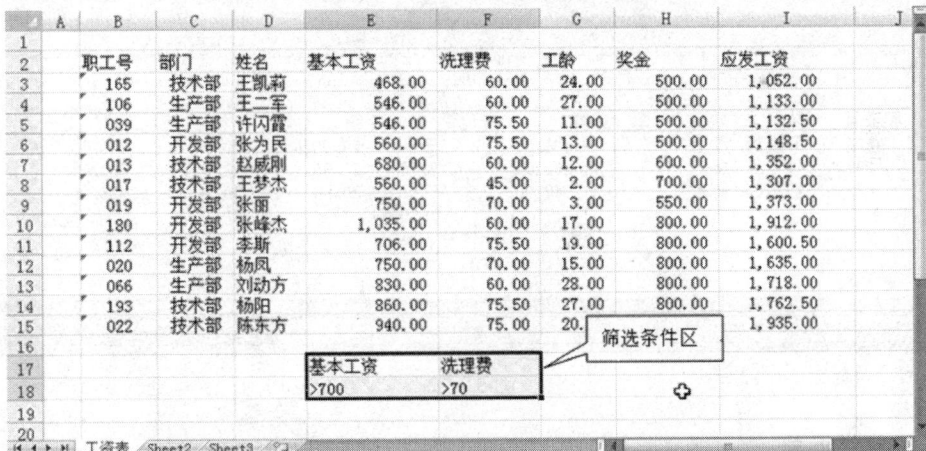

图 5－70

第二步：单击"数据"选项卡下"排序和筛选"组中的"高级"按钮 ，打开"高级筛选"对话框。如图 5－71 所示。

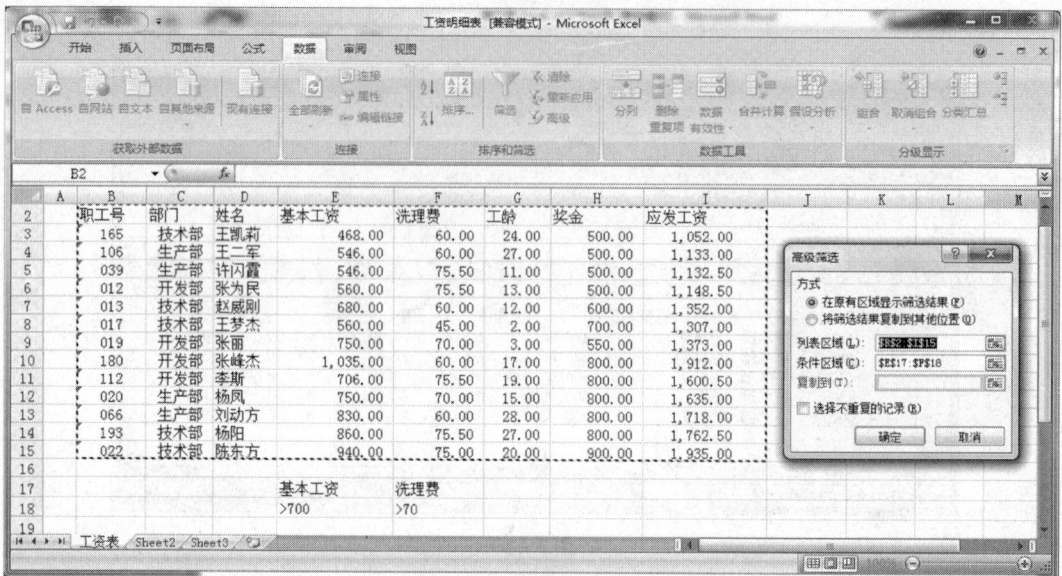

图 5 - 71

第三步：此时在"列表区域"和"条件区域"中自动填入数据区域和条件区域单元格区域，检查确认无误后单击"确定"按钮，筛选的结果如图 5 - 72 所示。

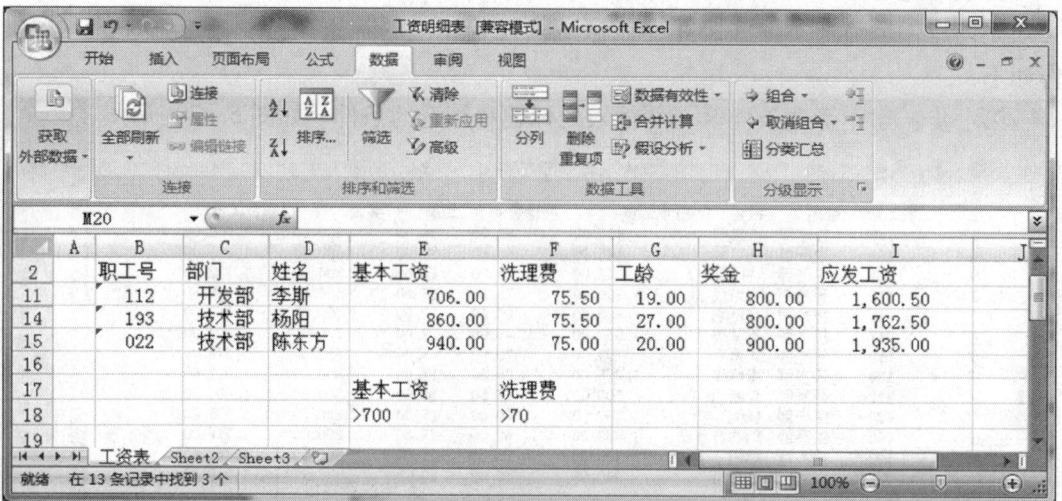

图 5 - 72

三、分类汇总

分类汇总是将数据按类别分类后汇总。分类汇总的数据要先排序，即分类汇总是针对有序记录进行的。分类汇总的操作如下：

第一步：将要分类汇总的数据按分类字段排序，如图 5 - 73 按"部门"升序排序。

图 5-73

第二步：选中数据区中任一单元格。单击"数据"选项卡下"分级显示"组中的"分类汇总"按钮，打开"分类汇总"对话框，如图 5-74 所示。此时自动选择数据区域。

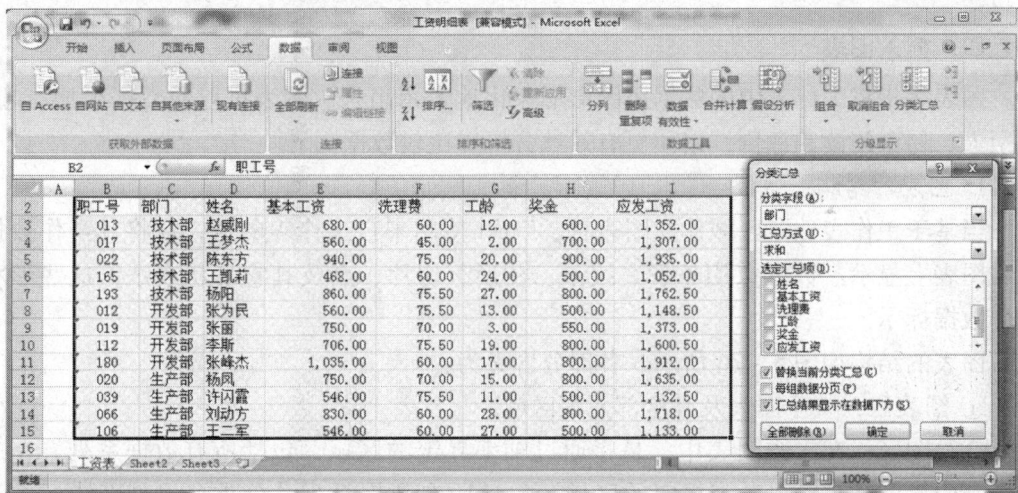

图 5-74

第三步：在"分类字段"下拉列表中选择要进行分类汇总的字段，这里选择"部门"。在"选定汇总项"中选中要进行汇总的项目，在这里选择"应发工资"，单击"确定"按钮，结果如图 5-75 所示。

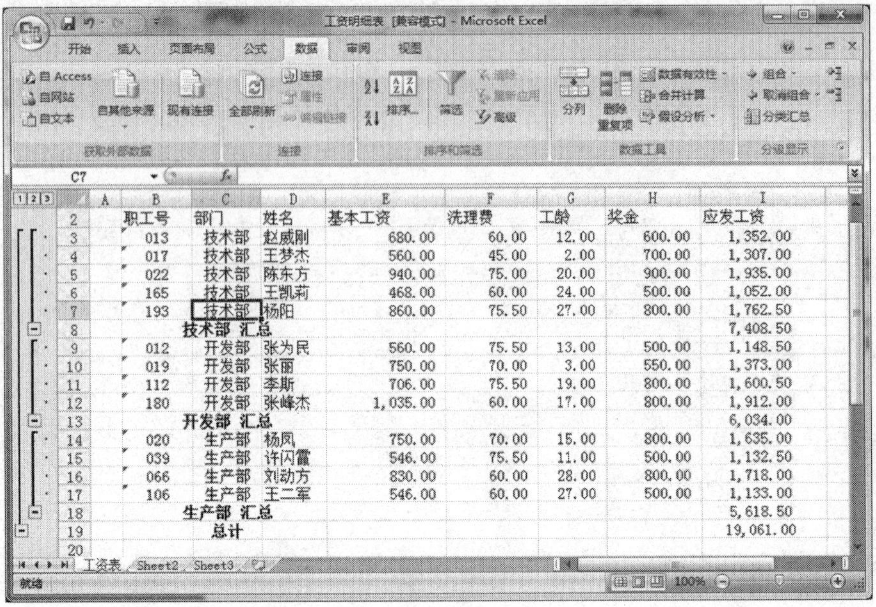

	职工号	部门	姓名	基本工资	洗理费	工龄	奖金	应发工资
3	013	技术部	赵威刚	680.00	60.00	12.00	600.00	1,352.00
4	017	技术部	王梦杰	560.00	45.00	2.00	700.00	1,307.00
5	022	技术部	陈东方	940.00	75.00	20.00	900.00	1,935.00
6	165	技术部	王凯莉	468.00	60.00	24.00	500.00	1,052.00
7	193	技术部	杨阳	860.00	75.50	27.00	800.00	1,762.50
8		技术部 汇总						7,408.50
9	012	开发部	张为民	560.00	75.50	13.00	500.00	1,148.50
10	019	开发部	张丽	750.00	70.00	3.00	550.00	1,373.00
11	112	开发部	李斯	706.00	75.50	19.00	800.00	1,600.50
12	180	开发部	张峰杰	1,035.00	60.00	17.00	800.00	1,912.00
13		开发部 汇总						6,034.00
14	020	生产部	杨凤	750.00	70.00	15.00	800.00	1,635.00
15	039	生产部	许闪霞	546.00	75.50	11.00	500.00	1,132.50
16	066	生产部	刘动方	830.00	60.00	28.00	800.00	1,718.00
17	106	生产部	王二军	546.00	60.00	27.00	500.00	1,133.00
18		生产部 汇总						5,618.50
19		总计						19,061.00

图 5－75

要取消分类汇总，可以在图 5－74 所示的“分类汇总”对话框中单击“全部删除”即可。

四、插入图表

图表是指将工作表中的数据用图形形象化地表示出来。图表可以使数据更加有趣、吸引人、易于阅读和评价，以便更有效地分析和比较数据。

1. 图表的结构

当基于工作表选定区域建立图表时，Excel 使用来自工作表的值，并将其当作数据点在图表上显示。数据点用条形、线条、柱形、切片、点及其它形状表示，这些形状称作数据标示。

图表的结构如图 5－76 所示，各部分含义为：

① 图表区：整个图表及其全部元素区域。

②绘图区：在二维图表中，是指通过轴来界定的区域，包括所有数据系列。在三维图表中，同样是通过轴来界定的区域，包括所有数据系列、分类名、刻度线标志和坐标轴标题。

③在图表中绘制的数据系列。数据系列是在图表中绘制的相关数据点，这些数据源自数据表的行或列。图表中的每个数据系列具有唯一的颜色或图案并且在图表的图例中表示。可以在图表中绘制一个或多个数据系列。

④横（分类）和纵（值）坐标轴：界定图表绘图区的线条，用作度量的参照框架。y 轴通常为垂直坐标轴并包含数据。x 轴通常为水平轴并包含分类。数据沿着横坐标轴和纵坐标轴绘制在图表中。

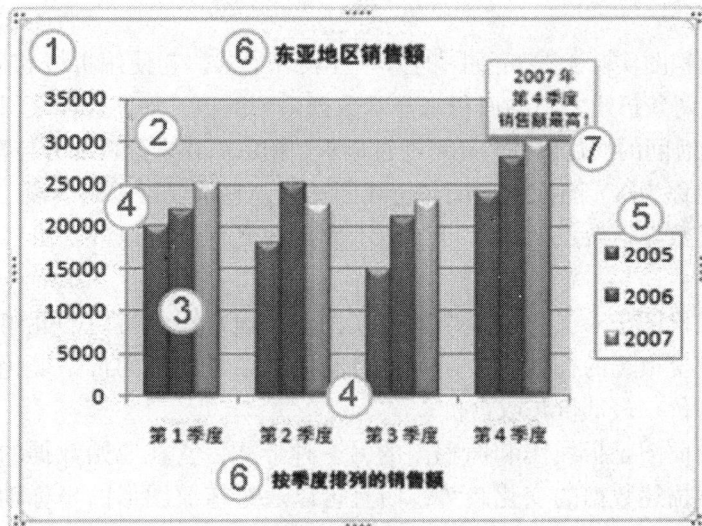

图 5-76

⑤图例：图例是一个方框，用于标识为图表中的数据系列或分类指定的图案或颜色。

⑥ 图表以及可以在该图表中使用的坐标轴标题：图表标题是说明性的文本，可以自动与坐标轴对齐或在图表顶部居中。

⑦可以用来标识数据系列中数据点的详细信息的数据标签：为数据标记提供附加信息的标签，数据标签代表源于数据表单元格的单个数据点或值。

2. 图表的类型

Excel 内置了丰富的图表类型，包括柱形图、折线图、饼图、条形图、面积图、散点图、股价图、曲面图、圆环图、气泡图和雷达图，用户可以根据需要选择不同的图表类型。

柱形图：柱形图也称作直方图，是 Excel 的默认图表类型，也是用户经常使用的一种图表类型。通常用来描述不同时期数据的变化情况或是描述不同类别数据（称作分类项）之间的差异，也可以同时描述不同时期、不同类别数据的变化和差异。一般将分类数据或是时间在水平轴上标出，而把数据的大小在垂直轴上标出。

折线图：折线图是用直线段将各数据点连接起来而组成的图形，以折线方式显示数据的变化趋势。折线图常用来分析数据随时间的变化趋势，也可用来分析多组数据随时间变化的相互作用和相互影响。在折线图中，一般水平轴（X 轴）用来表示时间的推移，并且间隔相同；而垂直轴（Y 轴）代表不同时刻的数据的大小。

饼图：饼图通常只用一组数据系列作为源数据。它将一个圆划分为若干个扇形，每个扇形代表数据系列中的一项数据值，其大小用来表示相应数据项占该数据系列总和的比例值。所以饼图通常用来描述比例、构成等信息。

条形图：条形图有些象水平的柱形图，它使用水平横条的长度来表示数据值的大小。条形图主要用来比较不同类别数据之间的差异情况。一般把分类项在垂直轴上标出，而把数据的大小在水平轴上标出。这样可以突出数据之间差异的比较，而淡化时间的变化。

面积图：面积图实际上是折线图的另一种表现形式，它使用折线和分类轴（X 轴）组成的面积以及两条折线之间的面积来显示数据系列的值。面积图除了具备折线图的特点，强调数据随时间的变化以外，还可通过显示数据的面积来分析部分与整体的关系。

散点图：也称为 XY 图，散点图与折线图类似，它不仅可以用线段，而且可以用一系列的点来描述数据。散点图除了可以显示数据的变化趋势以外，更多地用来描述数据之间的关系。

股价图：股价图是一类比较复杂的专用图形，通常需要特定的几组数据。主要用来显示股票或期货市场的行情，描述一段时间内股票或期货的价格变化情况，即显示特定股票的最高价、最低价与收盘价。

曲面图：曲面图是折线图和面积图的另一种形式，它在原始数据的基础上，通过跨两维的趋势线描述数据的变化趋势，而且可以通过拖放图形的坐标轴，可以方便地变换观察数据的角度。

圆环图：圆环图与饼图类似，也是用来描述比例和构成等信息。但是它可以显示多个数据系列。圆环图由多个同心的圆环组成，每个圆环划分为若干个圆环段，每个圆环段代表一个数据值在相应数据系列中所占的比例。所以圆环图除了具有饼图的特点以外，常用来比较多组数据的比例和构成关系。

气泡图：气泡图是散点图的扩展，它相当于在散点图的基础上增加了第三个变量，即气泡的尺寸。气泡所处的坐标分别标出了在水平轴（X 轴）和垂直轴（Y 轴）的数据值，同时气泡的大小可以表示数据系列中第三个数据的值，数值越大，则气泡越大。所以气泡图可以应用于分析更加复杂的数据关系。除了描述两组数据之间的关系之外，还可以描述数据本身的另一种指标。

雷达图：雷达图是专门用来进行多指标体系比较分析的专业图表。从雷达图中可以看出指标的实际值与参照值的偏离程度，从而为分析者提供有益的信息。雷达图通常由一组坐标轴和三个同心圆构成。每个坐标轴代表一个指标。同心圆中最小的圆表示最差水平或是平均水平的 1/2；中间的圆表示标准水平或是平均水平；最大的圆表示最佳水平或是平均水平的 1.5 倍。其中中间的圆与外圆之间的区域称为标准区。在实际运用中，可以将实际值与参考的标准值进行计算比值，以比值大小来绘制雷达图，以比值在雷达图的位置进行分析评价。

3. 创建图表

（1）利用快捷键创建图表

Excel 默认的图表类型为簇状柱形图，利用快捷键可以快速创建该类型的图表，具体操作如下：

第一步：选择要创建图表的单元格区域，如图 5 - 77 所示。

图 5 - 77

第二步：按下快捷键"Alt + F1"，系统就会自动在当前工作表中创建一个柱形图，如图 5 - 78 所示。

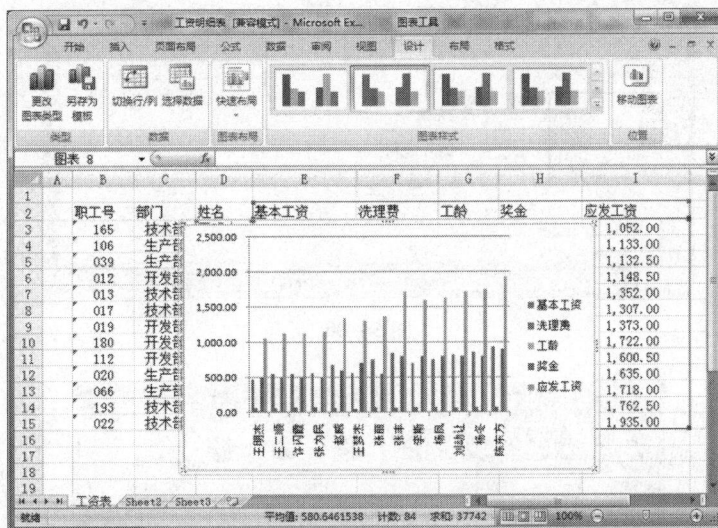

图 5 - 78

(2) 利用"图表"组创建图表

利用"插入"选项卡下"图表"选项组中的命令按钮，可以在当前工作表中创建各种类型的图表。如要创建一个饼图，具体操作如下：

第一步：选择要创建图表的单元格区域，如图 5 - 79 所示。

图 5 - 79

第二步：将功能区切换到"插入"选项卡，单击"图表"选项组中的"饼图"按钮，在弹出的列表中选择"二维饼图"下的"饼图"按钮，如图 5 - 80 所示。创建的图表如图 5 - 81 所示。

图 5 - 80

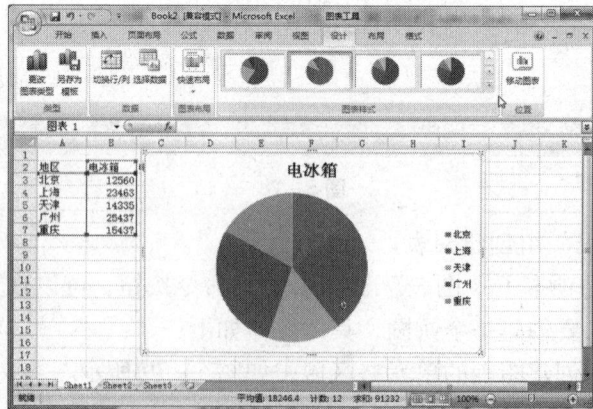

图 5 - 81

4. 编辑图表

（1）选择图表元素

要编辑图表，首先要选择图表元素。一般情况下用鼠标单击图表元素就可以选中，但要精确选中图表的各个元素，可以采用下列方法进行：

第一步：单击图表任意位置，激活"图表工具"浮动选项卡，切换到"图表工具｜布局"选项卡。

第二步：单击"当前所选内容"选项组中的"图表元素"下拉按钮，在弹出的下拉列表中选择要编辑的图表元素，如图 5-82 所示，选择"系列'电冰箱'"，则图表元素被选中，如图 5-83 所示。

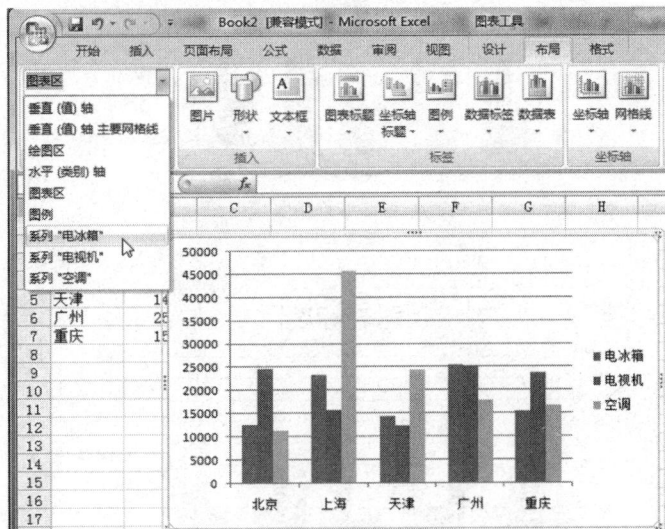

图 5-82

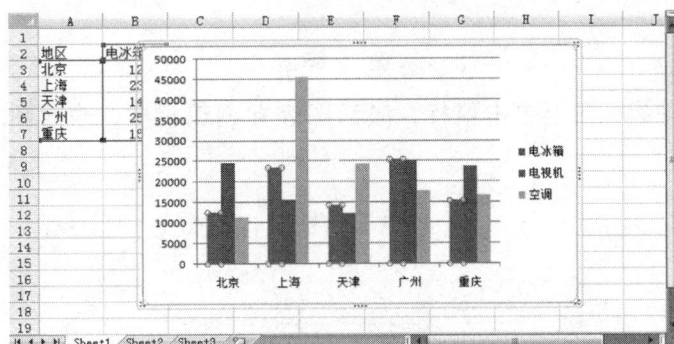

图 5-83

（2）添加图表标题

第一步：单击图表任意位置，激活"图表工具"浮动选项卡，切换到"图表工具｜布局"选项卡。

第二步：单击"标签"选项组中的"图表标题"下拉按钮，在弹出的下拉列表中选择要添加图表标题的位置，如图 5 - 84 所示，选择"图表上方"选项，则图表标题添加到图表中，如图 5 - 85 所示。

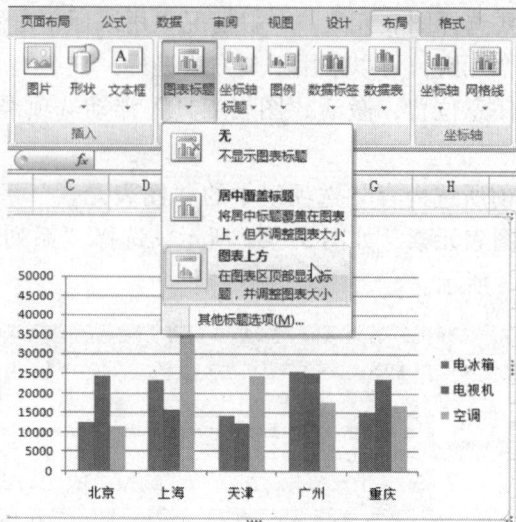

图 5 - 84

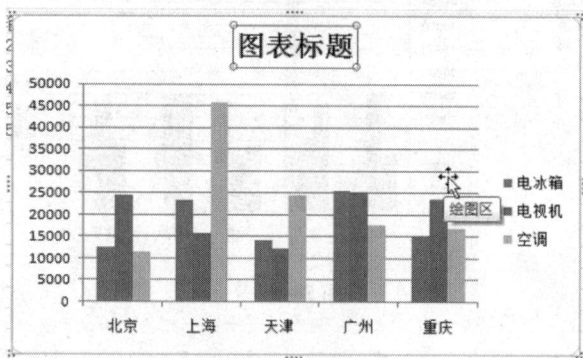

图 5 - 85

　　第三步：在图表标题上单击鼠标，激活图表标题编辑框，修改图表标题的文字，如图 5 - 86 所示。

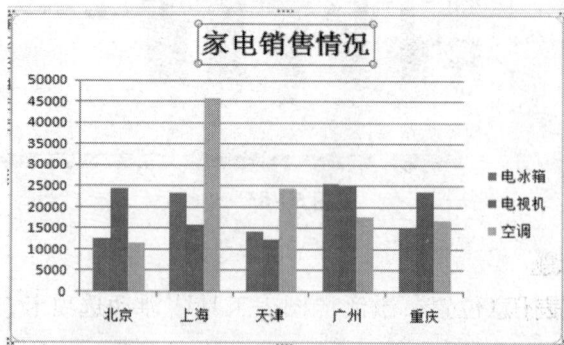

图 5 - 86

添加坐标轴标题的操作与此相类似，按图 5 – 87 所示选择"坐标轴标题"选项即可，后续的操作按提示完成。

（3）调整图表的位置和大小

图表的位置和大小调整与图片的位置和大小调整操作类似，利用鼠标拖动可以调整位置，通过图表四周的控制点可以调整其大小，有关操作请参阅§4 – 6 有关的内容。

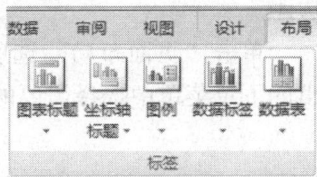

图 5 – 87

§5 – 5　打印工作表

本节学习内容：

1. 页面版式设置。

2. 设置页眉和页脚。

3. 打印输出。

本节学习目标：

1. 了解打印工作表的基本流程。

2. 掌握页面版式设置、页眉和页脚设置的操作。

3. 掌握打印输出操作。

工作表编辑完成后，就可以打印输出了。但在打印之前，还要对页面、打印机等做一些设置操作。

一、页面版式设置

页面版式设置包括纸张大小、方向、页边距等内容。

1. 设置纸张大小

Excel 中默认的纸张大小为 A4（21 厘米 ×29.7 厘米），若用户要使用其它大小的纸张打印，可以按下列方法操作：

单击"页面布局"选项卡下"页面设置"选项组中的"纸张大小"下拉按钮，在弹出的下拉菜单中选择需要的纸张大小即可，如图 5 – 88 所示。

2. 设置纸张方向

纸张方向分为横向和纵向两种。用户可以根据实际需要进行设置。

单击"页面布局"选项卡下"页面设置"选项组中的"纸张方向"下拉按钮，在弹出的下拉菜单中选择需要的纸张方向即可，如图 5 – 89 所示。

3. 设置页边距

页边距即页面四周的空白区域。分为上、下、左、右

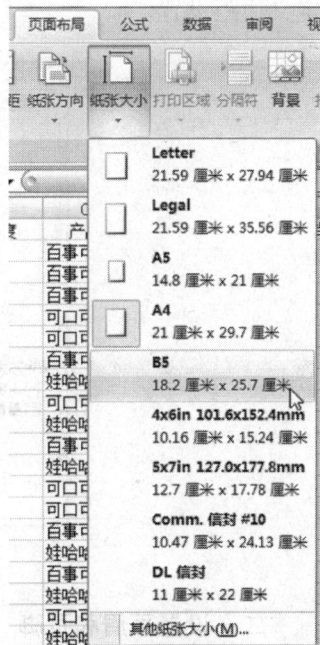

图 5 – 88

边距。

　　单击"页面布局"选项卡下"页面设置"选项组中的"页边距"下拉按钮，在弹出的下拉菜单中选择需要的边距类型即可，如图5-90所示。

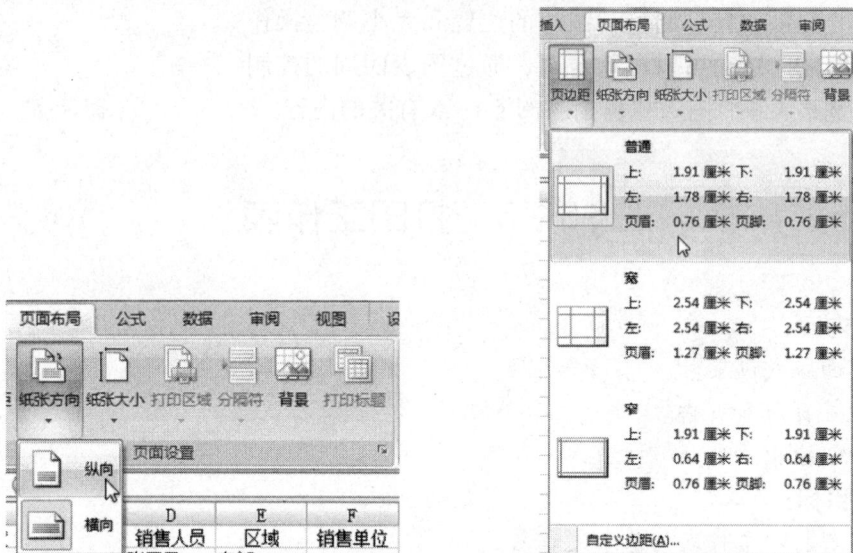

图5-89

图5-90

　　若在图5-90所示的下拉菜单中没有合适的边距选择，可以选择最后一项"自定义边距"，打开"页面设置"对话框，如图5-91所示。在该对话框中的"上"、"下"、"左"、"右"文本框中输入需要的边距，然后单击"确定"按钮即可按用户自定义边距设置。

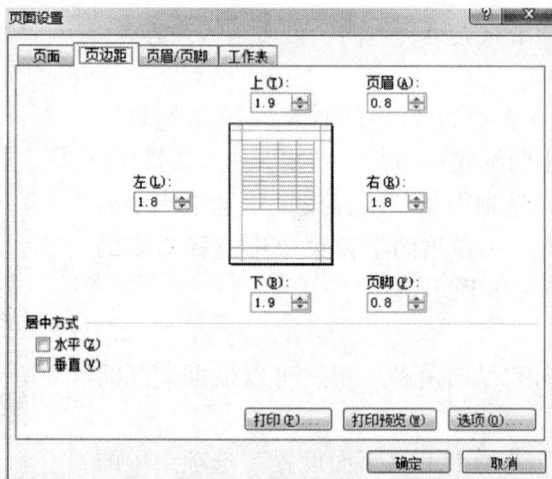

图5-91

二、设置页眉和页脚

　　页眉位于每一页的顶端，用于标明名称和报表标题；页脚位于每一页的底部，用于标明页号、打印日期及时间等。

第一步：单击"页面布局"选项卡下"页面设置"选项组中右下角的对话框启动器按钮，打开"页面设置"对话框，单击"页眉/页脚"选项卡，如图 5 - 92 所示。

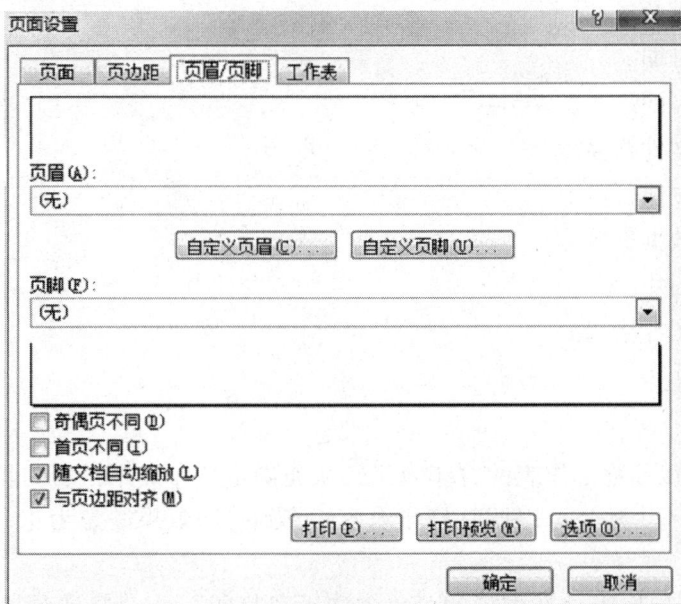

图 5 - 92

第二步：在"页眉"下拉列表中选择需要的页眉样式；在"页脚"下拉列表中选择需要的页脚样式。选择完需要的页眉/页脚样式后单击"确定"按钮即可快速添加页眉/页脚。

如果系统提供的页眉/页脚样式不能满足用户的需要，可以在图 5 - 92 所示的对话框中单击"自定义页眉"或"自定义页脚"按钮，打开的"页眉"或"页脚"对话框。在"页眉"或"页脚"对话框的"左"、"中"、"右"三个文本框中设置页眉或页脚的左、中、右三个部分，如图 5 - 93 所示为"页眉"对话框。

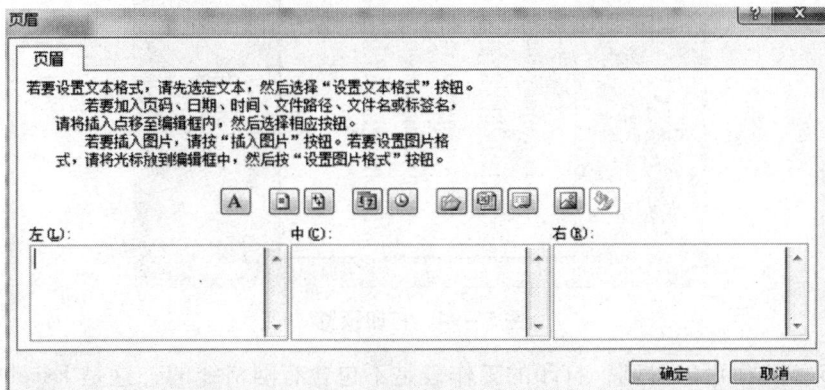

图 5 - 93

在图5-93中显示有一组工具，这些工具的作用如下：

A：格式文本，单击后打开"字体"对话框，设置文本的格式。

：插入页码。

：插入页数。

：插入日期。

：插入时间。

：插入文件路径。

：插入文件名。

：插入数据表名称。

：插入图片。

：设置图片格式。

三、打印输出

1. 打印预览

打印预览可以预览工作表的打印效果，从而确定打印效果是否与预期一致。如果预览效果与预期不一致，可以调整打印内容，直到打印效果满意为止，这样可以避免打印浪费。

单击Office按钮 ，在弹出的菜单中选择"打印"→"打印预览"选项，这时系统进入打印预览状态，如图5-94所示。打印预览的快捷键是"Ctrl + F2"。

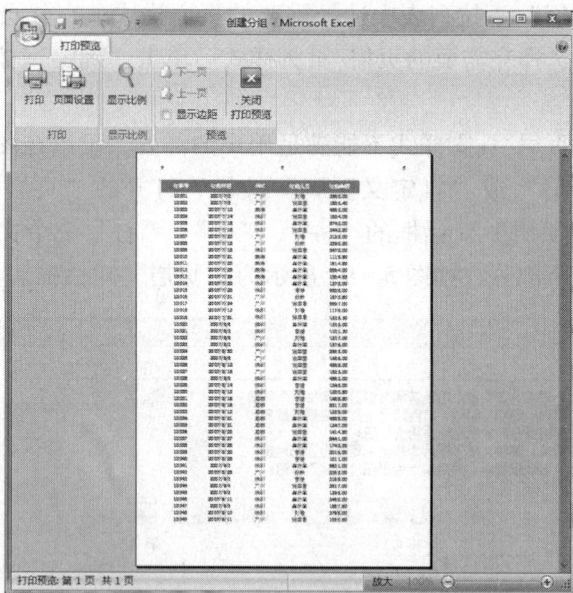

图5-94　打印预览

从图5-94中可以看到，打印的工作表是不包含有网格线的，这是Excel的默认状态。这样的打印效果怎么看都不像"表格"。作为表格，人们总是习惯加上网格线作为表格的边框。在图 5 - 94 中单击"页面设置"按钮，打开"页面设置"对话框，单击"工作表"选项卡，如图 5 - 95 所示。选择"打印"栏下的"网格线"选项，单击"确定"按钮。预览的结果如图 5 - 96 所示，网格线也打印出来了。

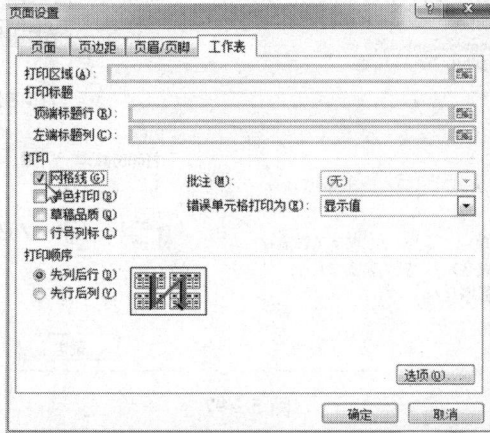

图 5 - 95

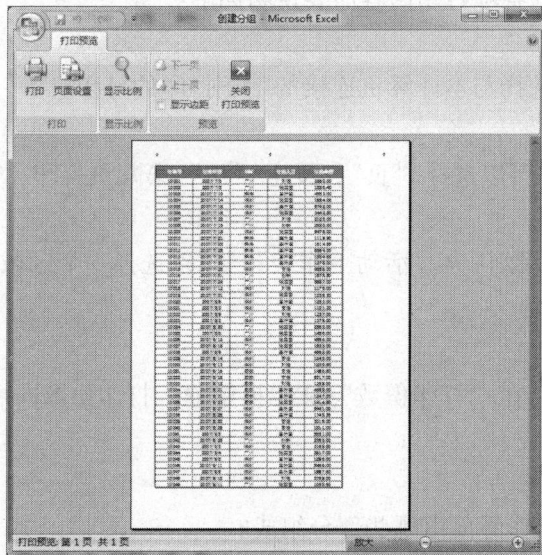

图 5 - 96

要退出打印预览状态，单击图 5 - 96 中的"关闭打印预览"按钮即可。

2. 打印输出

打印预览效果满意后，就可以打印输出了，操作步骤如下：

第一步：打开打印机，确保打印机与主机联机，并装好打印纸。

第二步：单击 Office 按钮，在弹出的菜单中单击"打印"命令选项，或在图 5 - 96 所示的打印预览状态中单击"打印"按钮，打开"打印内容"对话框，如

图 5 - 97 所示。

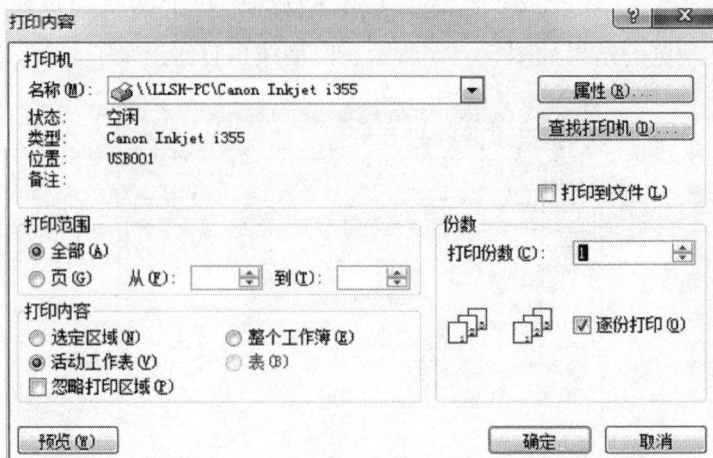

图 5 - 97

第三步：按图 5 - 97 所示设置好各项打印内容，然后单击"确定"按钮，打印机开始打印。

如图 5 - 97 所示的各项打印内容简要说明如下：

①"打印机"栏：

在名称列表框中选择与本计算机连接的用于打印的打印机。

②"打印范围"栏

默认为"全部"，可以选择"页"，设定"从"第几页打印"到"第几页。

③"打印内容"栏

设定打印的内容，默认为"活动工作表"，可以选择一个区域或是整个工作簿作为打印内容。

④"份数"栏

设定打印的份数，在"打印份数"文本框中输入打印份数即可。

本章练习与思考：

1. Excel 2007 的操作界面由哪些部分组成？

2. 什么是工作簿？什么是工作表？什么是单元格？

3. 文本、数字输入时系统默认为什么对齐方式？

4. 如何输入电话号码"07723861234"？

5. 如何保护表格数据？

6. 样式有什么作用？

7. 什么是相对引用、绝对引用、混合引用？

8. 输入公式时必须先输入一个什么符号？

9. 说出下列函数的计算结果：

（1）SUM（1，2，3，4）　　　（2）AVERAGE（1，2，3，4）

（3）COUNT（1，2，3，4）　　　（4）MAX（1，2，3，4）

（5）MIN（1，2，3，4）　　　　（6）IF（5＜7，8，9）

10. 什么是排序？排序有哪两种方式？

11. 什么是筛选？高级筛选要先做什么操作？

12. 什么是分类汇总？分类汇总前应做什么操作？

13. 如何快速插入图表？

14. 打印纸张的方向有哪两种？

15. 如何设置页眉及页脚？

16. 什么是打印预览？

17. 同一个工作表如何打印 5 份？

第六章　多媒体软件应用

§6-1　多媒体技术基础知识

本节学习内容:

1. 多媒体技术的概念及特征。

2. 常用多媒体文件的格式。

3. 多媒体素材的获取。

本节学习目标:

1. 了解多媒体技术的概念及特征。

2. 了解常用多媒体文件的格式。

3. 掌握多媒体素材的获取方法。

一、多媒体技术的概述

多媒体技术是 20 世纪末开始兴起并得到迅速发展的一门技术,它把文字、数字、图形、图像、动画、音频和视频等集成到计算机系统中,使人们能够更加自然、更加"人性化"地使用信息。经过几十年的发展,多媒体技术已成为科技界、产业界普遍关注的热点之一,并已渗透到不同行业的很多应用领域,使我们的社会发生日新月异的变化。多媒体技术已影响到人们工作、学习和生活的各个方面,并将给人类带来巨大的影响。

1. 多媒体技术的概念

(1) 媒体

按传统的说法,媒体(Media)指的是信息表示和传输的载体,是人与人之间沟通及交流观念、思想或意见的中介物,如日常生活中的报纸、杂志、广播、电视等。在计算机科学中,媒体具有两种含义:一是承载信息的物理实体,如磁盘、光盘、半导体存储器、录像带、书刊等;二是表示信息的逻辑载体,如数字、文字、声音、图形、图像、视频与动画等。多媒体技术中的媒体一般指后者。

(2) 多媒体

多媒体(Multimedia)是由两种以上单一媒体融合而成的信息综合表现形式,是多种媒体的综合、处理和利用的结果。多媒体的实质是将不同表现形式的各种媒体信息数字化,然后利用计算机对数字化的媒体信息进行加工或处理,通过逻辑连接形成有机整体,同时实现交互控制,以一种友好的方式供用户使用。

（3）多媒体技术

多媒体技术是以计算机为中心，将文本、图形、图像、音频、视频和动画等多种媒体信息通过计算机进行数字化综合处理，使多种媒体信息建立逻辑连接，并集成一个具有交互性的系统技术。这里说的"综合处理"主要是指对这些媒体信息的采集、存储、控制、编辑、交换、解压缩、播放、传输等。

2. 多媒体技术的特征

从研究和发展的角度看，多媒体技术具有多样性、集成性、交互性、实时性和数字化五个基本特征，这也是多媒体技术要解决的五个基本问题。

（1）多样性

多样性指媒体种类及其处理技术的多样性。多样性的信息载体包括磁盘介质、磁光盘介质、光盘介质、语音、图形、图像、视频、动画等。多媒体计算机在处理输入的信息时，不仅仅是简单获取及再现信息，而是能够根据人的构思、创意，进行加工、组合与变换来处理文字、图形及动画等媒体信息，产生艺术创作表现力，以达到生动、灵活、自然的效果。

（2）集成性

集成性主要指以计算机为中心，综合处理多种信息媒体的特征。它包括信息媒体的集成以及处理这些媒体的设备和软件的集成。信息媒体的基础包括多通道统一获得、存储、组织和合成等方面。设备集成是指显示和表现媒体设备的集成，计算机能和各种外设，如打印机、扫描仪、数码相机等设备联合工作；软件集成指集成一体的多媒体操作系统、适合多媒体信息管理的软件系统、创作工具及各类应用软件等。

（3）交互性

交互性是指人和计算机能够"对话"，人借助交互活动可控制信息的传播，甚至参与信息的组织过程，使之能够对感兴趣的画面或内容进行记录或者专门地研究。交互性是多媒体应有技术的关键特征。

（4）实时性

当用户给出操作命令时，相应的多媒体信息都能够得到实时控制。

（5）数字性

处理多媒体的关键设备是计算机，所以要求不同媒体形式的信息都要以数字的形式（即 0 和 1 的方式）存储和处理，而不是传统的模拟信号方式。数字化的优点是不仅易于加密和压缩等数值运算，而且提高了信息的安全性和处理速度以及抗干扰能力。

3. 多媒体信息的类型

目前，多媒体信息在计算机中的基本形式可划分为：文本、图形、图像、音频、视频和动画等，这些基本信息形式也称为多媒体信息的基本元素。

（1）文本

文本（Text）是以文字、数字和各种符号表达的信息形式，是现实生活中使用最多的信息媒体，主要用于对知识的描述。

文本有两种主要形式：格式化文本和无格式化文本。文本文件中，如果只有文本信息，没有其他任何有关格式的信息，称为纯文本文件或非格式化文本文件；而带有各种文本排版信息等格式信息的文本文件，则称为格式化文本文件。文本可以在文本编辑软件里制作，如 Word、记事本、写字板等编辑工具，也可以直接在制作图形的软件或多媒体编辑软件中一起制作。

（2）图形

图形（Graphic）是指计算机绘图软件绘制的从点、线、面到三维空间的各种有规律的图形，如直线、矩形、圆、多边形以及其它可用角度、坐标和距离来表示的几何图形。

在图形文件中只记录生成图形的算法和图上的某些特征点，因此也称矢量图。图形的最大优点在于可以分别控制处理图中的各个部分，如在屏幕上移动、旋转、放大、缩小、扭曲而不失真，不同的物体还可在屏幕上重叠并保持各自的特性，必要时任可分开。常用的图形绘制软件有 AutoCAD、CorelDRAW、Illustrator 等。

（3）图像

图像（Image）可以通过数字照相机、摄像机、扫描仪等设备从现实世界中捕获，也可以利用计算机产生数字化图像。图像是由单位像素组成的位图来描述的，每个像素点都用二进制数编码，用来反映像素点的颜色和亮度。图像可以用图像处理软件如 Photoshop 等进行编辑和处理。

（4）音频

音频（Audio）包括语言、音乐和音效。语言在多媒体作品中多用来表达文字的意义或作为旁白。音乐多用了当成背景音乐，营造出整体气氛。音效则大多用来配合动画，使动态的效果能充分的表现。动态信息的演示常常与音频同步进行，两种都具有时间的连续性。在计算机中的音频处理技术主要包括声音的采集、数字化、压缩/解压缩、播放等。

（5）视频

视频（Video）是指从摄像机、录像机、影碟机以及电视接收机等摄像输出设备得到的连续运动图像信号，即若干有联系的图像数据连续播放便形成了视频。按照视频的存储和处理方式不同，视频可分为模拟视频和数字视频两大类。模拟视频属于传统的电视视频信号的范畴，目前世界上最常用的模拟广播视频标准（制式）有中国、欧洲使用的 PAL 制，美国、日本使用的 NTSC 制及法国等国家使用的 SECAM 制。数字视频时对模拟信号进行数字化后的产物，它是基于数字技术记录视频信息的。模拟视频可以通过视频采集卡将模拟视频信号进行 A/D（模/数）转换。这些视频图像使多媒体应有系统功能更强大、更精彩。

（6）动画

动画（Animation）是采用计算机动画设计软件创作由若干幅图像进行连续播放而产生的具有运动感觉的连续画面。计算机设计动画的方法有两种，即造型动画和帧动画。造型动画是对每一个运动的物体分别进行设计，赋予每个对象一些特征，如大小、形状、颜色等，然后用这些对象构成完整的帧画面。帧动画则是由一幅幅位图组成的连续的画面，就像电影胶片或视频画面一样，要分别设计每个屏幕显示的画面。动画按空间感区分为二维动画（平面）和三维动画（立体）。在多媒体信息系统中使用动画，可使说明更形象，更生动活泼。

二、常用多媒体文件的格式

1. 文本文件

文件格式	说　明
TXT	一种纯文本格式，任何能读取文字的程序都能读取带有 .txt 扩展名的文件，因此，通常认为这种文件是通用的、跨平台的。
DOC	微软公司 Word 文字处理软件的存储格式，由于其巨大的影响力，大多数软件环境都兼容 DOC 格式。
RTF	丰富的文本格式，是由微软公司开发的跨平台文档格式。大多数的文字处理软件都能读取和保存 RTF 文档。
WPS	国内著名软件公司金山公司 Wps Office 文字处理软件的存储格式。

2. 图像文件

文件格式	说　明
BMP	Windows 中的标准图像格式，它采用位映射存储格式，除了图像深度可选以外，不采用其他任何压缩，因此，BMP 文件所占用的空间很大。
GIF	图形交换格式，是一种位图图形文件格式，以 8 位色（即 256 种颜色）重现真彩色的图像。它实际上是一种压缩文档，采用 LZW 压缩算法进行编码，有效地减少了图像文件在网络上传输的时间。它是目前广泛应用于网络传输的图像格式之一。
JPEG	最常见的图像格式。它是最有效、最基本的有损压缩格式，被极大多数的图形处理软件所支持。JPEG 格式的图像广泛用于 Web 的制作。
PSD	PSD 格式是 Photoshop 特有的图像文件格式，它可将所编辑的图像文件中所有关于图层和通道的信息保存下来。
TIFF	TIFF（Tag Image File Format，有标签的图像文件格式）是 Aldus 在 Mac 初期开发的，目的是使扫描图像标准化。它是跨越 Mac 与 PC 平台最广泛的图像打印格式。常用于应用程序之间和计算机平台之间交换文件，它支持带 Alpha 通道的 CMYK、RGB 和灰度文件。
PNG	PNG（Portable Network Graphics）是一种网络图像格式。它的特点是能把图像文件压缩到极限以利于网络传输，但又能保留所有与图像品质有关的信息，PNG 采用有损压缩方式来减少文件的大小，还支持透明图像的制作，缺点是不支持动画应用效果。
PDF	PDF（Portable Document Format）是由 Adobe System 创建的一种文件格式，允许在屏幕上查看电子文档。PDF 文件还可以被嵌入到 Web 的 HTML 文档中，成为在互联网上进行电子文档发行和数字化信息传播的文档格式。

3. 音频文件

文件格式	说　明
WAV	WAV 格式的声音文件，存放的是对模拟声音波形经数字化采样、量化和编码后得到的音频数据。原本由声音的波形而来，所以，WAV 文件又称波形文件。WAV 文件是 Windows 中使用的标准波形声音文件格式。这种文件的数据是未经过压缩而直接对声音波形进行采用记录的数据，其最大优点就是音质非常好，但缺点是文件非常大。
MP3	全称 MPEG－1 Audio Layer3，属于波形文件。它是对已经数字化的波形声音文件采用 MP3 压缩编码后得到的文件。MP3 压缩编码是运动图像压缩编码国际标准 MPEG－1 所包含的音频信号压缩编码方案的第 3 层。
WMA	全称 Windows Media Audio，是 Microsoft 公司的产品，属于波形文件。它也是一种基于流媒体技术、适合网络传输的音频数据格式。该格式的压缩比也比较高，同时还能保持一定的音质效果。
MIDI	MIDI 的含义是乐器数字接口（Musical Instrument Digital Interface），MIDI 文件记录的是 MIDI 消息，它不是数字化后得到的波形声音数据，而是一系列指令。 　与波形声音文件相比，同样演奏时长的 MIDI 音乐文件比波形音乐文件所需的存储空间要少很多。MIDI 音乐在多媒体制作过程中常作背景配乐。
cda	CD 格式就是音乐 CD 唱片中采用的格式，记录的是波形流。标准 CD 格式可以说是对自然声音近似无损的数字化，所以音质较高。
RA	全称 Real Audio，是由 Real Networks 公司开发的一种基于流媒体技术的网络实时传输格式，属于波形文件。其特点是可以边浏览边下载数据，而不需要下载完毕后才可以播放。

4. 视频文件

文件格式	说　明
AVI	AVI（Audio Video Interleave）是一种音视频交叉记录的数字视频文件格式，运动图像和伴音数据以交替的方式存储。 　AVI 一般采用帧内有损压缩，可以用一般的视频编辑软件如 Adobe Premier 或会声会影进行再编辑和处理。这种文件格式的优点是图像质量好，可以跨平台使用，缺点是文件体积较大。

MPG（＊.mpeg、＊.mpg 或 ＊.dat）	MPG 格式是将 MPEG 算法用于运动视频图像而形成的活动视频标准文件格式。MPEG 采用有损压缩方法减少运动图像的冗余信息，从而达到高压缩比的目的，同时图像的音响质量也非常好。现在市场上销售的 VCD、SVCD 和 DVD 全采用 MPEG 技术。
MOV	MOV（Movie Digital Video Technology）是美国 Apple 公司开发的一种视频文件格式，默认的播放器是 Quick Time Player，具有较高的压缩比和较好的视频清晰度，并且可以跨平台使用。
RealMedia（＊.rm、＊.ra 和 ＊.rf）	RealMedia 格式是 Real Network 公司开发的一种用于在低速网上实时传输音频和视频信息的压缩格式，具有体积小而又清晰的特点。
ASF	ASF（Advanced Streaming Format）格式，是 Microsoft 公司推出的高级流格式，是一种在互联网上实时传输多媒体的技术标准。采用 MPEG－4 压缩标准，压缩率、图像质量都很好。
WMV	WMV（Windows Media Video）格式是微软公司推出的采用独立编码方式的视频文件格式，是目前应用最广泛的流媒体视频格式之一。

5. 动画文件

文件格式	说　明
TGIF	GIF（Graphics Interchange Format）即"图像交换格式"。GIF 动画可以同时存储若干幅静止图像进而形成连续的动画，因此，Internet 上大量采用的动画文件多为 GIF 文件格式。GIF 文件存储量比较小，因此，在网络上深受欢迎。
SWF	SWF 是 Macromedia 公司的产品 Flash 的矢量动画格式。这种格式的动画能以比较小的体积表现丰富的多媒体形式，并且还可以与 HTML 文件充分结合，并且能添加音乐，形成二维"有声动画"，因此被广泛应用在网页上，成为一种"准"流式媒体文件。
FLIC（＊.fli 或 ＊.flc）	FLIC 是 Autodesk 公司在其出品的 Autodesk Animator/Animator Pro/3D Studio 等 2D/3D 动画制作软件中采用的彩色动画文件格式，FLIC 是 FLC 和 FLI 的统称。

三、多媒体素材的获取

1. 利用软件设计生成

媒体素材类型	创作工具
文本	Word、WPS、记事本等
图形图像	Photoshop、CorelDraw、Illustrator、AutoCAD、HyperSnap－DX、金山画王等

视频	Premiere、会声会影、After Effects 等
音频	Cool Edit、Adobe Audition 2.0、DeComposer、Gold wave
动画	Flash、3ds Max、Maya 等

2. 利用互联网搜索获取

互联网为我们提供了丰富的多媒体资源，利用百度、google 等搜索引擎可以搜索到大量的文本、图片、音乐、视频和动画。

下面以百度搜索为例，搜索"汽车"图片。打开百度搜索网站（http：//www.baidu.com），单击搜索类型"图片"，指定搜索的内容为图片。若要搜索 MP3、视频等内容，可以单击相应类型，后续操作大同小异。

在文本输入框中输入所需搜索图片素材的关键字，如"汽车"，然后单击"百度一下"按钮，如图6-1所示。

图 6-1

搜索到的图片显示在如图6-2所示的窗口中，单击想要的图片，此时图片会放大显示，在图片上单击鼠标右键，在弹出的快捷菜单中单击"图片另存为"。然后按弹出的对话框提示输入图片保存的位置和文件名，单击"保存"即可。

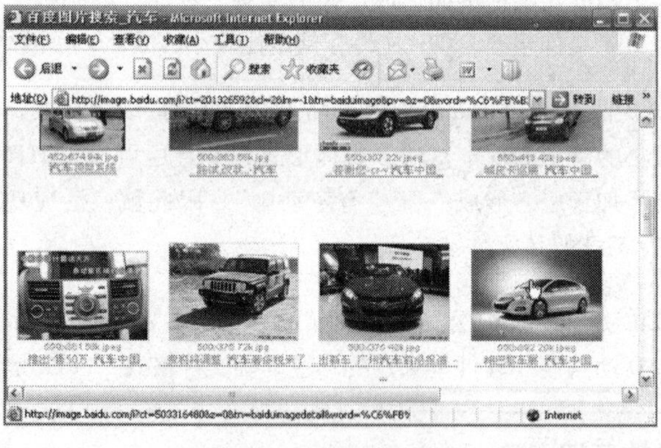

图 6-2　搜索到的图片

3. 利用各种设备捕捉获取

利用各种外部设备获取多媒体素材是素材获取的重要途径。各种外部设备与计算机构成了多媒体硬件系统平台，这一平台包括计算机硬件及各种输入输出设备，如扫描仪、数码照相机、数码摄像机、刻录光驱、打印机、投影仪和触摸屏等。

① 现在数码相机已经相当普及，利用数码照相机可以直接拍摄数字化图像素材。

通过数码照相机获取的数字图像存放在相机存储卡内，再通过数据线或读卡器将其输入到计算机中使用。

② 扫描仪可以将印刷内容（文本或图片）扫描输入计算机。

③ 利用计算机的声卡和麦克风相结合，使用一定的软件可以录制声音素材。例如利用 Windows XP 中自带的录音机就可以录制所需的音频素材。

④ 数码摄像机和摄像头可以捕捉各种视频，是视频素材捕捉的首选设备。

§6-2　图像处理

本节学习内容：
1. 光影魔术手的应用。
2. 图像文件格式的转换。

本节学习目标：
1. 了解图像处理的简单过程。
2. 掌握利用光影魔术手等图像处理软件处理图像的方法。
3. 掌握图像文件格式的转换方法。

一、光影魔术手

软件下载地址：http：//www. neoimaging. cn

光影魔术手（NEO IMAGING）是一个对数码照片画质进行改善及效果处理的软件。简单、易用，每个人都能制作精美相框、艺术照、专业胶片效果，而且完全免费。不需要任何专业的图像技术，就可以制作出专业胶片摄影的色彩效果，是摄影作品后期处理、图片快速美容、数码照片冲印整理时必备的图像处理软件。

可以将自己的个人照片制成电子日历，并可作为计算机的桌面背景，如图 6-3 所示。下面就讲解用光影魔术手制作电子日历的方法。

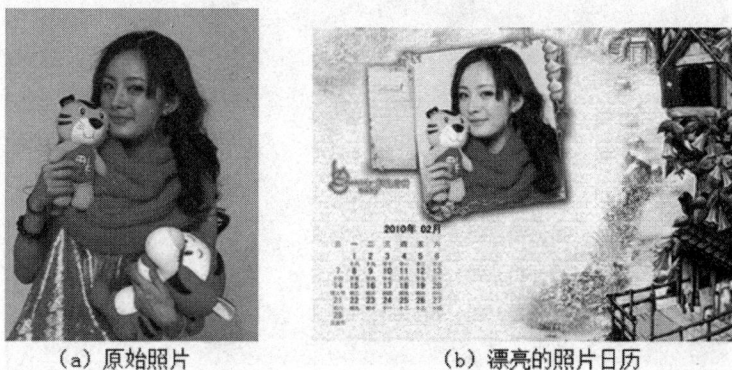

（a）原始照片　　　　　（b）漂亮的照片日历

图 6-3　制作日历效果

（1）启动光影魔术手后，会自动启动向导中心，向导中心和诊断中心直观的展示了软件强大的功能效果，让用户短时间内找到图片处理的方法。在本例中不使用此向导，单击"关闭"按钮退出向导。启动后打开原始照片。

（2）原始图片稍微向右倾斜了，首先要把照片调正。单击工具栏"旋转"按钮，弹出"旋转"对话框。在"旋转"对话框中单击"任意角度"，进入"自由旋转"对话框，直接在预览图上画出正确的水平或垂直线，就可以迅速准确的计算出旋转角度，照片中两只眼睛内角应该在一个水平线上，所有在两只眼睛内角间画一条直线，如图6 -4所示，画好后可以单击"预览"查看效果，基本调正了就可以了，单击"确定"。

（a）在两眼内角间画直线　　　　　（b）预览效果

图6-4　旋转图片

（3）裁剪：旋转后四周会产生白色的边，同时我们希望日历中显示人的头像，所有要将多余的部分裁剪掉，单击工具栏"裁剪"按钮，弹出"裁剪"对话框，鼠标拖动选择头像部分，如图6-5所示。单击"确定"按钮裁剪出需要的图形。

图6-5　选择头像部分

（4）曝光调整：曝光量指光线进入照片胶片或感光片的多少，曝光不足，照片偏暗，需要补光调整，曝光过度，照片偏亮，需要减光调整，本例中照片明显偏暗，所有要进行"数码补光"，单击界面右侧"基本调整"面板，选择"数码补光"，如图6-6。

图6-6　设置数码补光参数

调节滑块设置数码补光亮度等参数，同时观察调整后效果，也可以重复进行补光以达到理想效果。

（5）反转片效果：反转片主要特色是画面中同时存在冷暖色调对比。亮部的饱和度有所增强，呈暖色调但不夸张，暗部发生明显的色调偏移，得到较饱和的效果。单击工具栏"反转片"按钮旁小三角形，在弹出菜单中选择"真实色彩"，如图6-7所示。应用反转片后的效果如图6-8所示。

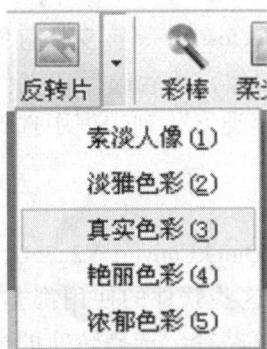

图6-7　应用「真实色彩」反转片效果　　　图6-8　反转片效果应用前后对比

同时，软件还提供了相当丰富的其它效果供用户使用，展开右侧"数码暗房"面板，只需轻轻一点，便能轻松实现。

（6）制作日历：单击工具栏"日历"按钮，弹出"日历对话框"，在模板日历中选择喜欢的模板，如图6-9所示。适当调整一下图片的大小和位置，设置日历日期，字体颜色等，一幅漂亮的个人日历就完成了。

图 6 - 9　设置日历

光影魔术手官方网址上提供了非常丰富的模板资源，可进入到官方素材网址：ht-tp：//fodder. neoimaging. cn 下载模板素材，下载后双击安装就可以了。

二、图像文件格式转换

目前，图像文件格式的转换可通过两种途径完成，一种是利用图像编辑软件的"另存为"功能；另一种是利用专用的图像格式转换软件。

1. 利用图像编辑软件

图像编辑软件（如 Windows 自带的"画图"程序、Photoshop 等）支持且能处理绝大部分格式的图像。所以，利用图像编辑软件打开一幅图像，然后选择"文件"菜单下的"另存为"命令，在打开的"保存"对话框的"保存类型"列表框中选择需转换的另一种格式保存即可。

2. 利用图像格式转换软件

图像格式转换软件较常用的有 GIF2SWF2. 5 汉化版、QuickConvert V2. 3. 0、MagicI-mg2Ani V1. 1 汉化版、ZTonic Image Cocoon V1. 60. 5 等。这些软件的使用都非常简单，不外乎是打开图像文件，选择转换目标文件的格式及保存路径，选择转换即可，这里不作介绍。

§6-3 音频、视频处理

本节学习内容：

1. 音频、视频播放软件的安装和使用。

2. 音频文件格式的转换。

3. 视频文件格式的转换。

4. 音频、视频文件的编辑加工。

本节学习目标：

1. 了解音频、视频播放软件的安装和使用。

2. 掌握音频、视频文件格式的转换及加工处理过程。

一、音频、视频播放软件的安装和使用

（一）Windows Media Player

Windows Media Player 是 Windows 操作系统自带的媒体播放器，它可以查找和播放计算机上的数字媒体文件、播放 CD 和 DVD，以及来自 Internet 的数字媒体内容。此外，可以从音频 CD 翻录音乐，刻录音乐 CD，下面以 Windows Media Player11 为例说明它的基本使用方法。

1. 播放音乐和视频

（1）依次单击"开始"→"所有程序"→"Windows Media Player"命令项，启动 Windows Media Player。Windows Media Player 界面如图 6-10 所示。

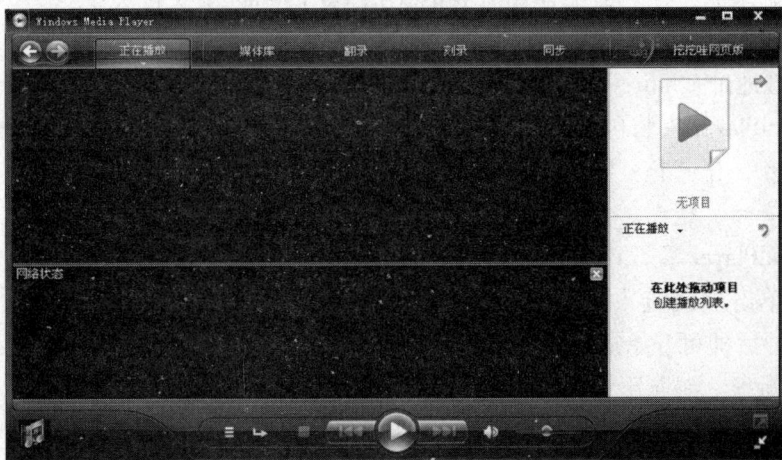

图 6-10 Windows Media Player 界面

（2）如果要播放某个音频或视频文件，可在播放器标题栏空白处右键单击，在"文件"菜单下单击"打开"命令，在弹出的"打开"对话框中找到并选择一个或多

个文件，并单击"打开"按钮，选定的文件就进入到播放列表中并开始播放第一个媒体文件。

（3）如果要播放 CD、VCD 或 DVD 中的媒体文件，首先将光盘放入光驱中，通常情况下，光盘将开始播放，如果没有播放，单击"正在播放"选项卡下的箭头，然后单击光盘所在的驱动器。如图 6 – 11。

图 6 – 11　播放光盘媒体文件

2. 从 CD 翻录音乐

制作多媒体作品时，常会使用 CD 中的音乐，直接复制光驱中显示的 ∗. cda 文件并不能正常播放音乐，需要通过软件将 CD 中的音乐翻录到计算机中，这也称为 CD 抓轨。下面介绍利用 Windows Media Player 翻录 CD 音乐的方法。

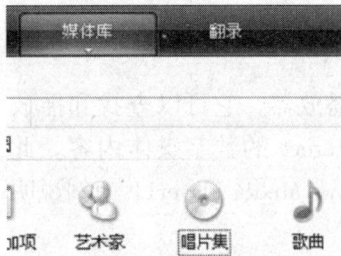

图 6 – 12　翻录的音乐在「唱片集」中

（1）启动播放器，将 CD 光盘放入驱动器，单击"翻录"选项卡，CD 中的歌曲将显示在窗口中，单击右下角"开始翻录"按钮开始翻录。

（2）翻录需要一段时间，耐心等待翻录完成后，单击"媒体库"选项卡，如图 6 – 12，双击"唱片集"显示已翻录的唱片，双击刚翻录好的唱片图标，并双击歌曲列表就可以试听音乐了。

（3）已翻录的文件一般保存在"我的文档 \ My Music"文件夹中。

（二）RealPlayer

软件下载地址：http：//realplayer. cn. real. com/

下载 RealPlayer 安装包后，双击安装包即可启动安装程序，按提示设置各安装选项，一般直接单击"下一步"按默认方式安装即可。

1. 播放音频、视频文件

启动 RealPlayer 后，单击"文件"菜单下的"打开"命令项。在弹出的"打开"对话框中，单击"浏览"按钮查找要播放的音频、视频文件。然后单击"打开"按钮，文件打开后即可开始播放。

2. 随心所欲录制与下载网上视频

我们都喜欢在一些网络视频网站（例如土豆、优酷、56 网等）浏览视频，不过此类视频都被进行了加密处理，很难找到其真实的下载地址，而安装了 RealPlayer 后，下载网络视频就变得非常的简单、方便。

在安装软件的时候，确保勾选"启动浏览器下载按钮"。如果安装时没有勾选该选项，可通过如下步骤重新设置。

　　单击"工具"菜单下的"首选项"命令项，打开"首选项"对话框，在左侧"类别"列表中选择"下载和录制"，在右侧"Web 下载和录制"栏中勾选"为这些安装的浏览器启用 Web 下载和录制"如图 6－13 所示，同时可单击"浏览"改变文件录制的文件保存位置，设置完毕后单击"确定"按钮。

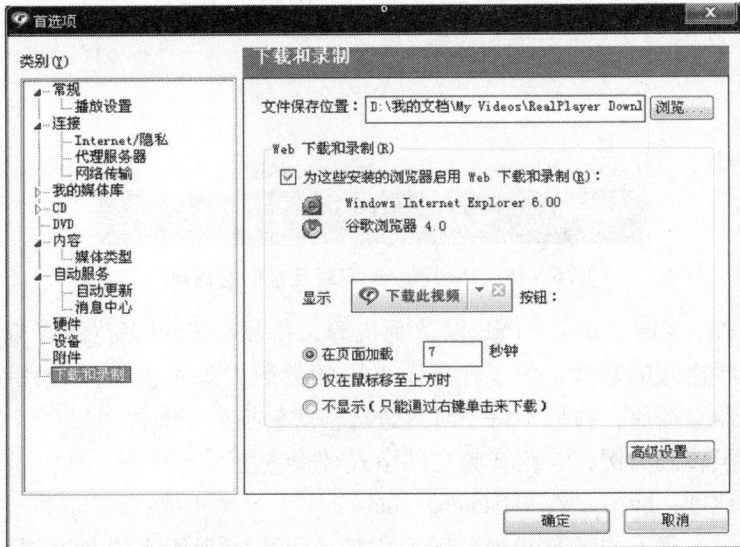

图 6－13　启用 Web 下载和录制

　　使用 IE 浏览器打开目标网页，当鼠标移到正在播放的视频时，在视频上方就会出现"下载此视频"按钮，如图 6－14，单击此按钮就打开"RealPlayer 下载及录制管理器"开始下载录制，如图 6－15 所示。在"RealPlayer 下载及录制管理器"对话框中，用户可以观察下载情况，也可以停止或取消操作。

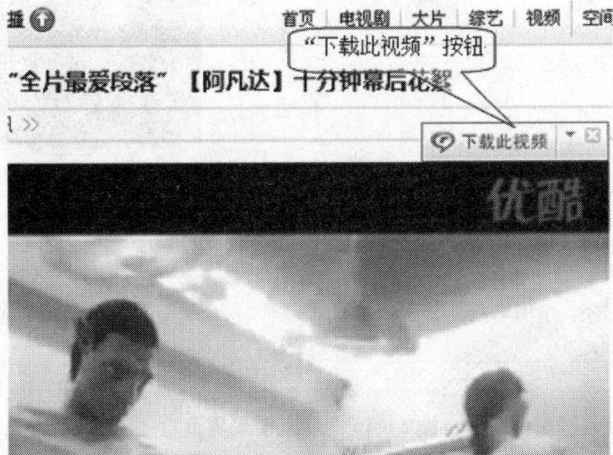

图 6－14　下载视频

二、音频文件格式转换

　　我们都知道，现如今数码已经深入人们的生活，市面上的数码设备种类繁多，比

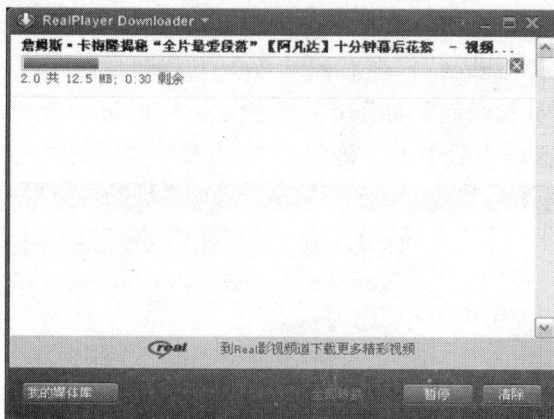

图 6 – 15   **RealPlayer** 下载及录制管理器。

如常见的有 MP3、MP4、iPod、PSP 以及手机等，每款机器所支持的音视频格式不一，从而造成音视频格式的繁杂，为了让某个自己的数码设备不支持的音视频格式文件能够在自己的机器上播放，我们不得不对其进行格式转换。

下面以暴风转码为例，介绍音频文件格式转换方法。

软件下载地址：http：//zm. baofeng. com/

作为暴风影音旗下的一款音视频转换软件，可以实现所有流行音视频格式档的格式转换。暴风转码的界面设计非常简洁，不含一点广告成分，整个窗口分为四个区域，其中，左上方为输入控制区，左下方为输出控制区，右上方为输出预览区，右下方为视频编辑区，如图 6 – 16 所示。

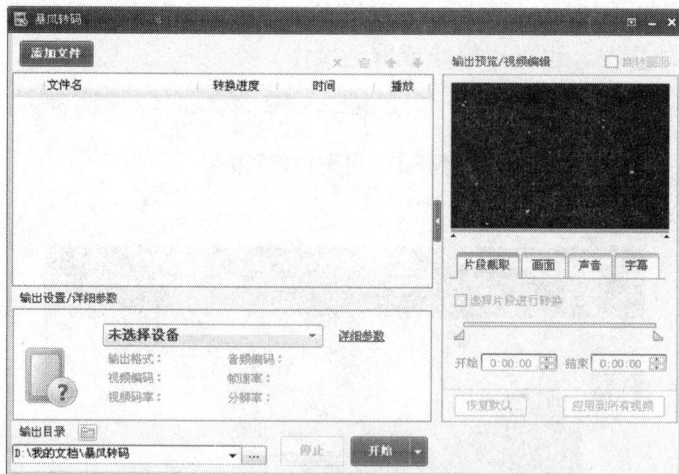

图 6 – 16   暴风转码界面

（1）启动暴风转码，单击左上角"添加文件"按钮，弹出"打开"对话框，选择并打开需要转换的音频文件（如将 MP3 文件转换为 WMA 文件，这时选 MP3 文件），该文件就会添加到待转换列表中，如图 6 – 17 所示。

图 6 – 17　添加转换文件

（2）如果还没有设置输出参数，默认会弹出"输出格式"对话框，也可以单击输出设置区内"未选择设备"按钮进行参数调整。设置输出类型为"家用电脑"，品牌型号为"流行音乐格式"，并选中"WMA"格式，如图 6 – 18 所示。

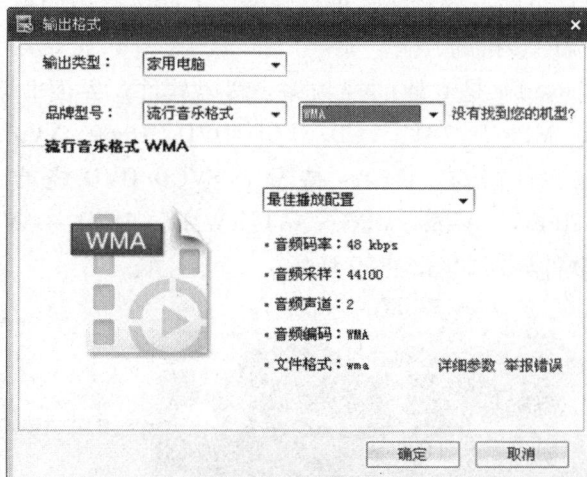

图 6 – 18

（3）单击"确定"按钮，返回主界面，可在左下角设置转换后输出目录，还可以单击右下角编辑区的"声音"选项，调整输出音量的大小，如图 6 – 19 所示。

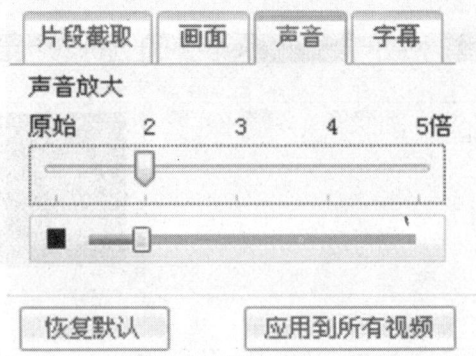

图 6-19　声音调整面板

（4）单击"开始"按钮，开始将 MP3 文件转换为 WMA 格式。

暴风转码不仅可以对音频格式进行转换，还可以对多种视频格式进行转换，除此之外，为了降低配置输出格式时的难度，暴风转码采取了根据设备类型来选择对应输出格式的方式。暴风转码支持手机、MP4、PSP、MP3 等多种输出设备，每种设备类型都提供有多种品牌及型号供用户选择，帮助用户轻松的获得匹配的输出格式。

三、视频文件格式转换

通过拍摄或者是网上下载的视频文件格式不尽相同，如 AVI、MPEG、WMV、RM 等，在进行编辑的时候可能需要对格式进行转换，下面以常用的视频转换工具 WinAVI Video Converter 为例说明转换的方法。

WinAVI Video Converter 是专业的视频编、解码软件。界面非常漂亮，简单易用。该软件支持包括 AVI、MPEG1/2/4、VCD/SVCD/DVD、DivX、XVid、ASF、WMV、RM 在内的几乎所有视频文件格式。自身支持 VCD/SVCD/DVD 烧录。支持 AVI→DVD、AVI→VCD、AVI→MPEG、AVI→MPG、AVI→WMV、DVD→AVI、及视频到 AVI/WMV/RM 的转换。软件界面如图 6-20 所示。

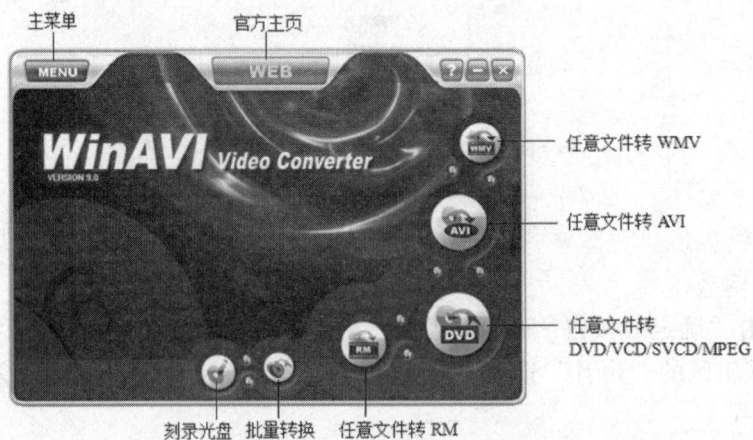

图 6-20

　　AVI 格式是一种常见的视频文件格式，基本上所有的视频编辑软件都能很好的支持 AVI 格式，如 Premiere、会声会影等，而在网络中我们找到的视频可能会是 rmvb 格式，会声会影目前版本还不支持 rmvb 格式，这就需要将 rmvb 格式转换为 AVI 格式。

　　（1）启动 WinAVI Video Converter，在界面中单击"任意文件转换 AVI"图标。

　　（2）弹出"打开"对话框，找到并选中要转换的文件，然后单击"打开"按钮，弹出"any to avi"对话框，如图 6 – 21 所示，单击"输出目录"右侧的"浏览"按钮设置转换后文件的保持位置，然后单击"确定"按钮开始转换。

图 6 – 21　"any to avi"对话框

　　（3）转换过程需要一定时间，用户耐心等待，此时也可以勾选"预览剪辑"、"完成所有任务后关闭计算机"、"转换时屏蔽所有的消息框"选项，如图 6 – 22 所示。

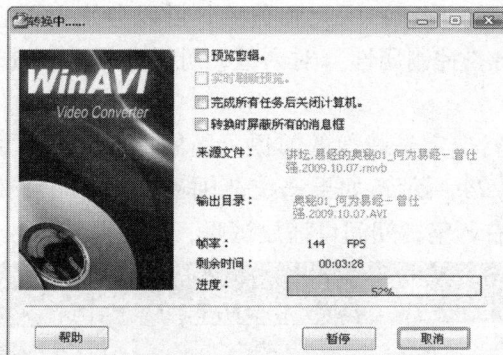

图 6 – 22　转换过程中

　　（4）完成后出现提示，可勾选"下次不再显示该对话框"，然后单击"确定"按钮，完成转换。

四、音频、视频文件的编辑加工

（一）编辑声音

　　在多媒体创作过程中，利用互联网搜索、利用音频设备录音或利用现有的声音素材库获得的音频信息，往往不能满足我们的需要，这时就必须对音频文件进行编辑加工，以达到满意的效果要求。下面介绍一款常用的音频编辑软件 Gold wave。

GoldWave 是一个集声音编辑，播放，录制，和转换的音频工具，体积小巧，功能却不弱。可打开的音频文件相当多，包括 WAV、OGG、VOC、IFF、AIF、AFC、AU、SND、MP3、MAT、DWD、SMP、VOX、SDS、AVI、MOV、APE 等音频文件格式，也可以从 CD 或 VCD 或 DVD 或其它视频文件中提取声音。内含丰富的音频处理特效，从一般特效如多普勒、回声、混响、降噪到高级的公式计算（利用公式在理论上可以产生任何想要的声音），效果丰富。

1. 播放音频文件

启动程序后，单击"打开"按钮，或者菜单栏"文件"→"打开"命令，选择一个声音文件并打开，单击控制器中"播放"按钮，如图 6－23 所示。

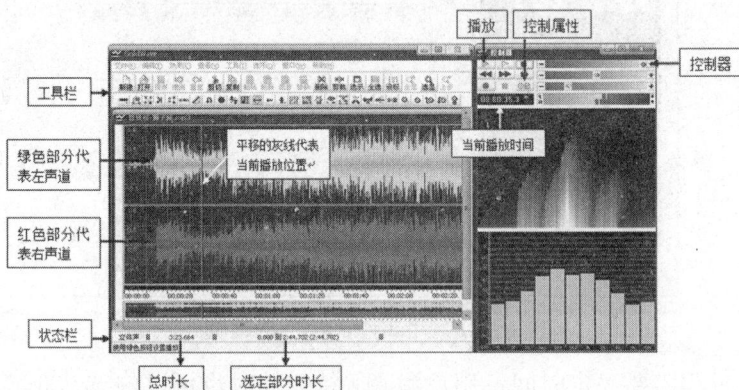

图 6－23　Goldwave 播放界面

在控制器中有两个播放按钮：绿色和黄色，可以分别设置它们的播放功能，单击"控制属性"按钮，弹出"控制属性"对话框，可以根据需要进行设置。

2. 截取音乐片段

（1）对音频片段进行选定是裁剪的前提。用鼠标在左右声道波形上拖动，即可选定该部分音频，如图 6－24 所示，如果选定范围不理想，可将光标置于开始标志或结束标志上，拖动鼠标左右调整，期间可播放试听，反复调整。

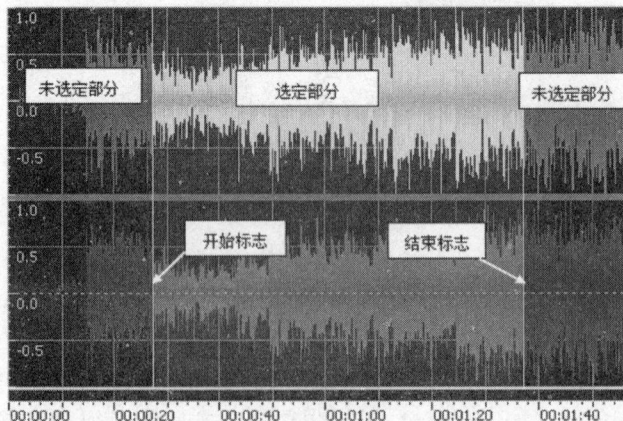

图 6－24　选择音频片段

　　如果知道明确的开始和结束时间，可单击菜单栏"编辑"→"标记"→"设置"命令项，或单击工具栏"设标"按钮，比如从 10 秒到 20 秒的片段，如图 6 - 25 所示。

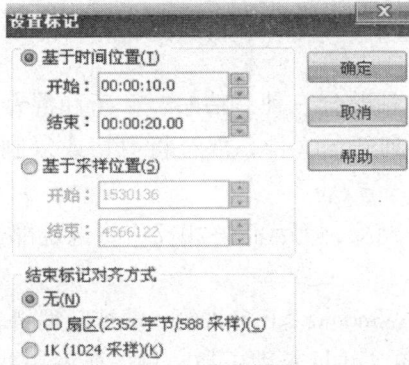

图 6 - 25　精确设置开始和结束时间

　　（2）片段区域确定后，单击工具栏"剪裁"按钮，就可以把刚才选择的区域剪裁下来，然后单击"文件"菜单下的"另存为…"命令项，命名保存即可。

　　3. 调节音量大小

　　（1）单击菜单"效果"→"音量"→"更改音量"命令项，用鼠标拖动音量上面的滑动块就可以修改音量，建议后面的数值不要超过 10，期间可按右边绿色播放键试听，修改好后"确定"即可，如图 6 - 26 所示。

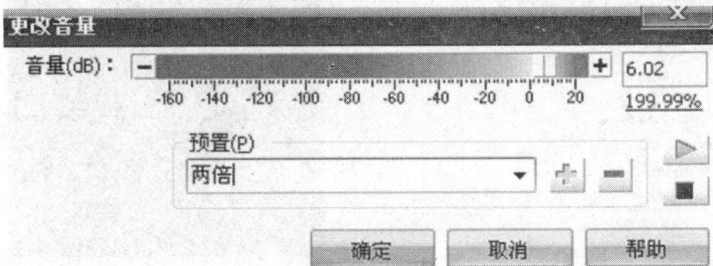

图 6 - 26　更改音量为原来的两倍

　　（2）淡入/淡出是另一个常用的音量调节手段，淡入即所选片段音量逐渐加大，淡出即所选片段音量逐渐减小，单击菜单"效果"→"音量"→"淡入"/"淡出"命令项，或单击工具栏"淡入"/"淡出"按钮，设置淡入/淡出效果，如图 6 - 27 所示。

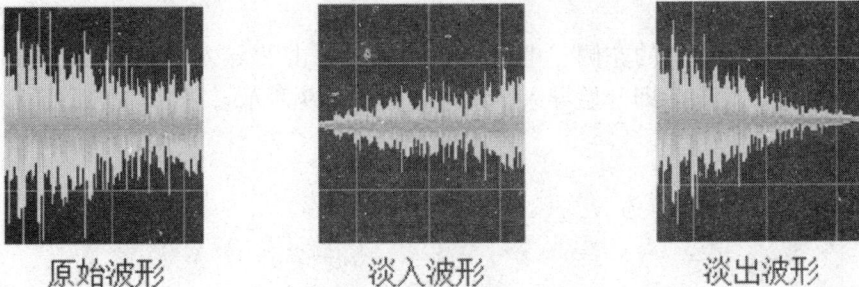

原始波形　　　　　　淡入波形　　　　　　淡出波形

图 6 - 27　淡入淡出音效

235

4. 声音文件剪切、复制、粘贴、删除和剪裁

（1）剪切和复制：与文本的操作类似，选定音频片段后，单击"剪切"按钮，片段放入剪切板中，该片段在波形中没有了，单击"复制"按钮，片段同样放入剪切板中，但该片段在波形中还存在。

（2）粘贴：Goldwave 中粘贴分三种：粘贴、粘新和混音。粘贴等于在插入点处加入一段波形，粘新等于保存到新的文件，混音将剪切或复制的部分波形，与由插入点开始的相同长度波形混音。

（3）删除是将选定部分删除，剪裁正好相反，将选定部分保留，删掉未选部分。

（二）编辑视频

Windows Movie Maker 是 Windows XP 自带的一款视频编辑软件。Windows Movie Maker 使制作家庭电影变得非常简单，并且充满乐趣。只需要做一些简单的拖放操作，就可以在计算机上制作、编辑和分享家庭电影了。我们还可以利用它来添加效果、音乐和旁白。之后就可以通过互联网、电子邮件，或 CD 来与更多人分享自己制作的电影了。

打开"开始"菜单，单击"所有程序"下的"Windows Movie Maker"命令，系统将打开 Windows Movie Maker 主界面，如图 6－28 所示。利用 Windows Movie Maker 编辑电影，可按下面几个步骤进行：

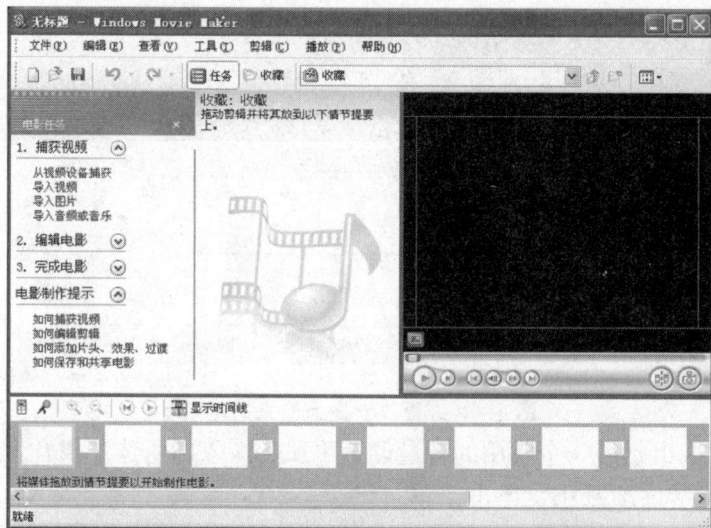

图 6－28　Windows Movie Maker 主界面

1. 导入素材

在图 6－28 所示窗口的左侧"电影任务"区下单击"导入视频"项，选中相应文件夹的视频文件，确定后即开始导入，结果如图 6－29 所示。

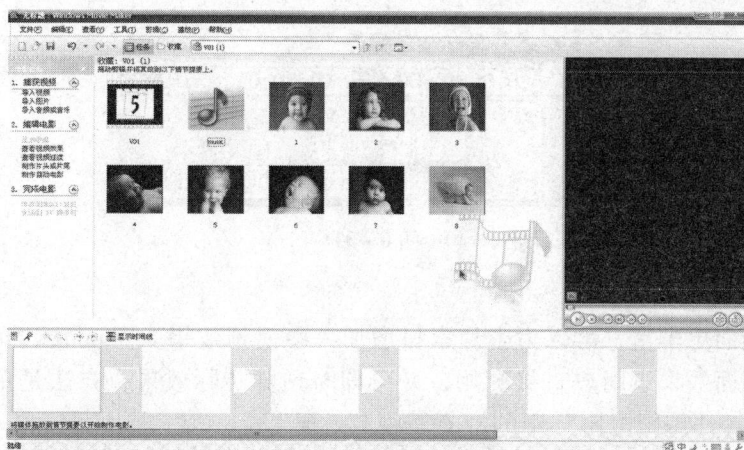

图 6 - 29

Windows Movie Maker 除了可以导入视频文件外，也能导入其它素材，包括多种格式的影音文件、音频文件、图片文件等。

2. 增加素材到时间线

Windows Movie Maker 有两种工作模式，分别是"情节提要"模式和"时间线"模式。用户可以在主界面下方进行切换。"时间线"模式能够让用户了解所有素材、过渡、效果等之间的时间及次序关系，因此受到有经验的用户喜欢，而"情节提要"模式更适合初学者。

将一件素材添加到时间线上有两种方法。一种是在某个影片素材上单击鼠标右键，然后在弹出菜单中选"添加到时间线"，如果需要将多个素材放到时间线中，则应注意添加的先后次序。另一种方法是直接用鼠标将相应的素材图标拖放到时间线区域中，该素材便会自动添加，如图 6 - 30。

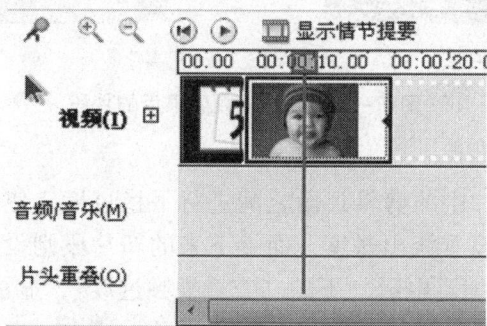

图 6 - 30　添加素材到时间线

在"时间线"模式下可以对每个素材以时间为基础进行剪辑。如图 6 - 31 所示，将鼠标移到视频片段开始或结尾处，当鼠标指针变为"｜➡➡"形状时，按下鼠标左键并拖曳，就可以改变片段的播放时间，通过拖曳鼠标控制就可以将不需要的片段部分删除掉。

若添加的素材有多个片段，选中并拖动片段，就可以改变片段的顺序。对于不需要的片段，选中后按"Del"键，就可以从时间线上删除。

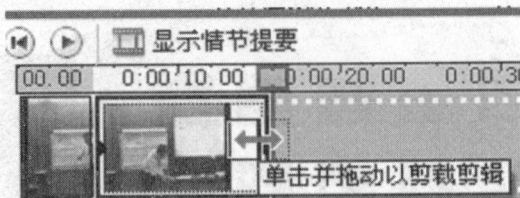

图 6-31

3. 加入视频效果

为了使画面更丰富，可以为影片素材增加一些视频效果。Windows Movie Maker 内置了大量的画面效果供用户直接套用，并可即时预览实际效果，方法是单击界面左边"电影任务"区"编辑电影"下的"查看视频效果"。

Windows Movie Maker 提供的视频效果有 40 多种，包括有画面本身的变化、旋转、模仿旧电影胶片、色调变化等等，用户可根据喜好进行挑选。

添加视频效果，可以直接将视频效果拖到视频片段中，也可以在时间线上选择指定影片段并单击鼠标右键，在弹出的菜单中选择"视频效果"。继而会跳出一个"添加或删除视频效果"窗口，选定后按"添加"，再单击"确定"按钮，视频效果便可加入到电影片段之中。一个段落可以添加多个效果，而这些效果最终会合并起来。

添加视频效果后时间线上会出现星形标记 ★，即表示该片段已增加特殊效果，若是多个星形叠加，表示添加了多个视频效果，如图 6-32 所示。

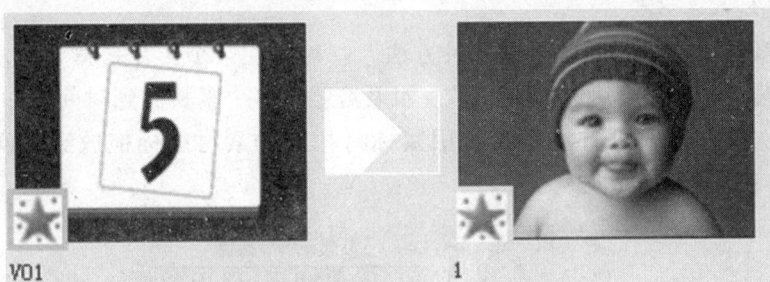

图 6-32 添加视频效果后的片段

4. 添加过渡效果

过渡效果可以使影片中的剪辑片段之间进行平稳过度，使得两个片段之间连接顺畅。如正在播放的片段设置淡出过度，而接下来的新片段则设置淡入过度。单击界面左边"电影任务"区"编辑电影"下的"查看视频过渡"，显示出各种过渡效果。

添加视频过渡，可以直接将视频过渡拖到视频片段中，也可以在时间线上选择指定影片段，然后在需要的过渡上单击鼠标右键，在弹出的菜单中选择"添加到时间线"，视频过渡便可加入到电影片段之中。

添加视频过渡后时间线上会多出一个"过渡"栏，如图 6-33 所示，过渡效果自动添加在两个片段之间。

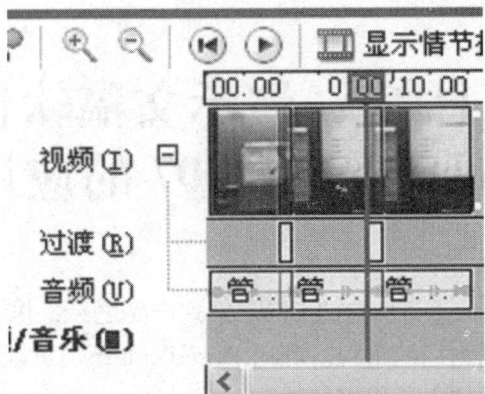

图 6－33

5. 添加音频

音频的添加、编辑操作与视频的添加、编辑操作类似，这里不再重复。

6. 保存影片

视频剪辑完成后，单击界面左边"电影任务"区"完成电影"下的"保持到我的计算机"，按照向导提示命名、选择保持路径、保存质量之后，便可生成影片。

本章练习与思考：

1. 什么是多媒体技术？

2. 多媒体信息的类型有哪些？

3. 常用多媒体文件有哪些格式？

4. 如何获取多媒体素材？

5. 利用 PhotoShop 软件如何转换图像的格式？

6. 简述利用 Windows Movie Maker 制作电影的过程。

第七章　演示文稿软件
PowerPoint 2007 的应用

PowerPoint 是 Microsoft 公司推出的 Office 系列产品之一，作为专门用来制作演示文稿的软件，它越来越受到人们的重视。利用 PowerPoint 不但可以创建演示文稿，还可以制作广告宣传和产品演示的电子版幻灯片。

§7 – 1　PowerPoint 2007 基本操作

本节学习内容：

1. PowerPoint 2007 的操作界面。

2. 演示文稿的建立和保存。

3. 演示文稿的编辑。

本节学习目标：

1. 了解 PowerPoint 2007 的操作界面。

2. 掌握演示文稿的建立、保存和编辑操作。

一、PowerPoint2007 的操作界面

1. PowerPoint 2007 的操作界面

依次单击"开始"→"所有程序"→"Microsoft Office"→"Microsoft Office PowerPoint 2007"命令，启动 PowerPoint 2007。PowerPoint 2007 的操作界面如图 7 – 1 所示。

（1）标题栏：标识正在运行的程序（PowerPoint）和活动演示文稿的名称。

（2）功能区：其功能就像菜单栏和工具栏的组合，提供选项卡"页面"，包括按钮、列表和命令。

（3）Office 按钮：打开 Office 菜单，从中可打开、保存、打印和新建演示文稿。

（4）快速访问工具栏：包含某些最常用命令的快捷方式。也可自行添加自己喜爱的快捷方式。

（5）工作区：显示当前幻灯片的位置。默认是"普通视图"，但也可使用其他视图，在其他视图中，工作区的显示也会有所不同。

（6）幻灯片视图区：幻灯片视图区主要是对幻灯片进行显示和编辑的部分，在普通视图状态下可以分为幻灯片编辑区、幻灯片浏览区、幻灯片备注区三大区域

（7）状态栏：给出有关演示文稿的信息，并提供更改视图和显示比例的快捷方式。

图 7-1　PowerPoint2007 的操作界面

状态栏包含有视图指示器、主题、拼写检查、语言、视图快捷方式、显示比例、缩放滑块、缩放至合适尺寸等内容。

2. PowerPoint 2007 的视图

根据不同操作状态的需要，PowerPoint2007 的视图分为四种，分别是"普通视图"、"幻灯片浏览"视图、"备注页"视图和"幻灯片放映"视图。这四种视图之间相互切换可通过功能区中的"视图"选项卡下的"演示文稿视图"选项组完成切换视图的操作，如图 7-2所示。

图 7-2　"演示文稿视图"选项组

（1）普通视图

普通视图是 PowerPoint 2007 操作中使用得最多的一种视图，这种视图可以预览幻灯片的整体情况，并可以切换到相应幻灯片下对其进行编辑，普通视图下有三个区域：编辑区、浏览区和备注区，如图 7-3 所示。

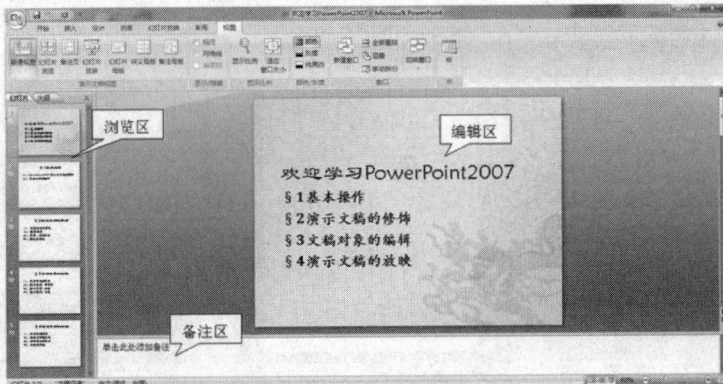

图 7-3　普通视图

编辑区：主要用于对当前幻灯片的对象进行添加和编辑等操作。例如添加文字、图片、表格等，并可以对其进行必要的编辑。

浏览区：主要用于幻灯片整体浏览，浏览区又分为幻灯片浏览和大纲浏览两种方式。浏览区的特点是可以看到幻灯片的缩略图，整体查看性好；而大纲浏览主要是针对每张幻灯片的文字进行浏览而看不到其它对象。

备注区：可以把备注的内容输入，到放映时进行提示，也可以在放映时输入备注的内容。

（2）"幻灯片浏览"视图

在"幻灯片浏览"视图中，用户可以在一个窗口中预览到文稿中所有幻灯片，易于准确定位需要的幻灯片。每一张幻灯片的下方还有编号、动画开关，可以方便地进行查看和预览效果。通过拖动操作，可以方便地进行移动和复制幻灯片、添加幻灯片放映时间、选择幻灯片切换效果和进行动画预览。选择幻灯片后，按 DEL 键，可以删除幻灯片。"幻灯片浏览"视图如图7-4所示。

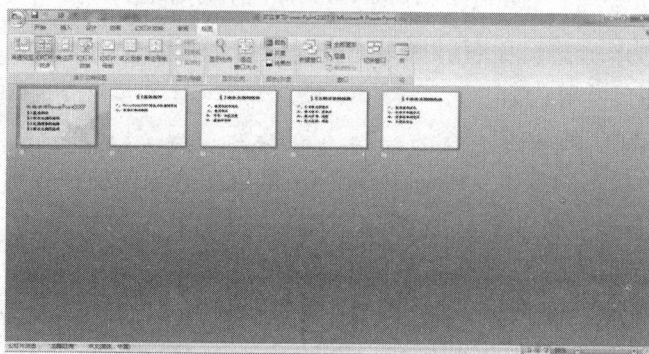

图7-4　"幻灯片浏览"视图

（3）"备注页"视图

"备注页"视图注是把备注区放大，利于更好地编辑备注。"备注页"视图如图7-5所示。

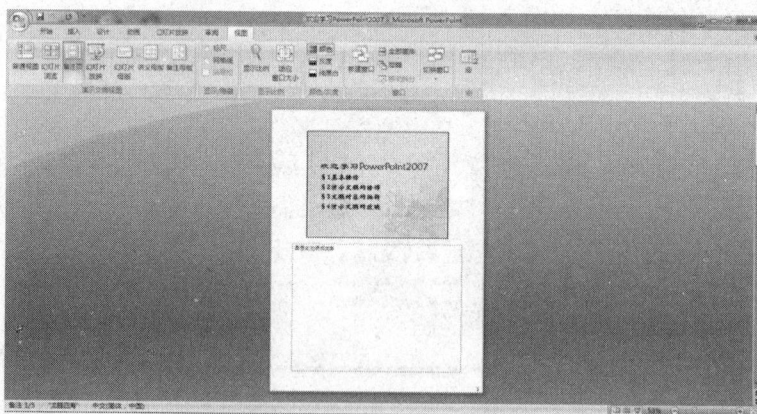

图7-5　"备注页"视图

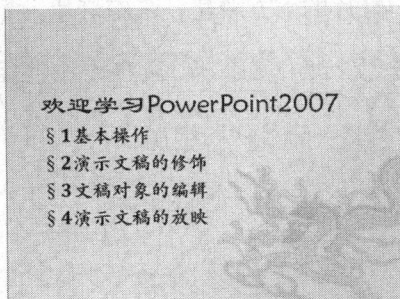

图 7 – 6　"幻灯片放映"视图

（4）"幻灯片放映"视图

可以看到幻灯片最终的完成情况，可以进行动态预览。"幻灯片放映"视图如图 7 – 6 所示。

二、演示文稿的建立及保存

1. 新建演示文稿

启动 PowerPoint 2007 后，系统自动创建了一个名为"演示文稿 1"的演示文稿。在编辑过程中，用户可以随时创建新的演示文稿，方法如下：

单击左上角的"Office"按钮，在弹出的菜单中选择"新建"命令项，打开"新建演示文稿"对话框。在该对话框左边的"模板"选择需要的模板，默认为"空白文档和最近使用的文档"，单击右下角的"创建"按钮，即可创建新演示文稿。按 Ctrl + N 快捷键可以快速新建演示文稿。

2. 保存演示文稿

单击快速访问工具栏上的"保存"按钮 📇 ，即可保存正在编辑的演示文稿。

第一次保存演示文稿时，会打开"另存为"对话框。在这个对话框中，"保存位置"指定演示文稿保存的磁盘路径。在"文件名"文本框中，可以修改默认的演示文稿名。在"保存类型"选择框中，可以选择要保存的演示文稿类型。演示文稿类型常用的有 pptx、ppt。

pptx 是 PowerPoint 2007 演示文稿的文件类型。如果要在 PowerPoint 2003 中打开这种演示文稿，可以到微软官方网站下载"Microsoft Office Word、Excel 和 PowerPoint 2007 文件格式兼容包"。安装这个兼容包之后，在 Office 2003 中就可以打开 Office 2007 格式的文稿了。

ppt 是 PowerPoint 2003 演示文稿的文件类型。如果演示文稿要在其他装有 Power-Point 2003 的计算机上编辑，那么制作演示文稿一开始就要保存为这种文件类型，以保证所做的自定义动画能够正确播放。

三、演示文稿的编辑

1. 插入幻灯片

选中要插入新幻灯片上方的幻灯片，打开功能区中的"开始"选项卡，单击"幻灯片"组中的"新建幻灯片"按钮，在弹出的下拉列表中选择需要的幻灯片样式，如

图 7 - 7 所示，即可在当前幻灯片的下方新建一张幻灯片。

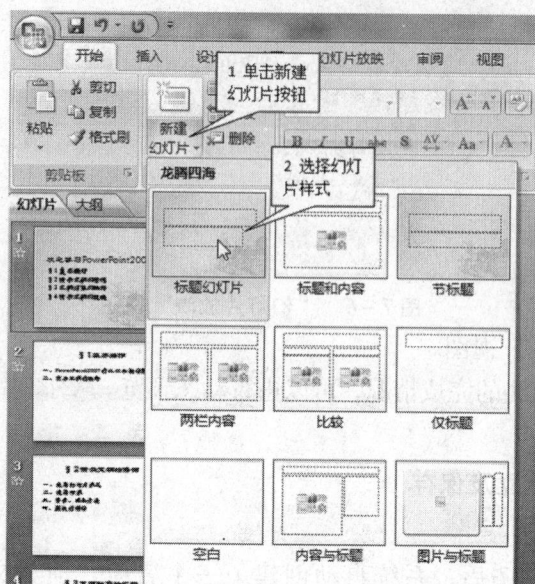

图 7 - 7

插入新幻灯片还可以在浏览栏的幻灯片上单击右键，在弹出的快捷菜单上选择"新建幻灯片"或直接按快捷键 Ctrl + M 快速插入幻灯片。另外在幻灯片浏览区两张幻灯片的中间处单击鼠标，当出现闪烁的水平光标时再按回车键，也可以插入新幻灯片。

2. 删除幻灯片

在"浏览区"中选择需要删除的幻灯片，单击"Del"键，或在要删除的幻灯片上单击鼠标右键，在弹出的快捷菜单中选择"删除幻灯片"，即可以删除当前选择的幻灯片。

3. 移动幻灯片

① 剪切/粘贴法：在"幻灯片浏览"区中选择要移动的幻灯片，单击"开始"选项卡下的"剪切"按钮 剪切，或在选定的幻灯片上单击右键，选择"剪切"，将要移动的幻灯片移入剪贴板。选择要移动到的最终位置的上一张幻灯片，单击"开始"选项卡下的"粘贴"按钮，或在选定的幻灯片上单击右键，选择"剪切"，即可将幻灯片移动到目标位置。

② 拖动法：在"幻灯片浏览区"上直接拖动选定的幻灯片到目标位置，也可以移动幻灯片。

4. 复制幻灯片

① 剪切/粘贴法：在"幻灯片浏览"区中选择要复制的幻灯片，单击"开始"选项卡下的"复制"按钮 复制，或在选定的幻灯片上单击右键，选择"复制"，将幻灯片复制到剪贴板。选择要复制到的最终位置的上一张幻灯片，单击"开始"选项卡下的"粘贴"按钮，或在选定的幻灯片上单击右键，选择"剪切"，即可将幻灯片复

制到目标位置。

②拖动法：在"幻灯片浏览区"上选择要复制的幻灯片，将其拖动到目标位置，在拖动的过程中按住 Ctrl 键不放，这时鼠标指针变成"⧉"形状，也可以复制幻灯片。

§7-2　演示文稿的修饰

本节学习内容：

1. 使用幻灯片版式。
2. 使用主题。
3. 使用幻灯片背景。
4. 使用母版。

本节学习目标：

1. 了解演示文稿修饰的基本知识。
2. 掌握使用幻灯片版式、主题、背景、母版来修饰演示文稿的方法。

一、使用幻灯片版式

版式是指幻灯片上标题、文本、列表、图片等元素的排列方式，如图 7-8 所示为"两栏内容"版式。在 PowerPoint 2007 中，系统提供了多种版式供用户选择，我们在实际操作时可以根据不同的需要选择不同的版式。使用空白演示文稿时，默认的是"标题幻灯片"版式。默认情况下新插入的幻灯片版式与它上一张幻灯片的版式相同。

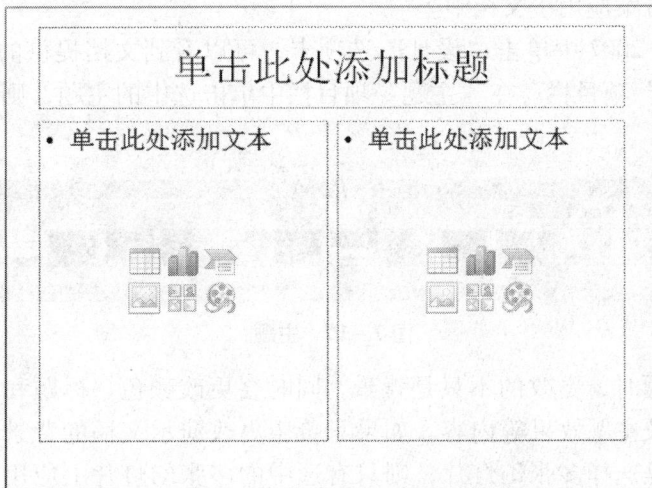

图 7-8　"两栏内容"版式

要更改幻灯片的版式，可以先选择要改变版式的幻灯片（选择多张幻灯片，可以同时改变多张幻灯片的版式），然后在"开始"选项卡中的"幻灯片"组中，单击"版式"按钮，在弹出的下拉列表中，选择需要的版式即可，如图7－9所示。

图7－9

二、使用主题

主题使用颜色、字体和图形设置文档的外观，是一组统一的设计元素，可以作为一套独立的选择方案应用于文档中。

在 PowerPoint 2007 中单击"设计"选项卡，可以看到文档提供的主题，如图7－10所示的"主题"项目栏。在"主题"项目栏中单击选中的主题，则所有幻灯片均采用该主题设置。

图7－10　主题

更改文档主题时，更改的不只是背景，同时会更改颜色、标题和正文的字体、线条、填充样式以及主题效果等内容。如果只希望更改演示文稿的背景，则应选择其它背景样式。如果是选择多张幻灯片，则只有选中的多张幻灯片上应用选择的主题。为了使幻灯片的外观协调统一，一般不在一个 PowerPoint 2007 文档中使用多种不同的主题。在主题图标上单击鼠标右键，在弹出的快捷菜单中可以选择不同的应用范围，应用范围可以是所有幻灯片，也可以是选定的幻灯片。

三、设置幻灯片背景

如果用户对系统内置背景样式不满意，可以通过设置背景格式进行修改。在 Pow-erPoint 2007"设计"选项卡中的"背景"组上，单击"背景样式"按钮 ，如图 7 - 11，在弹出的下拉列表中选择需要的背景样式。

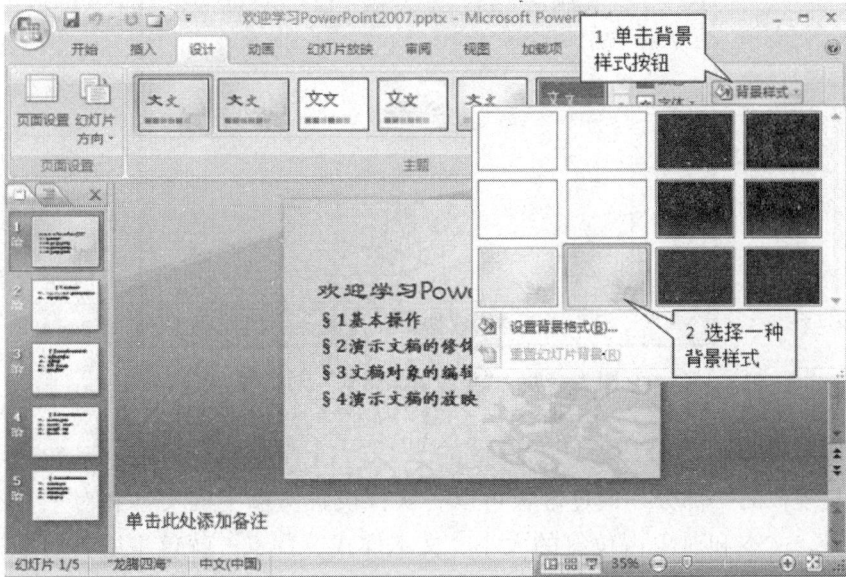

图 7 - 11

在图 7 - 11 弹出的列表栏中单击"设置背景格式"按钮 ，系统会弹出"设置背景格式"对话框。如图 7 - 12 所示。在该对话框中，可以对幻灯片的纯色背景进行设置。

除了可以设置纯色背景外，还可以像 Word 那样设置渐变填充颜色、图片或者纹理填充颜色，具体操作可以参照 §4 - 6 的内容进行。"设置背景格式"对话框中的" "按钮在这里是非常重要的，因为当用户在选择颜色后，所选中的幻灯片背景实际已经改变，那么如果需要取消颜色改变或者需要重新设置时，则需要通过该按钮来实现。单击"背景样式"按钮 时，在弹出的下拉列表中也有"重置背景"按钮 。"全部应用"按钮的使用是将当前的设置应用到所有的幻灯片中，如果不选择该按钮，则是在选定的幻灯片中使用当前的设置。

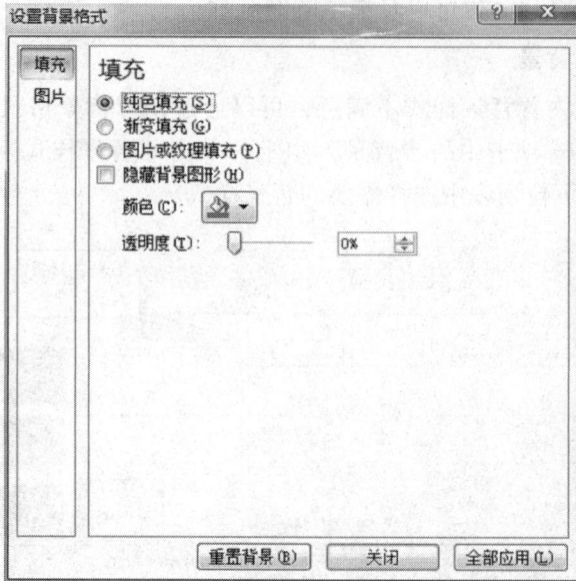

图 7 - 12   "设置背景格式" 对话框

四、使用母版

母板是模板的一部分，通过母板可以一次性设置文稿中的文本和对象在幻灯片上放置的位置、文本和对象占位符的大小、文本样式、背景、颜色主题、效果和动画等相关内容。PowerPoint 2007 中包括三种母版：幻灯片母版、讲义母版及备注母版。在实际操作中使用得最多的是幻灯片母版。使用母版的好处是，只需要选择或者编辑好母版的格式，背景等内容，所有基于该幻灯片母版生成的幻灯片都会有与之相同的内容。这样的操作可以快速的达到演示文稿外观的统一。

在 PowerPoint 2007 中切换到"视图"选项卡，在"演示文稿视图"组中单击"幻灯片母版"按钮就可以切换到幻灯片母版视图状态。幻灯片母版视图如图 7 - 13 所示。

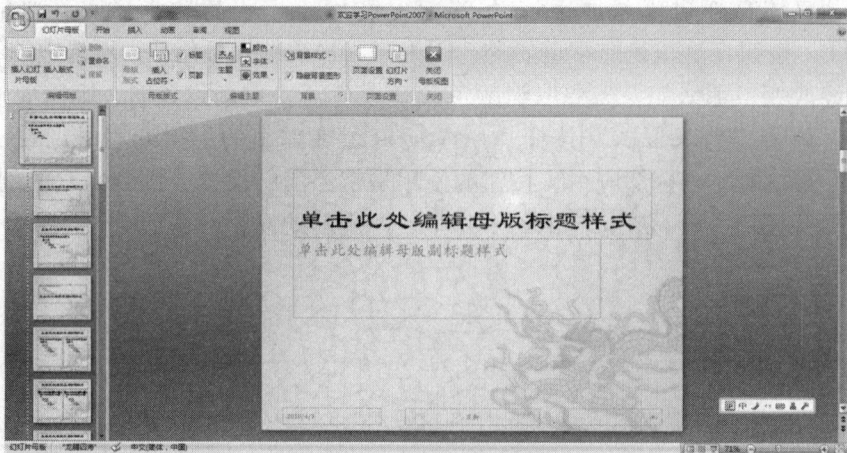

图 7 - 13   幻灯片母版视图

切换到幻灯片母版视图后就可以对相关的幻灯片母版版式进行设置，以达到统一外观的目的。例如选择文本占位符后可以对该文本占位符的字体格式或者文本框格式进行修改。也可以插入图形、图片和艺术字。完成并退出幻灯片母版视图后以该版式为样式的幻灯片外观都会发生统一的变化。

要退出幻灯片母板视图，可以单击"幻灯片母版"选项卡下功能区最右边的"关闭"组上的"闭关母版视图"按钮，就可以退出幻灯片母版状态了。

注意：进入幻灯片母版状态后，在幻灯片浏览栏上可以看到不同版式下的幻灯片母版版式，不同的幻灯片母版版式控制着不同的幻灯片范围。用户只需要把光标放到幻灯片母版版式上稍停留就可以看到该幻灯片母版版式的应用范围了。

§7-3　文稿对象的编辑

本节学习内容：

　　1. 文本内容的输入及编辑。

　　2. 插入表格。

　　3. 插入图片和艺术字。

　　4. 插入声音和视频。

本节学习目标：

　　1. 了解演示文稿对象编辑的基本知识。

　　2. 掌握在幻灯片中插入并编辑表格、图片、艺术字、声音和视频的操作。

一、幻灯片中文本内容的输入和编辑

　　1. 在幻灯片中添加文本

可以在幻灯片内添加文本内容的区域有两个，一个是占位符，另一个是文本框。占位符就是先占住一个固定的位置，等着你再往里面添加内容的。占位符用于幻灯片上，就表现为一个虚框，虚框内部往往有"单击此处添加标题"之类的提示语，一旦鼠标点击之后，提示语会自动消失。当我们要创建自己的模板时，占位符就显得非常重要，它能起到规划幻灯片结构的作用。用于文档排版的方面，就是当用户决定要在版面的一个地方放一张图片或其它东西的时候并且有多种选择一时决定不了，就可以先放一个图像占位符设置好宽高，待以后决定好了再来放入需要的图片。

图 7-14　"单击此处添加文本"的占位符

　　① 利用占位符添加文本

在幻灯片的版式中有各种组合的文本占位符，我们可以在文本占位符中添加文本内容。在提示有"单击此处添加标题"、"单击此处添加副标题"或"单击此处添加文本"的占位符上单击，这时提示信

息消失，出现闪动的光标后输入相应内容即可。

提示"单击此处添加文本"的占位符中有 6 个图标，如图 7 - 14 所示，每个图标代表添加一种不同的对象，"▦"表示插入表格；"📊"表示插入图标；"🖼"表示插入 Smart Art 图形；"🖼"表示插入来自文件的图片；"▦"表示插入剪贴画；"🎬"表示插入多媒体剪辑。

② 利用文本框添加文本

在空白幻灯片上添加文本可以使用文本框实现。在 PowerPoint 2007 中切换到"插入"选项卡，在"文本"组中单击"文本框"按钮，弹出如图 7 - 15 所示的下拉列表，在下拉列表中选择一种文本框，此时鼠标指针变成"↓"形状，在幻灯片上拖出一个矩形框如图 7 - 16 所示，即可输入文本。

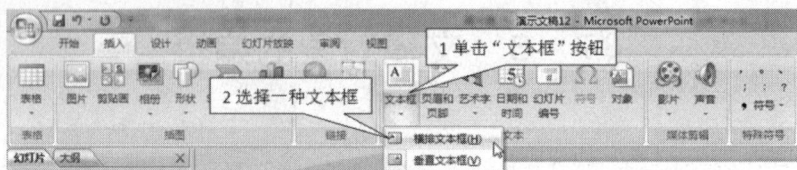

图 7 - 15

2. 编辑设置文本格式

在 PowerPoint 2007 中，文本的编辑包括文本的字体格式和段落格式设置两个主要的方面。字体格式主要有字体、字号、字颜色等内容，而段落格式包括对齐方式、行间距、缩进等内容。

图 7 - 16

（1）字体格式

在 PowerPoint 2007 中打开"开始"选项卡，我们可以看到"字体"选项组，字体格式的操作主要在该组中进行的，如图 7 - 17 所示。在该选项组中可以设置文本的字体、字号、字形、颜色、下划线等与 Word 2007 相同的文本设置内容，这些设置请参阅§4 - 4 有关内容。与 Word 2007 字体选项组相比较，"S"按钮设置文字阴影效果，"AV"按钮设置字符间距。

除了在"字体"选项组设置字体格式外，还可以在"字体"组右下方单击"▫"打开"字体"对话框，在该对话框中进行与 Word 2007 相似的设置，如图 7 - 18 所示。

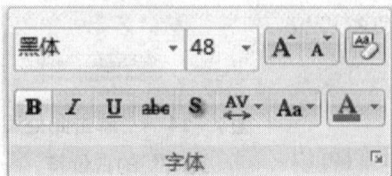

图 7 - 17 "字体"选项组

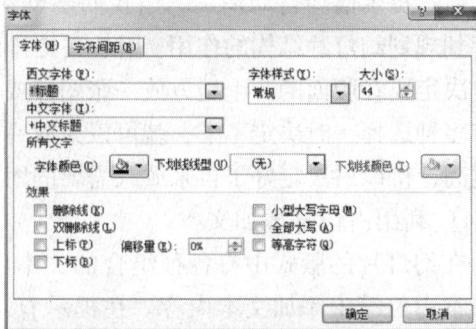

图 7 - 18

（2）段落格式

　　在"字体"选项组的右边，是设置段落格式的"段落"选项组，如图 7 - 19 所示，有关段落格式的设置也与 Word 2007 相似。在右下方单击" 　"打开"段落"对话框，在该对话框中进行与 Word 2007 相似的设置，如图 7 - 20 所示。

图 7 - 19

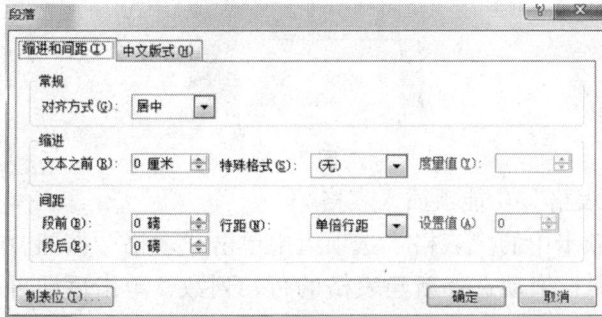

图 7 - 20　"段落"对话框

二、幻灯片中的表格

　　在 PowerPoint 2007 中，用户常用表格来表达数据关系，这样使得数据更直观，幻灯片的外观也更美观，能给人形象和清新的感觉。

　　1. 插入表格

　　① 使用文本占位符版式插入表格

　　在图 7 - 14 所示"单击此处添加文本"的占位符中单击" 　"按钮，系统会弹出"插入表格"对话框，如图 7 - 21 所示，在该对话框中输入行数和列数，单击"确定"按钮就可以在该处新建一个填充了底纹的表格，结果如图 7 - 22，在该表格中可以输入相关的数据。

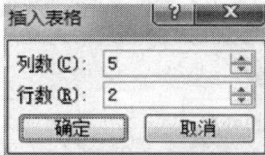

单击此处添加标题

图 7 - 21　"插入表格"对话框

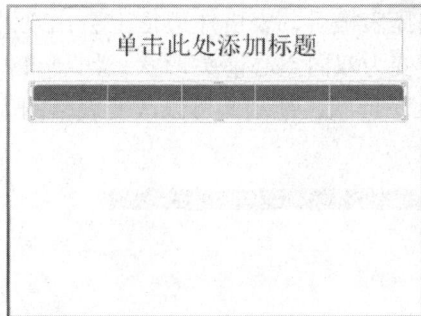

图 7 - 22

图 7 – 23

② 利用插入"表格"功能项插入表格

在"插入"选项卡中的"表格"选项组中单击"表格"按钮,在弹出的"插入表格"下拉列表中用鼠标拖动选择新建表格的行、列数,单击后即可生成新的表格。如图 7 – 23 所示。

③ 复制表格到当前幻灯片中

在 Word 文档或 Excel 工作表中选择要复制的表格,然后选择"复制"命令(可以使用快捷键 Ctrl + C)将表格复制到剪贴板。打开当前的幻灯片,单击"开始"选项卡下的"粘贴"命令(可以使用快捷键 Ctrl + V),这样就可以把 Word 文档或 Excel 工作表中的表格复制到当前幻灯片中了。

2. 编辑表格

表格建立后单击选中表格,功能区会增加"设计"和"布局"两个选项卡,表格的编辑主要是在两个选项卡中进行。

选择表格后,将鼠标移到表格的外边框上,当鼠标指针变为"⬚"形状时,按下鼠标左键并拖动,可以移动表格的位置(如图 7 – 24 所示)。

选择表格后,表格外边框上会出现八个控制点,将鼠标移到这些控制点上,当鼠标指针变为双向空心箭头形状,如"⬌"形状时,按下鼠标左键,这时鼠标指针变为" + "形状,拖动即可以改变表格的大小,如图 7 – 25 所示。

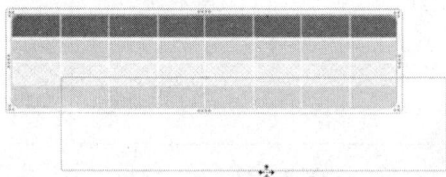

图 7 – 24　移动表格

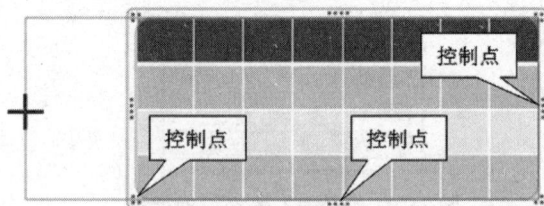

图 7 – 25　改变表格大小

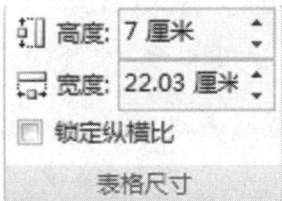

图 7 - 26 "表格尺寸"选项组

拖动方式只能大概调整表格的大小，若要精确调整表格的大小，可以利用"布局"选项卡中的"表格尺寸"组实现。选择表格后在功能区会出现"表格工具"，"表格工具"下新增加"设计"和"布局"两个选项卡。单击"布局"选项卡，在"表格尺寸"选项组上输入"高度"和"宽度"数值，这些数值对应于表格的高度和宽度，如图 7 - 26 所示。选择"锁定纵横比"复选框，可以约束表格按原有的长宽比例改变。

幻灯片中的表格编辑操作还有很多，在选择表格后用户可以打开"布局"选项卡进行操作，如图 7 - 27。这些工具的使用与 Word 中表格的编辑相类似，请参阅 §4 - 5 的有关内容。

图 7 - 27 "布局"选项卡

三、插入图片、艺术字

1. 插入图片

在"插入"选项卡下的"插图"选项组中选择"图片"按钮。在弹出的"插入图片"对话框中选择需要插入的图片，单击"插入"按钮，如图 7 - 28 所示。即可得到如图 7 - 29 所示的效果。

图 7 - 28 "插入图片"对话框

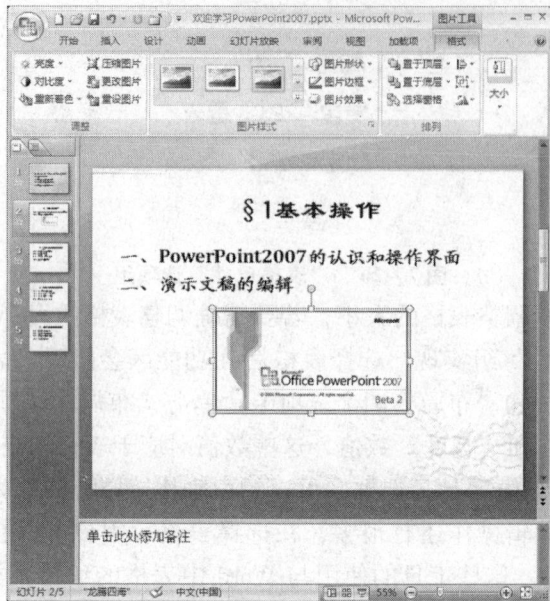

图 7 - 29　插入图片后的效果

2. 插入艺术字

在"插入"选项卡下的"文本"选项组中选择"艺术字"按钮。在弹出的艺术字下拉列表中选择一种艺术字的样式,如图 7 - 30 所示。选择后即可以得到如图 7 - 31 所示的艺术字效果,选中艺术字,即可编辑艺术字的文字等内容。

3. 插入 SmartArt 图形

在"插入"选项卡下的"插图"选项组中选择"SmartArt"按钮。在弹出的"插入SmartArt 图形"对话框中选择需要插入的插入 SmartArt 图形样式,单击"确定"按钮,如图 7 - 32 所示,即可得到 SmartArt 图形,然后按提示输入相应的 SmartArt 图形信息。

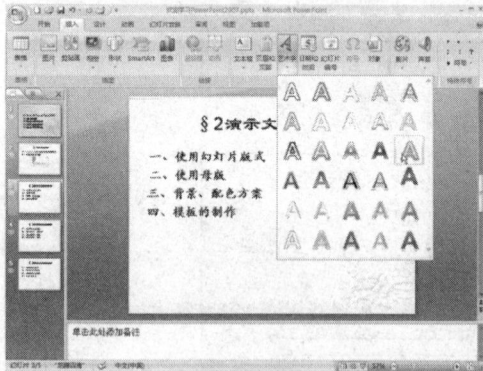

图 7 - 30　插入艺术字命令

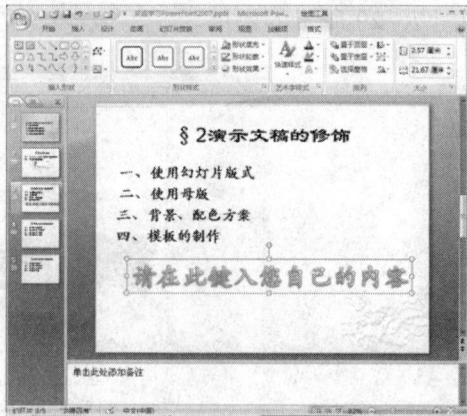

图 7 - 31　插入艺术字后的效果

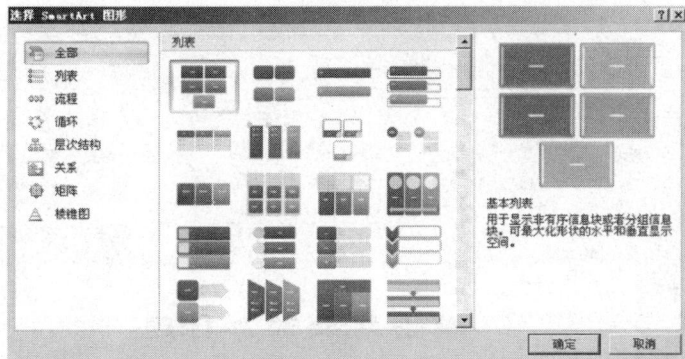

图 7-32 "选择 Smart Art 图形"对话框

四、插入声音、视频

在"插入"选项卡下的"媒体剪辑"选项组中单击"声音"按钮，在弹出的下拉列表中选择"文件中的声音"项，如图 7-33 所示。系统弹出"插入声音"对话框，在该对话框中选择需要插入的声音文件，单击"确定"按钮。系统会出现播放提示，如图 7-34 所示，选择放映方式后得到图 7-35 的效果。

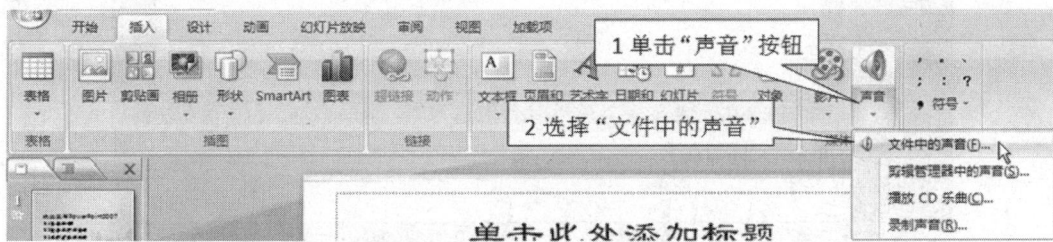

图 7-33 插入文件中的声音

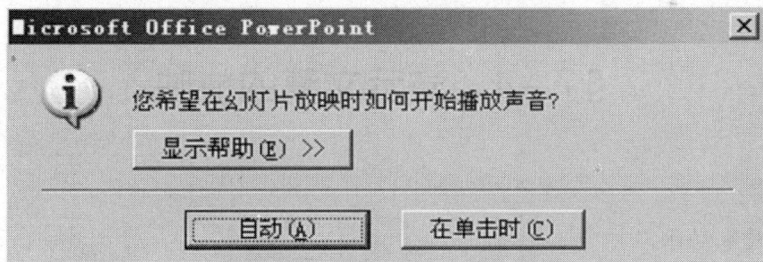

图 7-34 选择声音播放的方式

插入文件中的视频影片方式与插入文件中的声音方法相似，这里就不再重复。

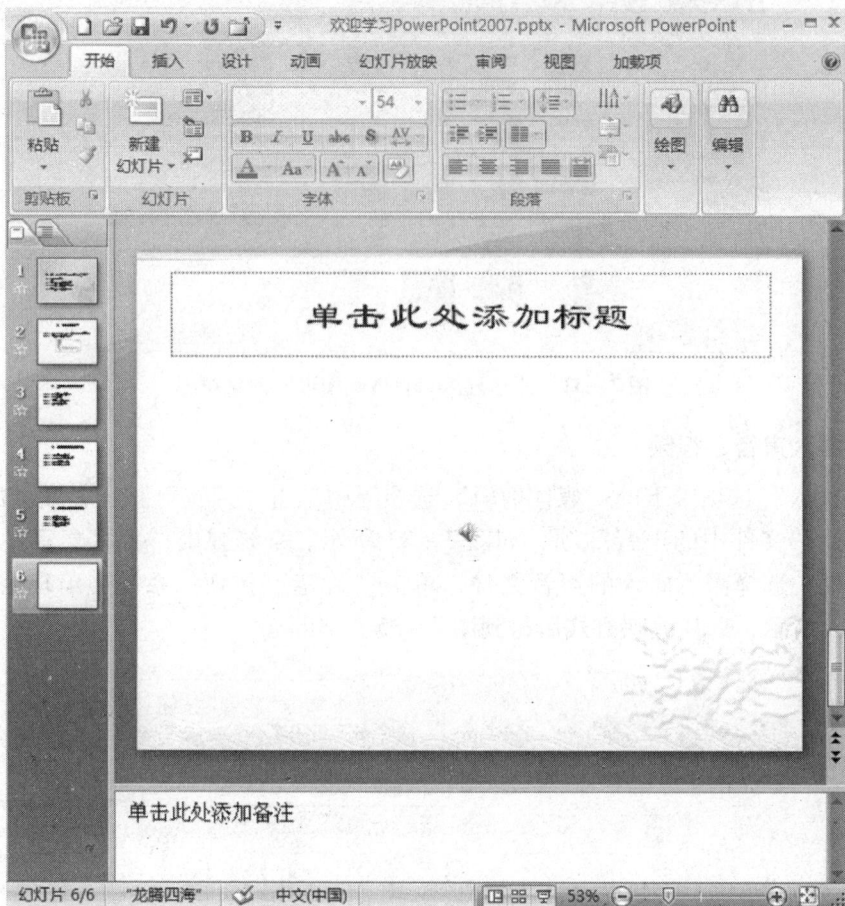

图 7 - 35　插入声音后的效果

§7 - 4　演示文稿的放映

本节学习内容：

1. 设置对象动画。

2. 设置幻灯片切换方式。

3. 设置放映方式。

4. 放映幻灯片操作。

5. 演示文稿的打包。

本节学习目标：

1. 了解放映的基本知识。

2. 掌握幻灯片对象动画的设置、幻灯片切换方式、放映方式的设置、演示文稿打包等操作。

一、对象动画的设置

动画是演示文稿的关键，可以说，如果 PowerPoint 2007 没有动画功能，就没有了吸引力可言，本节将介绍动画设置、使用等方面的技能和技巧。

1. 添加动画

PowerPoint 2007 可以给所有的对象（如标题、文本、图片、艺术字等）添加动画效果，以制作出具有动态效果的演示文稿。给对象添加动画的操作如下：

选择需要添加动画的对象，在"动画"选项卡下的"动画"选项组中单击"自定义动画"按钮 ，如图 7 - 36 所示。系统会在窗口右侧打开"自定义动画"任务窗格，在该窗格中单击"添加效果"按钮 ，在弹出的下拉列表中选择动画的方式，并在需要的动画方式上选择具体的效果，如图 7 - 37 所示。

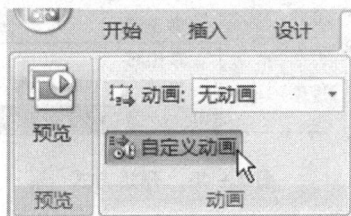

图 7 - 36　添加自定义动画　　　　图 7 - 37　添加自定义动画窗格

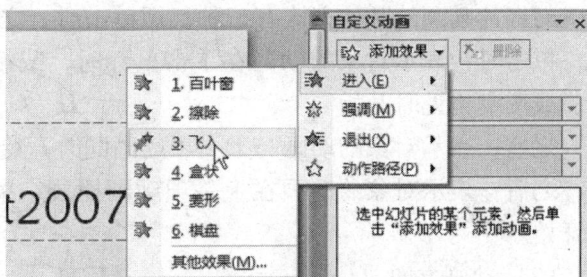

在添加动画后，PowerPoint 2007 会自动在幻灯片编辑区播放一次本次插入的动画效果。在插入动画后若不需要自动播放，可以在"自定义动画"任务窗格下方取消" "复选框。用户也可以在"自定义动画"任务窗格下方选择" "按钮，PowerPoint 2007 会把该幻灯片中所有的动画效果播放一次。在"动画"选项卡"预览"组中单击"预览"按钮也可以实现动画预览的功能。

如果需要更多的动画效果，单击在单击" "后选择" "，PowerPoint 2007 会弹出"添加进入效果"对话框，这里有更多的动画效果供我们选择。如图 7 - 38 所示。

PowerPoint 2007 的动画效果按对象的进出方式分为三类：进入、强调、退出。

① 进入：指对象按什么方式进入幻灯片中。

② 强调：指对象已经在幻灯片中，但可以选择一种动画效果突出自己。

③ 退出：指对象按什么方式退出幻灯片。

2. 编辑动画

插入了幻灯片动画后，用户可以对动画进行编辑使动画更能配合幻灯片的放映。窗口的右侧是"自动义动画"任务窗格。在任务窗格的"动画列表区"中，我们可以看到该幻灯片中的动画数量和编号，右侧有" "符号的动画表示当前选中的动画，如图 7 - 39 所示。

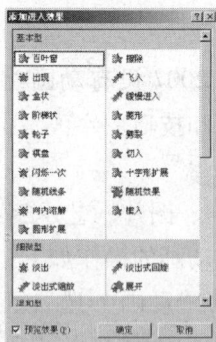

图 7 - 38　更多动画效果

图 7 - 39　自定义动画任务窗格

（1）开始方式：

幻灯片动画的开始方式有三种，即单击时、之前和之后，如图 7 - 40 所示。

单击时：表示对象的动画在单击鼠标时，或按回车键，或按空格键时开始。

之前：表示对象的动画与上一项动画同时开始。

之后：表示对象的动画在上一项动画播放结束后自动开始。

图 7 - 40　开始方式

（2）动画方向

动画方向表示动画运动的方向或者轨迹，该选项会随着选择的动画效果不同而不同。如图 7 - 41 为飞入效果的方向，如图 7 - 42 为圆形扩展效果的方向。

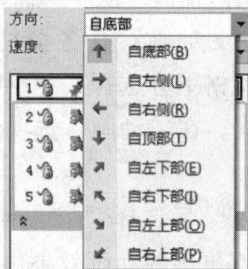

7 - 41　飞入效果动画方向

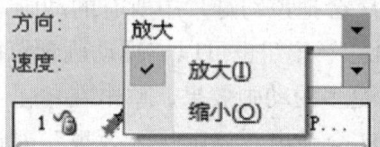

图 7 - 42　圆形扩展效果动画方向

（3）动画速度

动画速度表示完成该动画所需要的时间，如图 7 - 43 所示。各项设置的时间是：

"非常慢"：5 秒。

"慢速"：3 秒。

"中速"：2 秒。

"快速"：1 秒。

"非常快"：0.5 秒。

（4）动画编号与出场顺序

　　在"自定义动画"任务窗格的"动画列表"中，每个动画都有一个编号，该编号代表对象动画的出场顺序，如图 7 - 44 所示。单击右下角"重新排序"左右两边的向上、向下箭头按钮 ⬆ 重新排序 ⬇ ，可以调整对象动画的出场顺序。

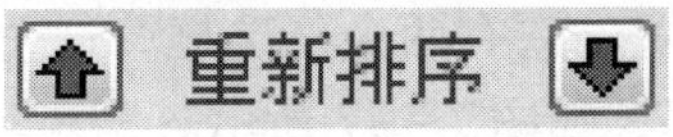

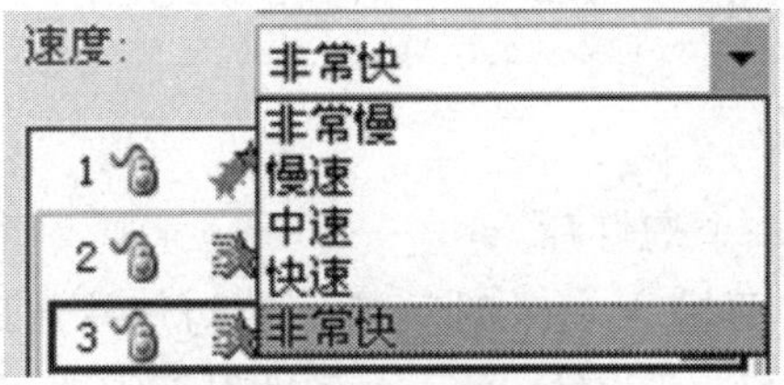

图 7 - 43　动画速度

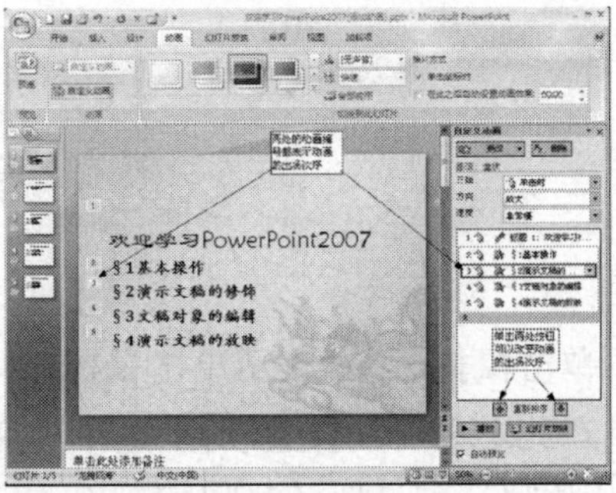

图 7 - 44　动画的出场次序

二、幻灯片切换方式

　　在默认放映状态下，两张幻灯片之间是没有切换效果的。这时，为使上下两张幻灯片之间有很好的换片过渡效果，我们可以设置幻灯片的切换方式。

　　1. 设置切换方式

　　选择需要添加切换效果的幻灯片，在"动画"选项卡下的"切换到此幻灯片"选项组中选择一种需要的切换效果，即可将该切换效果设置于选中的幻灯片上，如图 7 - 45 所示。把鼠标指针移到每一个切换方式按钮上，幻灯片编辑区会自动预览一次该效果。

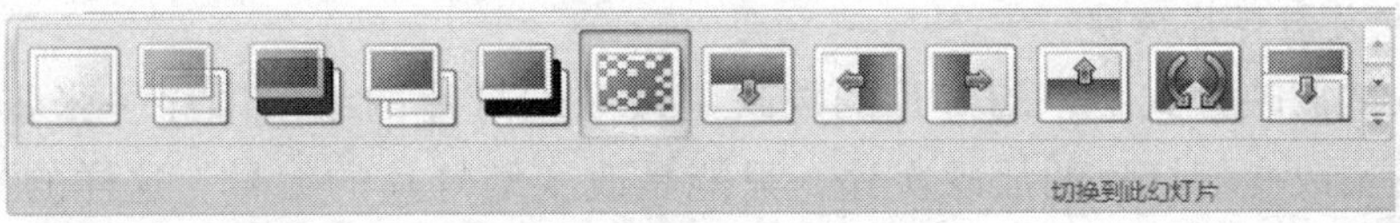

图 7 - 45

　　2. 设置声音

　　在幻灯片放映时想更能吸引人，还可以给幻灯片的切换设置声音。在"动画"选项卡下的"切换到此幻灯片"选项组中，单击"切换声音"列表框 🔊 切换声音：[无声音] ▼ ，在弹出的声音列表中选择一种需要的切换声音，如图 7 - 46 所示，则幻灯片切换的时候就会播放该切换声音。

　　在添加声音时，选择"播放下一段声音之前一直循环"选项，如图 7 - 46 所示最下面一项，选择的声音就可以一直重复播放，直到播放下一个声音为止。

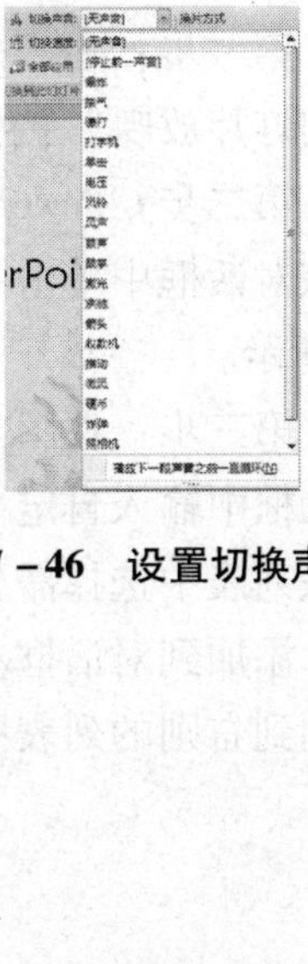

图 7 - 46　设置切换声音

3. 换片方式

换片方式即幻灯片切换的触发方式，用于设置幻灯片切换的条件。"换片方式"位于"切换到此幻灯片"选项组最右边位置。它有两个复选框，一个是"单击鼠标时"，另一个是"在此之后自动设置动画效果"，如图 7 – 47 所示。

图 7 – 47

"单击鼠标时"：表示单击鼠标时切换到下一个幻灯片。

"在此之后自动设置动画效果"：该选项需要输入一个时间值，在幻灯片放映时，幻灯片放映达到设置的时间值后会自动切换到下一张幻灯片，这个过程不需要做任何操作。

单击"切换到此幻灯片"组中的"全部应用"，表示该演示文稿中的所有幻灯片都使用该换片设置。如果不选该按钮则只有选中的幻灯片才应用该设置。如图 7 – 47 所示，同自定义动画一样，我们可以在"切换到此幻灯片"组中单击"切换速度"右则的列表框，选择幻灯片切换的速度（慢速、中速、快速）。

三、幻灯片放映设置

对幻灯片的页面、动画、等效果进行设置后，就可以将幻灯片进行播放，以便预览幻灯片的制作效果。有很多效果只有在播放幻灯片时，才能够看到或进行操作，如隐藏的幻灯片、超链接等。

1. 自定义幻灯片放映

在默认的放映方式下，幻灯片的放映是按照幻灯片的编号顺序一张张地放映的。以前如果需要改变幻灯片的放映次序，只能是改变幻灯片的编号。这样的操作非常繁琐。而使用自定义幻灯片放映，不但可以在不改变幻灯片编号的情况下改变幻灯片的放映次序，而且还可以对当前演示文稿中的幻灯片进行多种放映方式的组合。

第一步：在"幻灯片放映"选项卡下的"开始放映幻灯片"选项组中单击"自定义幻灯片放映"按钮，然后单击弹出的"自定义放映"选项。

第二步：PowerPoint 2007 系统会打开"自定义放映"对话框（如图 7 – 48 所示），在该对话框中单击"新建"按钮，系统又打开"定义自定义放映"对话框，如图 7 – 49 所示。

第三步：在图 7 – 49 所示的"定义自定义放映"对话框上方"幻灯片放映名称"输入框中输入自定义放映的名称。对话框左侧列出了所有该演示文稿中所有的幻灯片。在该列表中选择需要重新定义的幻灯片，单击中间的"添加"按钮，可以把选中的幻灯片添加到对话框右则"在自定义中的幻灯片"列表中。左侧同一张幻灯片可以多次添加到右则的列表中，如图 7 – 50 所示。

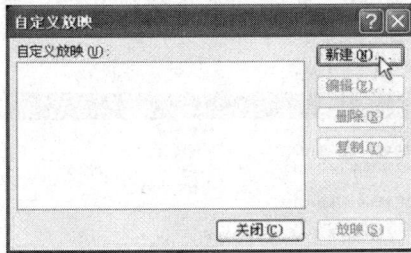

图 7 – 48　"自定义放映"对话框

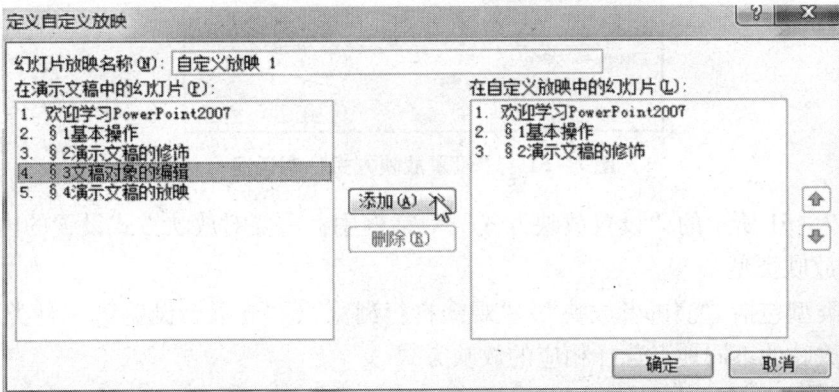

图 7 – 49　"定义自定义放映"对话框

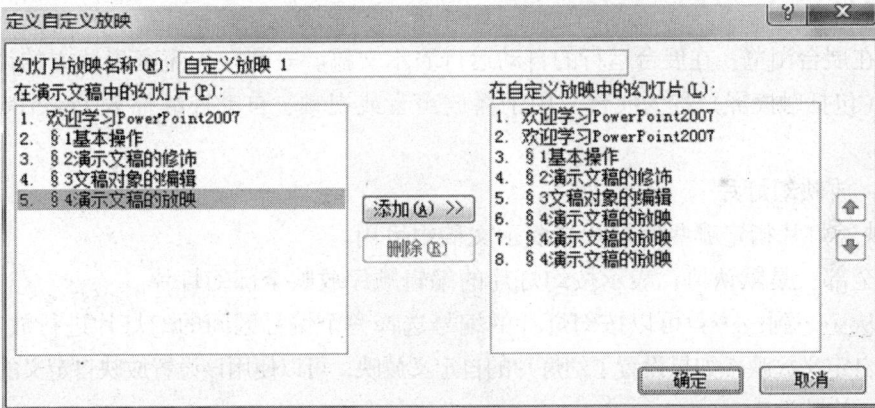

图 7 – 50

第四步：在"定义自定义放映"对话框右侧单击"　⬆　"或者"　⬇　"按钮，可以调整幻灯片的放映次序。

第五步：自定义放映完成后，重新单击打开"自定义幻灯片放映"按钮，可以看到新定义的名称。单击该名称，可以开始放映新的定义放映方式。

2. 设置放映方式

需要对幻灯片放映进行更详细的设置，可以在"幻灯片放映"选项卡下的"设置"

选项组中单击"设置幻灯片放映"按钮。系统会打开"设置放映方式"对话框,如图 7-51 所示。

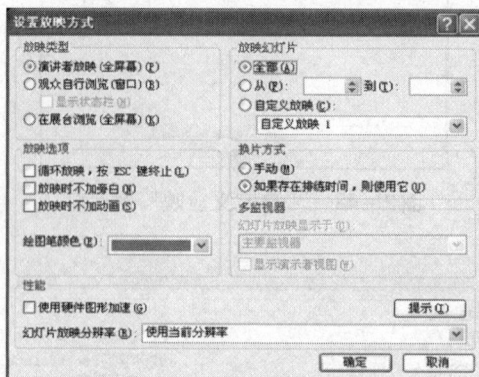

图 7-51 "设置放映方式"对话框

在图 7-51 所示的"设置放映方式"对话框中,需要对放映方式设置的内容如下:

(1)放映类型

放映类型包括"演讲者放映"、"观众自行浏览"、"在展台浏览"三种类型,用户可以根据放映的不同地点选择相应的放映方式。

● 演讲者放映:在现场观众面前放映演示文稿。

● 观众自行浏览:让观众能够在计算机上通过硬盘驱动器或 CD,或者在 Internet 上查看演示文稿。

● 在展台浏览:在展台运行的自动运行演示文稿。安装在人流密集地方的计算机和监视器(包括触摸屏)称为展台,用于播放声音或视频、自动连续播放 PowerPoint 演示文稿。

(2)放映幻灯片

放映幻灯片指定哪些幻灯片在演示文稿中可用。

● 全部:是默认值,表示按幻灯片的编辑顺序放映全部幻灯片。

● 从……到……:可以按幻灯片的编号选择一个编号区间的幻灯片进行放映。

● 自定义放映:如果设置了幻灯片的自定义放映,可以使用该设置放映自定义的幻灯片。

(3)放映选项

放映选项指定希望声音文件、解说或动画在演示文稿中的运行方式。

● 循环放映,按 ESC 键终止:幻灯片自动放映,连续地播放声音文件或动画,按 ESC 键终止放映。注意要给幻灯片设置按时间控制的自动切换功能。

● 放映时不加旁白:放映演示文稿而不播放嵌入的解说。

● 取消动画:放映演示文稿而不播放嵌入的动画。选择该项,会使幻灯片对象的动画全部失效。

(4)换片方式

换片方式指定如何从一张幻灯片切换到另一张幻灯片。

● 手动：手动切换幻灯片。

● 如果存在排练时间，则使用它：在演示过程中使用幻灯片排练时间自动切换到每张幻灯片。

四、放映幻灯片操作

1. 开始放映幻灯片

在"幻灯片放映"选项卡下的"开始放映幻灯片"选项组中，单击"从头开始"按钮，就可以从第一张幻灯片开始放映，而不论当前幻灯片是第几张。单击"从当前幻灯片开始"按钮，就可以从当前幻灯片开始放映。

放映幻灯片也可以直接按下快捷键"F5"从第一张幻灯片开始放映。在状态栏右侧上单击"幻灯片放映"图标，或者使用快捷键"Shift + F5"，可以从当前的幻灯片开始放映。

2. 幻灯片放映控制操作

（1）在放映时，单击鼠标左键或者按回车键（或空格键）表示进入下一个动作（如对象动画或幻灯片切换）；按退格键表示返回上一个动作；按 Esc 键表示结束放映。

（2）在幻灯片间跳跃

在幻灯片放映时单击鼠标右键，在弹出的快捷菜单中选择"定位至幻灯片"，系统会弹出当前可放映的幻灯片清单，在清单中单击目标幻灯片即可跳到该幻灯片中。如图 7 – 52 所示。

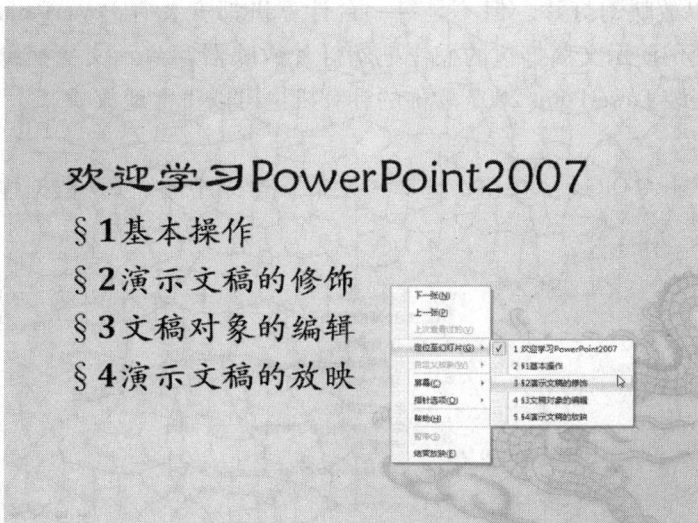

图 7 – 52　在幻灯片间跳跃

（3）指针的使用

在放映时方便标记，可以在右键快捷菜单中选择"指针选项"，在弹出的子菜单中选择不同的光标指针，如图 7 – 53 所示。有四种光标指针：箭头、圆珠笔、毡尖笔和荧光笔。选择一种笔后，可以在放映视图上书写文字、记号等。要改变笔的颜色可以单击"墨迹颜色"按钮，在弹出的颜色列表中选择需要的颜色。

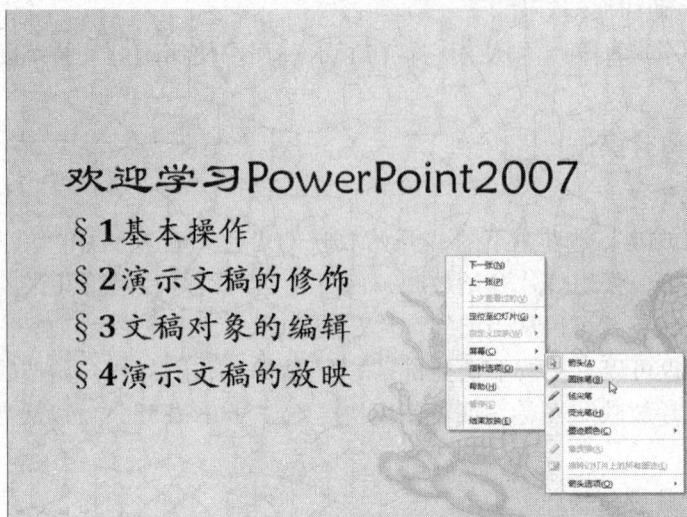

图 7 – 53　"指针选项"

如果在放映时使用光标笔留下了笔迹，在结束放映时系统会提示是否保存该笔迹。

五、文稿的打包

1. 什么是演示文稿的打包，为什么需要打包

演示文稿制作完成后，就可以在本机放映了。如果其它计算机也安装有 PowerPoint 2007 软件就可以放映幻灯片。但不是每一台计算机都安装有 PowerPoint 2007 软件的。这时我们可以使用演示文稿打包的操作把幻灯片放映器和演示文稿捆绑在一个文件夹中。这样没有安装 PowerPoint 2007 软件的计算机也可以正常地放映。

2. 打包操作

第一步：单击"Office"按钮，选择"发布"命令中的"CD 数据包"命令项，如图 7 – 54 所示。

图 7 – 54

第二步：系统弹出一个提示信息，不必理会它，直接单击"确定"按钮。接着弹出如图 7-55 所示的"打包成 CD"对话框。

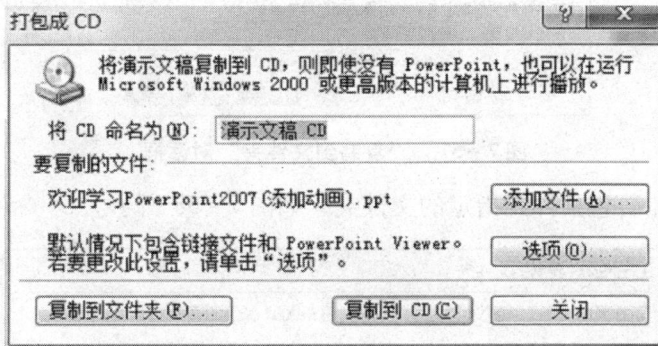

图 7-55 "打包成 CD"对话框

第三步：在图 7-55 所示的"打包成 CD"对话框中单击"选项"按钮，弹出"选项"对话框，如图 7-56 所示。在该对话框中，根据需要设置相应的选项，可按图 7-56 所示设置，选择"包含这些文件"栏下的"链接的文件"、"嵌入的 TrueType 字体"两个选项，以避免在其它计算机上放映时出现找不到文件或字体的情况发生。单击"确定"返回上一层对话框。

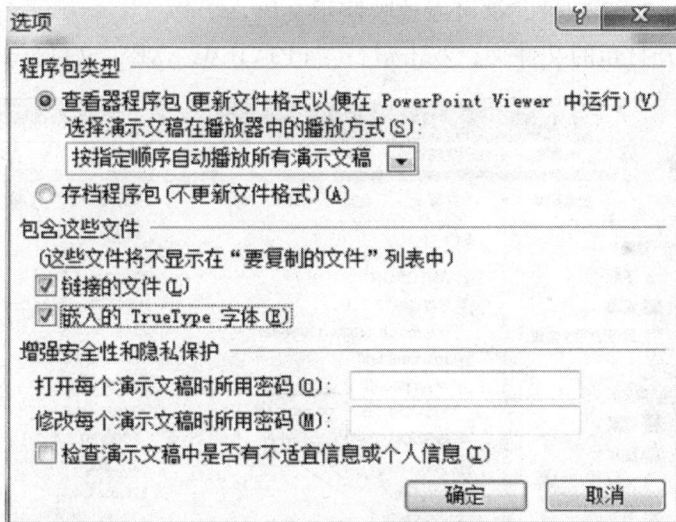

图 7-56 "选项"对话框

第四步：在图 7-55 所示对话框的"将 CD 命名为"文本框中输入文件名，单击"复制到文件夹"按钮，打开"复制到文件夹"对话框，如图 7-57 所示。在该对话框中单击"浏览"按钮指定保存的文件的位置（路径），单击"确定"按钮，系统又会出现一个提示，对这个提示也不必理会，直接单击"是"按钮即可。

图 7 - 57   "复制到文件夹"对话框

第五步：开始打包文件到指定的文件夹，如图 7 - 58 所示。

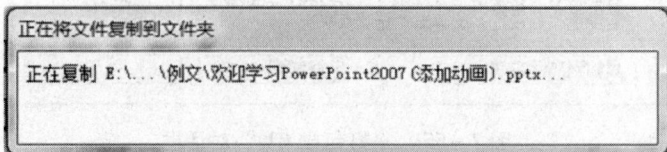

图 7 - 58

完成打包后，系统会返回到如图 7 - 55 所示的对话框。单击"关闭"按钮，退出打包程序。

3. 用打包的文件夹放映幻灯片

将打包后的文件夹及其下的所有文件复制到其它计算机上，不论这些计算机是否安装有 PowerPoint 2007 软件，都可以放映演示文稿。

第一步：打开打包的文件夹，双击运行"PPTVIEW. EXE"文件。如图 7 - 59 所示

图 7 - 59   双击运行"PPTVIEW. EXE"文件

第二步：在打开的对话框中选择需要放映的演示文稿文件，单击"打开"按钮，如图 7 - 60 所示。之后系统就开始放映该演示文稿。

图 7 - 60

本章练习与思考：

1. 如何插入和删除幻灯片？

2. 什么是母版？

3. 幻灯片中如何使用声音和视频？

4. 幻灯片有几种放映方式？

5. 什么是文稿的打包？

参考资料

1. 华信卓越；PowerPoint 幻灯片制作；电子工业出版社；2008
2. 朱萍，范庆彤；Office2007 基础与应用精品教程；航空工业出版社；2009
3. 文丰科技；Excel2007 电子表格快速入门；清华大学出版社；2009
4. 雷运发，田惠英；多媒体技术与应用教程；清华大学出版社；2008
5. 崔东，黄骁，贾林；常用工具软件实训教程（第二版）；海洋出版社；2010
6. 宋翔；Word2007 办公专家从入门到精通（多媒体版）；北京科海电子出版社；2008
7. 郑纬民；计算机应用基础—Windows XP 操作系统；中央广播电视大学出版社；2006